GONGCHENG YUNCHOUXUE YUANLI
YU SHIWU

工程运筹学原理与实务

主　编　陈香萍

副主编　肖　潇　王妙灵

　　　　王　浩　邓　芮

参　编　龚　洁

主　审　陈照辉

U0240303

重庆大学出版社

内容提要

本书系统地介绍了运筹学中的重要内容,重点讲解了应用广泛的线性规划、运输问题、整数规划、动态规划、图论与网络计划、存储论、决策分析等定量分析和优化的理论与方法。本书强调应用性,以大量实际问题为背景引出运筹学各分支的基本概念、模型和方法,具有很强的实用性;在基本原理和方法的介绍方面,本书尽量避免复杂的理论证明,通过大量通俗易懂的例子进行理论方法的讲解,具有较强的趣味性,又不失理论性,理论难度由浅入深,并且从实际应用的角度出发在相关章节详细讲解了用 Excel 进行优化求解的方法。

本书可作为应用型本科院校工程管理类、工程造价类各专业的教材,亦可作为各类工程管理从业人员自学参考书。

图书在版编目(CIP)数据

工程运筹学原理与实务/陈香萍主编. —重庆:
重庆大学出版社,2016.8(2024.1 重印)
高等教育土建类专业规划教材. 应用技术型
ISBN 978-7-5689-0128-4

Ⅰ.①工… Ⅱ.①陈… Ⅲ.①建筑工程—运筹学—高
等学校—教材 Ⅳ.①TU12

中国版本图书馆 CIP 数据核字(2016)第 202039 号

工程运筹学原理与实务

主 编 陈香萍
副主编 肖 潇 王妙灵
王 浩 邓 芮
策划编辑:林青山 刘颖果
责任编辑:陈 力 版式设计:林青山
责任校对:谢 芳 责任印制:赵 晟

*

重庆大学出版社出版发行
出版人:陈晓阳
社址:重庆市沙坪坝区大学城西路 21 号
邮编:401331
电话:(023)88617190 88617185(中小学)
传真:(023)88617186 88617166
网址:http://www.cqup.com.cn
邮箱:fxk@ cqup.com.cn(营销中心)
全国新华书店经销
POD:重庆新生代彩印技术有限公司

*

开本:787mm×1092mm 1/16 印张:16.25 字数:406 千
2016 年 9 月第 1 版 2024 年 1 月第 5 次印刷
ISBN 978-7-5689-0128-4 定价:39.00 元

前　言

　　运筹学是从实际问题中抽象出来的模型化手段，是一种解决实际问题的系统化思想，它帮助人们学会如何从实践中发现问题、提出问题和分析问题，基于定性和定量相结合的方法，对实际问题进行数学建模并对模型求解以寻求最优的解决方案。运筹学的核心思想是：当人们面临各种决策问题时，怎么才能提高效率。运筹学已广泛应用于工业、农业、交通运输、商业、国防、建筑、通信、政府机关等各个部门领域，涉及生产管理实践中的最优生产计划、最优分配、最佳设计、最优决策、最佳管理等实际问题。掌握运筹学的基本理论与方法，是高等院校经济、管理、工程类专业学生和各级各类管理人员必须具备的基本素质。

　　运筹学历来是管理类专业的主要专业基础课之一，为满足应用型本科院校管理类专业教学发展变革的需要，我们编写的思路如下：

　　①改变运筹学传统的教学模式，由教师按照固定的教学大纲进行单向灌入式教学改为结合案例的互动式教学。由于运筹学具有很强的应用性，因此在学生还不具备应用经验，甚至连感性认识都没有的情况下，按照传统教学的模式进行教学很难收到良好的教学效果。因此，本教材的编写以知识系统、应用性强为原则，注重实践案例教学，学以致用，体现应用型本科院校教学特色。

　　②本书是面向教学编写的，充分考虑学生学习这门课程的逻辑思维，在阐述基本概念与基本理论时，力求清晰、直观、透彻；对每一类规划模型在讲清楚思路的同时，对其相关算法也进行了详细推导，使读者不仅知其然，而且知其所以然；我们在章节的安排及内容的选取上都做了精心的考虑，学生可以比较容易地理解算法的原理，把握算法的基本步骤，并学会如何应用这些算法。

　　③目前已经出版的运筹学教材有数百种，它们各有特色。实际上，对以解决实际问题为目标的管理类专业的学生而言，最重要的是通过本课程的学习培养系统的解决问题的能力，养成运用模型解决问题的习惯，储备一定的数学模型与求解知识。为此，本书在编写过程中

以生产管理实践中的实际问题为基本案例,强调实践中的理念和悟性,通过大量实践案例的分析和讲解,加深读者对实际问题的认识,增强其学习兴趣;深入浅出地讲解各种模型的基本概念和求解思路,尽力避开纯数学上的复杂推导,注重其应用,易于学生理解和自学。

从对比多本运筹学本科教材来看,这些教材在章节内容和知识面的覆盖方面区别不大,缺乏应用型本科教材的特点,在培养学生动手能力方面较差。因此,我们在教材编写过程中加强应用性内容,增加实际案例,使教材深入浅出,通俗易懂,新颖直观,增强了可读性,并且从实际应用的角度出发在相关章节详细讲解了应用 Excel 进行优化求解的方法。用 Excel 进行优化求解不仅方便,而且实用性强,可以解决大部分优化模型。

本书由重庆大学城市科技学院陈香萍担任主编,重庆科技学院数理学院陈照辉老师担任主审。具体编写分工如下:绪论、第 1 章、第 3 章由陈香萍编写;第 5 章由陈香萍、龚洁编写;第 2 章由邓芮编写;第 6 章及 1.5 节、2.6 节、3.5 节、4.6 节由肖潇编写;第 4 章、第 7 章、第 8 章由王妙灵、王浩编写。

由于编者水平有限,加之成书时间仓促,疏漏之处在所难免,敬请广大专家、学者及读者给予指正。

编　者

2016 年 5 月

目　录

绪论 ·· 1

0.1　运筹学及其性质 ·· 1

0.2　运筹学的发展简史 ··· 2

0.3　运筹学的主要分支构成 ··· 3

0.4　运筹学的基本特点 ··· 6

0.5　运筹学的工作步骤 ··· 6

0.6　运筹学的应用 ·· 7

第1章　线性规划的数学模型与单纯形法 ··· 9

1.1　线性规划问题及其数学模型 ··· 9

1.2　线性规划问题的图解法及其几何意义 ·· 14

1.3　单纯形法 ·· 22

1.4　单纯形法的进一步讨论 ··· 33

1.5　利用Excel求解线性规划问题 ··· 39

1.6　应用举例 ·· 47

1.7　案例分析 ·· 52

习题1 ··· 57

第2章　对偶理论与灵敏度分析 ··· 59

2.1　线性规划的对偶问题 ··· 59

2.2　对偶问题的基本性质 ··· 64

2.3 影子价格 ······································· 68

2.4 对偶单纯形法 ····························· 70

2.5* 灵敏度分析 ······························· 73

2.6 利用 Excel 进行灵敏度分析 ············· 80

习题2 ·· 81

第3章 运输问题 ································· 85

3.1 运输问题的数学模型 ··················· 85

3.2 表上作业法 ······························· 87

3.3 产销不平衡运输问题 ··················· 101

3.4 利用 Excel 求解运输模型 ·············· 105

3.5 案例分析 ································· 110

习题3 ·· 113

第4章 整数规划 ································· 115

4.1 整数规划的数学模型 ··················· 115

4.2 分支定界法 ······························· 118

4.3 割平面算法 ······························· 123

4.4 指派问题 ································· 127

4.5 利用 Excel 求解整数规划问题 ·········· 132

4.6 案例分析 ································· 135

习题4 ·· 138

第5章 动态规划 ································· 140

5.1 多阶段决策过程与实例 ················· 141

5.2 动态规划的基本概念和递推方程 ········ 142

5.3 最优化原理与动态规划模型的建立 ····· 144

5.4 动态规划的应用举例 ··················· 148

5.5 案例分析 ································· 161

习题5 ·· 172

第6章 图论与网络计划 ····················· 175

6.1 图与网络 ································· 175

6.2 树 ··· 180

6.3 最短路问题 ······························· 182

6.4 网络最大流问题 ························· 185

6.5 最小费用最大流 ························· 189

6.6 网络计划技术 ··························· 191

6.7 应用案例 ……………………………………………………………………… 199
习题 6 ……………………………………………………………………………… 201

第 7 章 存储论 ………………………………………………………………… 205
7.1 存储概述 ………………………………………………………………………… 206
7.2 确定性存储模型 ………………………………………………………………… 209
7.3 单周期的随机性存储模型 ……………………………………………………… 216
7.4 存储论的发展与应用 …………………………………………………………… 219
习题 7 ……………………………………………………………………………… 222

第 8 章 决策分析 ………………………………………………………………… 223
8.1 决策分析概论 …………………………………………………………………… 223
8.2 不确定型决策方法 ……………………………………………………………… 224
8.3 风险型决策分析方法 …………………………………………………………… 227
8.4 多属性决策方法 ………………………………………………………………… 235
8.5 案例分析 ………………………………………………………………………… 244
习题 8 ……………………………………………………………………………… 248

参考文献 ………………………………………………………………………… 250

6.? ?应用实例 …… 190
习题6 …… 201

第7章 不确定 …… 205
7.1 基本概念 …… 206
7.2 …… 209
7.3 …… 216
7.4 …… 219
习题7 …… 222

第8章 决策分析 …… 225
8.1 …… 223
8.2 不确定 …… 224
8.3 …… 22?
8.4 …… 235
8.5 …… 24?
习题8 …… 248

参考文献 …… 250

绪 论

0.1 运筹学及其性质

运筹学一词的英文原名是 Operations Research(缩写为 OR),原意为"运用研究"或"作业研究"。1975 年,我国学者借用了《史记》"夫运筹于帷幄之中,决胜于千里之外"一语中"运筹"二字,将 Operations Research 正式译作运筹学。

运筹学一词虽然起源于 20 世纪 30 年代,但目前尚没有统一的定义。据《大英百科全书》释义,"运筹学是一门应用于管理有组织系统的科学""运筹学为掌管这类系统的人提供决策目标和数量分析的工具"。有的学者将运筹学描述为就组织系统的各种经营作出决策的科学手段。P. M. Morse 与 G. E. Kimball 在他们的著作中给运筹学下的定义是:"运筹学是在实行管理的领域,运用数学方法,对需要进行管理的问题统筹规划,作出决策的一门应用科学。"运筹学的另一位创始人将运筹学定义为:"管理系统的人为了获得关于系统运行的最优解而必须使用的一种科学方法。"它使用许多数学工具(包括概率论与数理统计、数理分析、线性代数等)和逻辑判断方法,来研究系统中人、财、物的组织管理、筹划调度等问题,以期发挥最大效益。

我国《辞海》(1979 年版)中有关运筹学条目的释义为,"运筹学主要研究经济活动与军事活动中能用数量来表达的有关运用、筹划与管理方面的问题,它根据问题的要求,通过数学的分析与运算,作出综合性的合理安排,以达到较经济较有效地使用人力物力。"

《中国企业管理百科全书》(1984 年版)中的释义为,"运筹学运用分析、实验、量化的方法,对经济管理系统中的人、财、物等有限资源进行统筹安排,为决策者提供有依据的解决方案,以实现最有效的管理。"

现在普遍认为,运筹学是近代应用数学的一个分支,主要是将生产、管理等事件中出现的一些带有普遍性的运筹问题加以提炼,然后利用数学方法进行解决。

0.2　运筹学的发展简史

1)运筹学的起源

最早进行的运筹学工作是以英国生理学家希尔为首的英国国防部防空试验小组在第一次世界大战期间进行的高射炮系统利用研究。同时,英国人莫尔斯建立的分析美国海军横跨大西洋护航队损失的数学模型也是运筹学的早期工作之一,这一工作在第二次世界大战中有了深入而全面的发展。

在第二次世界大战初期,英国(随即是美国)军事部门迫切需要研究如何将非常有限的物资以及人力和物力,分配与使用到各种军事活动中,以达到最好的作战效果。当时,德国已经拥有一支强大的空军,飞机从德国起飞17分钟即到达英国本土。在如此短的时间内,如何预警和拦截成为一大难题。1935年,为了对付德国空中力量的严重威胁,英美最高领导机构召集相关领域的专家学者就有关实际问题展开研究,于是提出运筹的课题。为此,英国成立了专门小组,由罗威将这一课题研究命名为运筹学。专门小组就是空军运筹学小组,当时主要从事警报和控制系统的研究。从1939—1940年,这个小组的任务扩大到包括防卫战斗机的布置,并对未来的战斗进行预测,以供决策之用,这个小组的工作对后来的不列颠空战的胜利起了积极的作用。当时英国将这些研究称为"Operational Research",即"作业研究"。

在第二次世界大战中,运筹学被广泛应用于军事系统工程中,除英国外,美国、加拿大等国也成立了军事数学小组,研究并解决战争提出的运筹学课题,例如,组织适当的护航编队使运输船队损失最小;改进搜索方法,及时发现敌军潜艇;改进深水炸弹的起爆深度,从而提高毁伤率;合理安排飞机维修,提高了飞机的利用率等。这些运筹学成果对盟军大西洋海战的胜利起了十分重要的作用,对许多战斗的胜利也起到了积极的作用。这些研究充分利用了当时飞速发展的线性代数、概率论与数理统计等领域的知识以及工程领域的各种原理和方法。

第二次世界大战结束时,世界各国的运筹学工作者已经超过700人,这些人主要来自英国、美国和加拿大,其中一部分人力图将他们在战争中进行运筹研究取得的经验和知识转到民用生产中去。1948年,英国首先成立了运筹学学会;1952年,美国成立了运筹学学会;同年,Morse和Kimball出版《运筹学方法》,标志着运筹学作为一门新兴学科正式诞生,从此运筹学得到了快速发展。1959年,国际运筹学联合会(IFORS)成立。

2)运筹学的发展

第二次世界大战以后,运筹学的发展大致可以分为3个阶段,综述如下。

第一阶段:从1945年到20世纪50年代初,被称为创建时期。此阶段的特点是研究人数不多,范围较小,出版物、学会寥寥无几。最早英国一些战时从事运筹学研究的人积极讨论如何将运筹学方法应用于民用部门,于1948年成立了"运筹学俱乐部",在煤炭、电力等部门推广应用运筹学取得一些进展。1948年,美国麻省理工学院将运筹学作为一门课程介绍,1950

年,英国伯明翰大学正式开设运筹学课程,1952 年,美国喀斯工业大学设立了运筹学硕士和博士学位。第一本运筹学杂志《运筹学季刊》(*O. R. Quarterly*)1950 年于英国创刊,第一个运筹学学会于 1952 年成立,并于同年出版运筹学学报(*Journal of ORSA*)。

第二阶段:20 世纪 50 年代初期到 20 世纪 50 年代末期,被认为是运筹学的成长时期。此阶段的一个特点是电子计算机技术的迅速发展,使得运筹学中一些方法如单纯形法、动态规划法等,得以用来解决实际管理系统中的优化问题,促进了运筹学的推广应用。20 世纪 50 年代末,美国大约有半数的大公司在自己的经营管理中应用运筹学。另一个特点是有更多的刊物、学会出现。从 1956—1959 年就有法国、印度、日本、荷兰、比利时等 10 个国家成立了运筹学会,并又有 6 种运筹学刊物问世。1957 年在英国牛津大学召开了第一次国际运筹学会议,1959 年成立国际运筹学学会(International Federation of Operations Research Societies,IFORS)。

第三阶段:自 20 世纪 60 年代以来,被认为是运筹学迅速发展和开始普及的时期。此阶段的特点是运筹学进一步细分为各个分枝,专业学术团队迅速增多,更多期刊的创办,运筹学书籍的大量出版以及更多学校将运筹学课程纳入教学计划中。第三代电子数字计算机的出现,使运筹学得以用来研究一些更大的复杂系统,如城市交通、环境污染、国民经济计划等。

运筹学在我国的发展是 20 世纪 50 年代中期。虽然朴素的运筹学思想在我国古代文献中有不少记载(如丁渭主持皇宫的修复、田忌赛马、围魏救赵等典故)。但运筹学在我国成为一个系统学科却是在 20 世纪 50 年代。早期回国的钱学森、华罗庚、许国志等人将运筹学的方法由西方引入我国,并结合我国的特定情况在国内推广应用。我国第一个运筹学小组于 1956 年在中国科学院力学研究所成立,1958 年建立了运筹学研究室。1960 年在山东济南召开全国应用运筹学的经验交流和推广会议,1980 年 4 月成立中国运筹学会。在农林、交通运筹、建筑、机械、冶金、石油化工、水利、邮电、纺织等部门,运筹学的方法开始得到应用推广。除中国运筹学会外,中国系统工程学会以及与国民经济各部门有关的专业学会,也都将运筹学应用作为重要的研究领域。我国各高等院校,特别是各经济管理类专业已普遍将运筹学作为一门专业的主干课程列入教学计划之中。

0.3　运筹学的主要分支构成

运筹学经过半个多世纪的发展,目前已经形成了丰富的内容,产生了众多的分支。按所解决问题性质和模型的特点划分,运筹学的主要分支和基本内容有下述几个方面。

1)数学规划

数学规划即规划论(其中包括线性规划、非线性规划、整数规划、动态规划、目标规划等)是运筹学的一个重要分支,早在 1939 年苏联的康托洛维奇(H. B. Kahtopob)和美国的希奇柯克(F. L. Hitchcock)等人就在生产组织管理和制订交通运输方案方面首先研究和应用线性规划方法。1947 年,旦茨格等人提出了求解线性规划问题的单纯形方法,为线性规划的理论与计算奠定了基础。特别是电子计算机的出现和日益完善,更使规划论得到迅速的发展,可用电子计算机来处理成千上万个约束条件和变量的大规模线性规划问题,从解决技术问题的最优化,到工业、农业、商业、交通运输业以及决策分析部门都可以发挥作用。从范围来看,小到一个班组的计划安排，大到整个部门，以至国民经济计划的最优化方案分析，其都有用武之地，具有适应性强、应用面广、计算技术比较简便的特点。非线性规划的基础性工作则是在1951 年由库恩（H. W. Kuhn）和塔克（A. W. Tucker）等人完成的。到了 20 世纪 70 年代，数学规划无论是在理论和方法上，还是在应用的深度和广度上都得到了进一步的发展。

数学规划的研究对象是计划管理工作中有关安排和估值的问题，解决的主要问题是在给定条件下，按某一衡量指标来寻找安排的最优方案。它可以表示成求函数在满足约束条件下的极大或极小值问题。

数学规划和古典方法求极值问题有本质上的不同，古典方法只能处理具有简单表达式以及简单约束条件的情况。而现代数学规划中的问题目标函数和约束条件都很复杂，而且要求给出某种精确度的数值解答，因此算法的研究特别受到重视。

数学规划中最简单的一种就是线性规划。如果约束条件和目标函数都是呈线性关系的就称为线性规划。要解决线性规划问题，从理论上讲需要解线性方程组。因此，线性方程组的解法，以及关于行列式、矩阵的知识，是解决线性规划问题的必要工具。线性规划及其解法——单纯形法的出现，对运筹学的发展起到了重大的推动作用。许多实际问题都可以转化为线性规划来解决，而单纯形法也是一个行之有效的算法，加上计算机的出现，使一些大型复杂的实际问题的解决成为现实。

非线性规划是线性规划的进一步发展和继续。许多实际问题如设计问题、经济平衡问题都属于非线性规划的范畴。非线性规划扩大了数学规划的应用范围，同时也给数学工作者提出了许多基本理论问题，使数学中的凸分析、数值分析等也得到了发展。

还有一种规划问题和时间有关，称为"动态规划"。动态规划是研究一个多阶段决策过程总体优化的问题。有些经营管理活动由一系列阶段组成，在每个阶段依次进行决策，而且各阶段的决策之间互相关联，因而构成了一个多阶段的决策过程。动态规划在工程控制、技术物理和通信的最佳控制问题中，已经成为经常使用的重要工具。

2）库存论

库存论是一种研究物质最优存储及存储控制的理论，物质存储是工业生产和经济运转的必然现象。如果物质存储过多，则会占用大量仓储空间，增加保管费用，使物质过时报废从而造成经济损失；如果存储过少，则会因失去销售时机而减少利润，或因原料短缺而造成停产。因而如何寻求一个恰当的采购、存储方案就成为库存论研究的对象。

3）排队论

排队论又称为随机服务系统理论。最初是在 1909 年由丹麦工程师爱尔郎（A. K. Erlang）关于电话交换机的效率研究开始的。1930 年以后，开始了更为广泛的研究，取得了一些重要成果。1949 年前后，开始了对机器管理、陆空交通等方面的研究。1951 年以后，理论工作有了新的进展，逐渐奠定了现代随机服务系统的理论基础。

排队论主要研究各种系统的排队队长，排队的等待时间及所提供的服务等各种参数，以便求得更好的服务。比如一个港口应该有多少个码头，一个工厂应该有多少维修人员等。它是研究系统随机聚散现象的理论。

因为排队现象是一个随机现象，因此在研究排队现象时，主要是将研究随机现象的概率论作为主要工具。排队论将其所要研究的对象形象地描述为顾客来到服务台前要求接待。如果服务台已被其他顾客占用，那么就要排队。另一方面，服务台也时而空闲、时而忙碌。就需要通过数学方法求得顾客的等待时间、排队长度等的概率分布。

排队论在日常生活中的应用相当广泛，比如水库水量的调节、生产流水线的安排，铁路分成场的调度、电网的设计等。

4）图与网络分析

图论是一个古老但又十分活跃的分支，它是网络技术的基础。图论的创始人是数学家欧拉。1736 年欧拉发表了有关图论的第一篇论文，解决了著名的哥尼斯堡七桥难题。相隔一百年后，在 1847 年基尔霍夫第一次应用图论的原理分析电网，从而将图论引进到工程技术领域。20 世纪 50 年代以来，图论理论得到了进一步发展，将复杂庞大的工程系统和管理问题用图描述，可以解决很多工程设计和管理决策的最优化问题。因此，图论受到数学、工程技术及经营管理等各方面越来越广泛的重视。

生产及工程管理中经常会遇到工序间的合理衔接搭配问题，设计中经常遇到研究各种管道、线路的通过能力以及仓库、附属设施的布局等问题。运筹学中将一些研究对象用节点表示，对象之间的联系用连线（边）表示，点边的集合构成图。如果给图中各边赋予某些具体的权数，并指定了起点和终点，这样的图称为网络图。图与网络分析这一分支通过对图与网络性质及优化研究，解决了设计与管理中的实际问题。

5）对策论

一种用来研究具有对抗性局势的模型。在这类模型中，参与对抗的各方均有一组策略可供选择，对策论的研究为对抗各方提供为获取对自己有利的结局应采取的最优策略。对策论内容也很广泛，如零和对策与非零和对策、合作对策与非合作对策、静态对策与微分对策以及主从对策等。

6）决策论

在一个管理系统中，采用不同的策略会得到不同的结局和效果。由于系统状态和决策准则的差别，对效果的度量和决策的选择也有所差异。决策论通过对系统状态的性质、采取的策略及效果的度量进行综合研究，以便确定决策准则，并选择最优的决策方案。决策论又包括单目标决策和多目标决策。

7）搜索论

搜索论是由于第二次世界大战中战争的需要而出现的运筹学分支，主要研究在资源和探测手段受到限制的情况下，如何设计寻找某种目标的最优方案，并加以实施的理论和方法。在第二次世界大战中，同盟国的空军和海军在研究如何针对轴心国的潜艇活动、舰队运输和兵力部署等进行甄别的过程中产生的。搜索论在实际应用中也取得了不少成效，例如 20 世纪 60 年代，美国寻找在大西洋失踪的核潜艇"打谷者号"和"蝎子号"，以及在地中海寻找丢失的氢弹，都是依据搜索论获得成功的。

8)其他

随着运筹学的不断发展,运筹学除了上述基本内容以外,还有不少后来发展起来的分支,如随机规划、模糊规划、层次分析方法(AHP)、DEA 方法、总体优化方法,等等。

0.4 运筹学的基本特点

运筹学是一门应用科学。运筹学的基本特点是定量化、模型化、最优化。定量化就是对所研究的问题进行分析,找出问题影响因素间的定量关系;模型化就是根据所研究问题的性质和类型,选取适当的运筹学模型描述,并使模型准确反映问题的本质;最优化就是在模型的基础上通过运算求出问题的最优解,即在可行方案中找出最优方案。

为了有效地应用运筹学,前英国运筹学学会会长托姆林森提出了 6 条原则,如下所述。

①合伙原则,是指运筹学工作者要和各方面的人,尤其是要同实际部门工作者合作。

②催化原则,是指在多学科共同解决某问题时,要引导人们改变一些常规的看法。

③相互渗透原则,要求多部门彼此渗透地考虑问题,而不是只局限于本部门。

④独立原则,在研究问题时不应受某人或某部门的特殊政策所左右,应独立从事工作。

⑤宽容原则,解决问题的思路要宽,方法要多,而不是局限于某种特定的方法。

⑥平衡原则,要考虑各种矛盾的平衡,关系的平衡。

0.5 运筹学的工作步骤

运筹学作为一门用来解决实际问题的学科,在处理千差万别的各种问题中,一般有下述几个步骤。

①提出和形成问题。即要弄清楚问题的目标、可能的约束、问题的可控变量以及有关参数,收集相关资料。

②建立模型。即将问题中可控变量、参数和目标与约束之间的关系用一定的模型表示出来。

③求解。用各种手段(主要是数学方法,也可用其他方法)将模型求解。解可以是最优解、次优解、满意解。复杂模型的求解需要借助计算机,解的精度要求可由决策者提出。

④对模型解进行检验。将实际问题的数据资料代入模型,找出精确的或近似的解毕竟是模型的解。为了检验得到的解是否正确,常采用回溯的方法,即将历史的资料输入模型,研究得到的解与历史实际的符合程度,以判断模型是否正确。当发现有较大误差时,要将实际问题同模型重新对比,检查实际问题中的重要因素在模型中是否已经考虑,检查模型中各公式的表达是否前后一致,以及检查模型中各参数取极值的情况下问题的解,以便发现问题进行修正。

⑤确定解的适用范围。任何模型都有一定的适用范围,模型的解是否有效首先要注意模型是否继续有效,并依据灵敏度分析的方法,确定最优解保持稳定时的参数变化范围。一旦

外界条件参数变化超出这个范围,就要及时对模型及导出的解进行修正。

⑥解(方案)的实施。方案的实施是运筹学研究的目的,要向实际应用部门讲清方案的用法,以及在实际中可能产生的困难和克服困难的措施与方法等。

0.6 运筹学的应用

运筹学早期的应用主要在军事领域。第二次世界大战后,运筹学的应用转向民用,特别是在经济管理领域应用十分广泛,大大促进了管理学科的发展,形成了管理科学理论与方法。从生产出现分工开始就有管理,但管理作为一门科学则开始于 20 世纪初。随着生产规模的日益扩大和分工的越来越细,要求生产组织高度的合理性、高度的计划性和高度的经济性,促使人们不仅研究生产的个别部门,而且要研究它们互相之间的联系,要将它们当作一个整体研究,并在已有方案的基础上寻求更优的方案,从而促进了运筹学的发展和应用。

运筹学的诞生既是管理科学发展的需要,也是管理科学研究深化的标志。管理科学是研究人类管理活动的规律及其应用的一门综合性交叉科学,这是运筹学研究和提出问题的基础。但运筹学又在对问题进一步分析的基础上找出各种因素之间的本质联系,并对问题通过建模和求解,使人们对管理活动的规律性认识进一步深化。例如:管理中有关库存问题的讨论,对最高和最低控制限的存贮方法。过去总从定性上进行描述,而运筹学则进一步研究了在各种不同需求情况下最高与最低控制限的具体数值。又如计划的编制,过去习惯采用的甘特图只是反映了各道工序的起止时间,反映不出它们相互之间的联系和制约。而运筹学中通过编制网络计划,从系统的观点揭示了这种工序的联系和制约,为计划的调整优化提供了科学依据。

运筹学在经济管理中的应用主要有下述几个方面。

①工程管理与优化计划。网络计划技术以及优化方法在建筑工程与工业工程管理、电子、光学与机械设计等方面都有重要的应用。

②生产计划与管理。在总体计划方面主要是从总体确定生产、存贮和劳动力的配合等计划以适应波动多变的市场需求计划,主要用线性规划和模拟方法等,还可用于生产作业计划、日程表的编排等。

③市场营销管理。在广告预算和媒介的选择、竞争性定价、新产品开发、销售计划的制订等方面都需要运用运筹学进行定量分析,以确定最优方案。

④库存管理。库存管理主要应用于多种物资库存量的管理,确定某些设备的能力或容量,如停车场的大小、新增发电设备的容量大小、合理的水库容量等。目前国际新动向是将库存理论与计算机的物资管理信息系统相结合,建立管理信息系统,如 MRP Ⅱ 等。美国西电公司从 1971 年起用 5 年时间建立了"西电物资管理系统",使公司节省了大量物资存贮费用和运费,并且减少了管理人员。

⑤会计与财务分析及管理。会计与财务分析及管理主要涉及预算、货款、成本分析、定价、投资、证券管理、现金管理等。使用较多的方法是统计分析、数学规划、决策分析。此外还有盈亏点分析法、价值分析法等。

⑥人力资源管理。人员的需求估计;人才的开发,即进行教育和训练;人员的分配,主要

是各种指派问题;各类人员的合理利用;人才的评价,其中有如何测定一个人对组织、社会的贡献;工资和津贴的确定以及激励与约束方法等。

⑦设备维修、更新和可靠性、项目选择和评价等。

⑧物流管理与交通运输问题。物流管理与交通运输问题涉及空运、水运、公路运输、铁路运输、管道运输、厂内运输。空运问题涉及飞行航班和飞行机组人员服务时间安排等;水运问题有船舶航运计划、港口装卸设备的配置和船到港后的运行安排;公路运输问题除了汽车调度计划外,还有公路网的设计和分析,市内公共汽车路线的选择和行车时刻表的安排,出租汽车的调度和停车场的设立;铁路运输方面的应用就更多了。

⑨城市管理。城市管理涉及各种紧急服务系统的设计和运用,如救火站、救护车、警车等分布点的设立。美国曾用排队论方法来确定纽约市紧急电话站的值班人数。加拿大曾研究一城市的警车配置和负责范围,出事故后警车应定的路线等。此外,还有城市垃圾的清扫、搬运和处理,城市供水和污水处理系统的规划等。

第 **1** 章
线性规划的数学模型与单纯形法

线性规划是运筹学里运用较广,理论比较成熟的一个重要分支。其所研究的问题主要有两大类:一类是给定了企业或系统的任务指标后,如何统筹安排,用最少的人力、物力、财力等资源去完成这一任务;另一类是已给定一定数量的人力、物力、财力,如何去组织安排以充分地利用这些资源,获得最好的经济效益(如产量最多、利润最大),使人们完成的任务达到最多。由于其研究的对象如此,所以被广泛地应用于企业的生产组织与计划安排之中,成为经营管理定量分析技术的重要方法之一。

1.1 线性规划问题及其数学模型

1.1.1 线性规划问题的数学模型

数学模型是描述各类实际问题共性的抽象的数学形式,现用两个例子来导出线性规划问题一般形式的数学模型。

【例1.1】 某市住宅建筑工业化试点,希望在现有条件下提供尽可能多的住宅面积。已知该市有 3 种体系的建筑宜于修建,其耗用资源的数量及可利用的资源限量见表 1.1。问不同体系的面积应各建多少,才能使提供的住宅面积总数达到最大?

这是一个简化了的实际问题。依次设 3 种体系的建造面积为 x_1,x_2,x_3 万 m^2,则题目要求:

$$\max z = x_1 + x_2 + x_3$$

表1.1

	造价/(元·m⁻²)	钢材/(kg·m⁻²)	水泥/(kg·m⁻²)	砖数/(块·m⁻²)	人工/(工日·m⁻²)
砖混结构	105	12	110	210	4.5
大板结构	137	30	190	0	3.0
打磨结构	122	25	180	0	3.5
资源限量	11 000 万元	2 000 万 kg	15 000 万 kg	14 700 万块	400 万工日

z 为目标函数,符号 max 表示极大化。作为一项有目的的活动,其必然受到客观条件的限制,具体是资源限量。

$$\text{s. t.}\begin{cases}105x_1 + 137x_2 + 122x_3 \leqslant 11\ 000 \\ 12x_1 + 30x_2 + 25x_3 \leqslant 2\ 000 \\ 110x_1 + 190x_2 + 180x_3 \leqslant 15\ 000 \\ 210x_1 \leqslant 14\ 700 \\ 4.5x_1 + 3x_2 + 3.5x_3 \leqslant 400 \\ x_1,x_2,x_3 \geqslant 0\end{cases}$$

这就是本问题的数学模型,它包括两部分:一是目标函数,题目的要求是将其极大化;二是约束条件,其放在 s.t. 后,意为满足于。其中又分为主要约束及非负约束条件(实际问题及数学上要求)两类。

【例1.2】 靠近某河流有两个造纸厂。流经第一个工厂的河水流量是每天 500 万 m³,两个工厂之间有一条流量为每天 100 万 m³ 的支流汇入主河流。第一个工厂每天排放工业污水 2 万 m³;第二个工厂每天排放污水 1.4 万 m³。第一个工厂排出的污水流到第二个工厂之前,有 20% 可自然净化。根据环保要求,河流中工业污水的含量应不大于 0.2%。若这两个工厂都各自处理一部分污水,第一个工厂处理污水的成本是 1 000 元/万 m³,第二个工厂处理污水的成本是 900 元/万 m³。问在满足环保要求的条件下,每厂各应处理多少污水,才能使两厂总的处理污水费用达到最小?

解:设第一个工厂每天处理污水量为 x_1 万 m³,第二个工厂每天处理污水量为 x_2 万 m³。第一个工厂到第二个工厂之间,河流中污水含量不得大于 0.2%,由此可得:

$$\frac{2 - x_1}{500} \leqslant \frac{2}{1\ 000}\ 即\ x_1 \geqslant 1$$

流经第二个工厂后,河流中的污水量仍为不大于 0.2%,这时有:

$$\frac{0.8(2 - x_1) + (1.4 - x_2)}{600} \leqslant \frac{2}{1\ 000}\ 即\ 0.8x_1 + x_2 \geqslant 1.8$$

由于每个工厂每天处理的污水量不会大于每天的排放量,故有:

$$x_1 \leqslant 2;x_2 \leqslant 1.4$$

本问题的目标是要求两个工厂用于处理污水的总费用最小。以 z 表示费用,有:

$$z = 1\ 000x_1 + 900x_2$$

综上所述,该环保问题的数学模型为:

$$\min z = 1\,000x_1 + 900x_2$$

$$\text{s. t.} \begin{cases} x_1 \geqslant 1 \\ 0.8x_1 + x_2 \geqslant 1.8 \\ x_1 \leqslant 2 \\ x_2 \leqslant 1.4 \\ x_1, x_2 \geqslant 0 \end{cases}$$

以上两个例题不同于一般的线性方程组或不等式组,区别在于线性规划问题含有目标函数。目标函数为决策变量的线性函数,约束条件为决策变量的线性不等式(或等式),它们都是属于一类优化问题。其共同特征如下所述。

①每个问题都用一组非负的决策变量(decision or control variable)表示某一方案,这组决策变量的值就代表一个具体的方案。

②有一组约束条件,含有决策变量的线性不等式(或等式)组(linear function constraints)。

③有一个含有决策变量的线性目标函数(linear objective function),按研究问题的不同,要求目标函数实现最大化或最小化。

满足上述 3 个条件的数学模型称为线性规划模型。如果目标函数是决策变量的非线性函数或约束条件含有决策变量的非线性不等式(或等式),则称这类数学模型为非线性规划模型。

线性规划问题的模型的一般形式为:

目标函数　$\max z(\min z) = c_1x_1 + c_2x_2 + \cdots + c_nx_n$ 　　　　　(1.1)

$$\text{s. t.} \begin{cases} a_{11}x_1 + a_{12}x_2 + \cdots + a_{1n}x_n \leqslant (\ =\ ,\geqslant) b_1 \\ a_{21}x_1 + a_{22}x_2 + \cdots + a_{2n}x_n \leqslant (\ =\ ,\geqslant) b_2 \\ \qquad\qquad\qquad\vdots \\ a_{m1}x_1 + a_{m2}x_2 + \cdots + a_{mn}x_n \leqslant (\ =\ ,\geqslant) b_m \end{cases}$$　　(1.2)

$$x_1, x_2, \cdots, x_n \geqslant 0$$ 　　　　　(1.3)

在线性规划问题的模型中,式(1.1)称为目标函数;c_j 为价值系数;式(1.2)、式(1.3)称为约束条件;a_{ij} 称为技术系数;b_i 称为限额系数;式(1.2)称为主要约束,式(1.3)称为变量的非负约束条件。

1.1.2　线性规划问题的标准型

由前面所举的例子可知,线性规划问题有各种不同的形式。根据实际问题的要求,目标函数有的可能是求最大,有的可能是求最小;约束条件可以是"≤",也可以是"≥"形式的不等式,还可以是等式。决策变量一般是非负约束,但是有时也没有非负限制。由于研究方程组比研究不等式组更为简单,为了方便讨论问题,将这些多种形式的数学模型统一变换为标准型。

定义线性规划问题的标准型为:

$$\max z = c_1x_1 + c_2x_2 + \cdots + c_nx_n$$

$$\mathrm{s.\,t.}\begin{cases} a_{11}x_1 + a_{12}x_2 + \cdots + a_{1n}x_n = b_1 \\ a_{21}x_1 + a_{22}x_2 + \cdots + a_{2n}x_n = b_2 \\ \qquad\qquad\qquad \vdots \\ a_{m1}x_1 + a_{m2}x_2 + \cdots + a_{mn}x_n = b_m \\ x_1, x_2, \cdots, x_n \geqslant 0 \end{cases}$$

这里规定 $b_i \geqslant 0, i = 1, 2, \cdots, m$。

标准形式具有如下特点：①目标函数求最大；②所有的约束条件都是等式；③所有的决策变量都要求是非负的；④常数项 $b_i \geqslant 0$。

线性规划问题的标准型可记为下述 3 种等价的形式。

和式形式：
$$\max z = \sum_{j=1}^{n} c_j x_j$$
$$\mathrm{s.\,t.}\begin{cases} \sum_{j=1}^{n} a_{ij}x_j = b_i & (i = 1, 2, \cdots, m) \\ x_j \geqslant 0 & (j = 1, 2, \cdots, n) \end{cases}$$

矩阵形式：
$$\max z = CX$$
$$\mathrm{s.\,t.}\begin{cases} AX = b \\ X \geqslant 0 \end{cases}$$

其中，$C = (c_1 \quad c_2 \quad \cdots \quad c_n)$ 为 n 维行向量，称为价值系数向量。

$b = (b_1 \quad b_2 \quad \cdots \quad b_m)^{\mathrm{T}}$ 为 m 维列向量，称为限定系数向量。

$$A = \begin{pmatrix} a_{11} & a_{12} & \cdots & a_{1n} \\ a_{21} & a_{22} & \cdots & a_{2n} \\ \vdots & \vdots & & \vdots \\ a_{m1} & a_{m2} & \cdots & a_{mn} \end{pmatrix} \text{称为结构系数矩阵，}$$

$X = (x_1, x_2, \cdots, x_n)^{\mathrm{T}}$ 为决策变量向量。

向量形式：
$$\max z = CX$$
$$\mathrm{s.\,t.}\begin{cases} x_1 P_1 + x_2 P_2 + \cdots + x_n P_n = b \\ x_j \geqslant 0 \end{cases}$$

其中，列向量 $P_j = \begin{pmatrix} a_{1j} \\ a_{2j} \\ \vdots \\ a_{mj} \end{pmatrix}$ 为结构系数矩阵 A 的第 j 列 ($j = 1, 2, \cdots, n$)。

要想使用后面 1.3 节所介绍的单纯形方法求解各种形式的线性规划问题，就需要将各种形式的线性规划问题化为标准型。可以通过以下处理方法，将各式各样的线性规划问题化为标准型。

（1）目标函数的转化

如果原问题的目标函数是求最小化，即如果问题为：

$$\min z = c_1 x_1 + c_2 x_2 + \cdots + c_n x_n$$

$$(P) \qquad \text{s. t.} \begin{cases} \sum_{j=1}^{n} a_{ij} x_j = b_i & (i = 1, 2, \cdots, n) \\ x_j \geqslant 0 & (j = 1, 2, \cdots, n) \end{cases}$$

则化为求解：

$$\max Z' = -c_1 x_1 - c_2 x_2 - \cdots - c_n x_n$$

$$(P') \qquad \text{s. t.} \begin{cases} \sum_{j=1}^{n} a_{ij} x_j = b_i & (i = 1, 2, \cdots, m) \\ x_j \geqslant 0 & (j = 1, 2, \cdots, n) \end{cases}$$

由于 $Z' = -Z$，Z 与 Z' 为对称函数且约束集不变，故问题 (P) 与 (P') 具有相同的最优解，且 $\min z = -\max z'$。

（2）不等式约束转化为等式约束有两种情况

①如问题的第 k 个约束为：

$$a_{k1} x_1 + a_{k2} x_2 + \cdots + a_{kn} x_n \leqslant b_k$$

则引入松弛变量 $x_{n+k} \geqslant 0$，使

$$a_{k1} x_1 + a_{k2} x_2 + \cdots + a_{kn} x_n + x_{n+k} = b_k$$

并令变量 x_{n+k} 在目标函数里的系数 $C_{n+k} = 0$。

②如问题的第 e 个约束为：

$$a_{e1} x_1 + a_{e2} x_2 + \cdots + a_{en} x_n \geqslant b_e$$

则引入剩余变量 $x_{n+e} \geqslant 0$，使

$$a_{e1} x_1 + a_{e2} x_2 + \cdots + a_{en} x_n - x_{n+e} = b_e$$

并令变量 x_{n+e} 在目标函数里的系数 $c_{n+e} = 0$。

①、②两种办法解决了将不等式约束变为等式约束的问题。在实际问题中，松弛变量及剩余变量（常常也称其为松弛变量）通常代表某种资源未被利用的数量，或代表离某种限制标的距离余度。由于它们在目标函数中的系数均为零，将其引入约束并未改变问题的实质。

（3）变量约束的转化

如实际问题中某变量 x_j 可正可负，与标准型中要求所有 $x_j \geqslant 0$ 相矛盾，则引入"开关变量" $x_j' \geqslant 0$，$x_j'' \geqslant 0$，将 $x_j = x_j' - x_j''$ 代入模型求解，若解出来后 $x_j' \geqslant x_j''$，则说明原变量 $x_j \geqslant 0$，若 $x_j' < x_j''$，则原变量 $x_j < 0$。如果某个变量 $x_j \leqslant 0$，则令 $x_j = -x_j'$，$x_j' \geqslant 0$ 代入模型求解。

有了上述的处理办法，就能保证在不影响问题实质的前提下，将各种类型的线性规划问题化为统一的标准型来讨论。

【例 1.3】　试将下面的线性规划模型转化为标准型。

$$\min z = -3x_1 + x_2 - 2x_3$$

$$\text{s. t.} \begin{cases} x_1 + x_2 + x_3 \leqslant 6 \\ x_1 - x_2 + x_3 \geqslant 3 \\ -2x_1 + x_2 + 3x_3 = 4 \\ x_1 \geqslant 0, x_2 \leqslant 0, x_3 \text{ 无约束} \end{cases}$$

解：通过以下转换可以把其化为标准型。

令 $x_3 = x_3' - x_3''$，其中 $x_3' \geqslant 0, x_3'' \geqslant 0$; $x_2' = -x_2$，且 $x_2' \geqslant 0$;在第一个约束条件的不等号左端加入非负的松弛变量 x_4，在第二个约束条件的不等号左端减去非负的剩余变量 x_5 ;令目标函数 $z' = -z$，则得标准型：

$$\max z' = 3x_1 + x_2' + 2(x_3' - x_3'') + 0x_4 + 0x_5$$

$$\text{s. t.} \begin{cases} x_1 - x_2' + (x_3' - x_3'') + x_4 = 6 \\ x_1 + x_2' + (x_3' - x_3'') - x_5 = 3 \\ -2x_1 - x_2' + 3(x_3' - x_3'') = 4 \\ x_1, x_2', x_3', x_3'', x_4, x_5 \geqslant 0 \end{cases}$$

1.2 线性规划问题的图解法及其几何意义

1.2.1 线性规划问题的解的概念

对线性规划问题的标准型：

$$\max z = \sum_{j=1}^{n} c_j x_j$$

$$\text{s. t.} \begin{cases} \sum_{j=1}^{n} a_{ij} x_j = b_i & (i = 1, 2, \cdots, m) \\ x_j \geqslant 0 & (j = 1, 2, \cdots, n) \end{cases}$$

定义有关概念如下所述。

(1)线性规划的解

满足线性规划问题的标准型的所有约束条件(包括非负条件)的解向量 $X = (x_1 \quad x_2 \quad \cdots \quad x_n)^T$ 称为线性规划问题的可行解。所有可行解的集合称为可行解集，也称可行域。使目标函数取得最大值 Z^* 的可行解，称为线性规划问题的最优解，记为 X^*。

(2)线性规划问题的基

设 A 是约束方程组的 $m \times n$ 结构系数矩阵，其秩为 m，B 是矩阵 A 的任意 $m \times m$ 阶非奇异子矩阵(即 $|B| \neq 0$)，则称 B 为线性规划问题的一个基。显然，基 B 是由 A 的 m 个线性无关的列向量组成。不失一般性，可设 A 的前 m 个列向量线性无关且组成基，即：

$$B = \begin{pmatrix} a_{11} & a_{12} & \cdots & a_{1m} \\ a_{21} & a_{22} & \cdots & a_{2m} \\ \vdots & \vdots & & \vdots \\ a_{m1} & a_{m2} & \cdots & a_{mm} \end{pmatrix} = (P_1, P_2, \cdots, P_m)$$

称 $P_1, P_2, \cdots, P_m$ 为基向量,与基向量 $P_j (j = 1, 2, \cdots, m)$ 相对应的变量 $x_j (j = 1, 2, \cdots, m)$ 称为基变量,称 A 的其余 $n - m$ 列向量 $P_j (j = m + 1, m + 2, \cdots, n)$ 为非基向量,与之相应的变量 $x_j (j = m + 1, m + 2, \cdots, m + n)$ 称为非基变量。如:

$$A = (P_1, P_2, P_3, P_4, P_5) = \begin{bmatrix} 0 & 5 & 1 & 0 & 0 \\ 5 & 0 & 0 & 1 & 0 \\ 2 & 2 & 0 & 0 & 1 \end{bmatrix}$$

为某线性规划问题的标准型的结构系数矩阵,其中,P_j 为系数矩阵中第 j 列的列向量,在 A 中存在一个不为零的 3 阶子式,在此例中如:

$$B_1 = \begin{bmatrix} 5 & 0 & 0 \\ 0 & 1 & 0 \\ 2 & 0 & 1 \end{bmatrix}, B_2 = \begin{bmatrix} 1 & 0 & 0 \\ 0 & 1 & 0 \\ 0 & 0 & 1 \end{bmatrix}$$

都是线性规划问题的一个基。

(3)线性规划的基本解

由于一个方程可以固定一个变量,对应于线性规划问题的标准型的每一个基,若令所有非基变量为零,则 m 个基变量可由方程组 $AX = b$ 解出,称这样得到的解向量 X 为线性规划问题的基本解,显然基本解的不为零的分量数小于等于 m 个。由于 A 为 $m \times n$ 矩阵,基由其中 m 个线性无关的列组成,所以基的数目 小于等于 C_n^m 个。对应的,基本解的个数也 小于等于 C_n^m 个。

若基本解的所有分量皆为非负,即满足 $AX = b$,且 $X \geqslant 0$,则称此基本解为基本可行解。对应于基本可行解的基,称为可行基。

特别是当基本可行解的非零分量数小于 m 时,称其为退化的基本可行解,出现这种情况本质上是由于在此基本可行解处,线性规划的某个(或若干个)约束称为多余约束。

【例 1.4】 求出线性规划问题

$$\max z = x_1 + x_2$$

$$\text{s. t.} \begin{cases} x_1 + 2x_2 \leqslant 4 & (1) \\ 2x_1 + x_2 \geqslant 2 & (2) \\ x_j \geqslant 0, (j = 1, 2) \end{cases}$$

的所有基本解,并判明其中何者为问题的最优解。

解:将问题化为标准形式:

$$\max z = x_1 + x_2 + 0x_3 + 0x_4$$

$$\text{s. } t \begin{cases} x_1 + 2x_2 + x_3 = 4 \\ 2x_1 + x_2 - x_4 = 2 \\ x_j \geqslant 0, (j = 1, 2, 3, 4) \end{cases}$$

此题基的数目小于等于 $C_4^2 = 6$ 个,人们用行的初等变换来考察方程组 $AX = b$ 的结构系数矩阵及其增广矩阵,以此来判别矩阵 A 的线性无关的列,进而求出问题的各个基本解。

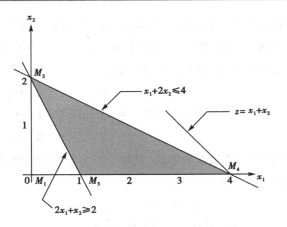

图1.1　基本可行解与可行域顶点的对应关系

$$① \quad \begin{pmatrix} 1 & 2 & 1 & 0 & \vdots & 4 \\ 2 & 1 & 0 & -1 & \vdots & 2 \end{pmatrix}$$

P_3、P_4线性无关,取$B_1 = (P_3, P_4)$,令非基变量$x_1 = x_2 = 0$,解得基变量$x_3 = 4$,$x_4 = -2$,即$X^{(1)} = (0 \quad 0 \quad 4 \quad -2)^{\mathrm{T}}$为基本解,且为非可行解,因其违背了非负约束条件。对照图1.1,可见基本解$X^{(1)}$对应于原点$M_1(0,0)$,其中松弛变量$x_3 = 4$,说明解点$M_1(0,0)$满足约束条件(1)且离约束(1)所形成的可行域边界$x_1 + 2x_2 = 4$尚有4个单位的距离余度。从几何直观上看,解点$M_1(0,0)$位于直线$x_1 + 2x_2 = 0$上,由于松弛变量$x_3 = 4$,约束(1)允许解点$M_1(0,0)$沿x_1轴向该约束形成的边界线移动4个单位,或沿x_2轴向该边界线移动两个单位;剩余变量$x_4 = -2$,说明解点$M_1(0,0)$不满足约束(2)且与约束(2)形成的可行域边界移动$2x_1 + x_2 = 2$距离两个单位,或者说解点$M_1(0,0)$位于直线$2x_1 + x_2 = 0$上,由于剩余变量$x_4 = -2$,约束(2)要求解点$M_1(0,0)$沿着x_1轴向该约束形成的边界线移动1个单位,或者沿x_2轴向该边界线移动两个单位。

一般来说,松弛变量(或剩余变量)的取值代表了解点离该松弛变量(或剩余变量)所对应的约束边界的距离余度。若某个松弛变量(或剩余变量)取值为正。则说明解点满足相应约束且不在该约束的边界线上;若松弛变量(或剩余变量)取值为零,则说明解点刚好是位于相应约束边界线上的点。

$$② \quad \begin{pmatrix} 1 & 2 & 1 & 0 & \vdots & 4 \\ 2 & 1 & 0 & -1 & \vdots & 2 \end{pmatrix} \sim \begin{pmatrix} -3 & 0 & 1 & 2 & \vdots & 0 \\ 2 & 1 & 0 & -1 & \vdots & 2 \end{pmatrix}$$

P_2、P_3线性无关,取$B_2 = (P_3, P_2)$,令非基变量$x_1 = x_4 = 0$,解得基变量$x_2 = 2$,$x_3 = 0$。即$X^{(2)} = (0 \quad 2 \quad 0 \quad 0)^{\mathrm{T}}$为基本解,且为退化的基本可行解,相应的目标函数取值$z^{(2)} = x_1 + x_2 + 0 \cdot x_3 + 0 \cdot x_4 = 2$。对照图1.1,可见基本可行解$X^{(2)}$对应于可行域的顶点$M_2(0,2)$,由于在解点$M_2(0,2)$处非负约束$x_1 \geq 0$称为多余约束,所以问题产生了退化现象。

$$③ \quad \begin{pmatrix} -3 & 0 & 1 & 2 & \vdots & 0 \\ 2 & 1 & 0 & -1 & \vdots & 2 \end{pmatrix} \sim \begin{pmatrix} 0 & \dfrac{3}{2} & 1 & \dfrac{1}{2} & \vdots & 3 \\ 1 & \dfrac{1}{2} & 0 & -\dfrac{1}{2} & \vdots & 1 \end{pmatrix}$$

P_1、P_3线性无关,取$B_3 = (P_3, P_1)$,令非基变量$x_2 = x_4 = 0$,解得基变量$x_1 = 1$,$x_3 = 3$。即$X^{(3)} = (1 \quad 0 \quad 3 \quad 0)^{\mathrm{T}}$为基本解,且为基本可行解,相应的目标函数取值$z^{(3)} = x_1 + x_2 + 0 \cdot x_3 +$

$0 \cdot x_4 = 1$。对照图 1.1，可见基本可行解 $X^{(3)}$ 对应于可行域的顶点 M_3 (1，0)。

$$④ \begin{pmatrix} 0 & \frac{3}{2} & 1 & \frac{1}{2} & \vdots & 3 \\ 1 & \frac{1}{2} & 0 & -\frac{1}{2} & \vdots & 1 \end{pmatrix} \sim \begin{pmatrix} 0 & 3 & 2 & 1 & \vdots & 6 \\ 1 & 2 & 1 & 0 & \vdots & 4 \end{pmatrix}$$

P_1、P_4 线性无关，取 $B_4 = (P_4, P_1)$，令非基变量 $x_2 = x_3 = 0$，解的基变量 $x_1 = 4$，$x_4 = 6$。即 $X^{(4)} = (4 \quad 0 \quad 0 \quad 6)^T$ 为基本解，且为基本可行解，相应的目标函数取值 $z^{(4)} = x_1 + x_2 + 0 \cdot x_3 + 0 \cdot x_4 = 4$。对照图 1.1，可见基本可行解 $X^{(4)}$ 对应于可行域的顶点 M_4 (4，0)。

$$⑤ \begin{pmatrix} 0 & 3 & 2 & 1 & \vdots & 6 \\ 1 & 2 & 1 & 0 & \vdots & 4 \end{pmatrix} \sim \begin{pmatrix} 0 & 1 & \frac{2}{3} & \frac{1}{3} & \vdots & 2 \\ 1 & 0 & -\frac{1}{3} & -\frac{2}{3} & \vdots & 0 \end{pmatrix}$$

P_1、P_2 线性无关，取 $B_5 = (P_2, P_1)$，令非基变量 $x_3 = x_4 = 0$，解的基变量 $x_1 = 0$，$x_2 = 2$。即 $X^{(5)} = (0 \quad 2 \quad 0 \quad 0)^T$ 为基本解，且为退化的基本可行解，相应的目标函数取值 $z^{(5)} = x_1 + x_2 + 0 \cdot x_3 + 0 \cdot x_4 = 2$。对照图 1.1，可见基本可行解 $X^{(5)}$ 也是对应于可行域的顶点 M_2 (0，2)。

$$⑥ \begin{pmatrix} 0 & 1 & \frac{2}{3} & \frac{1}{3} & \vdots & 2 \\ 1 & 0 & -\frac{1}{3} & -\frac{2}{3} & \vdots & 0 \end{pmatrix} \sim \begin{pmatrix} \frac{1}{2} & 1 & \frac{1}{2} & 0 & \vdots & 2 \\ -\frac{3}{2} & 0 & \frac{1}{2} & 1 & \vdots & 0 \end{pmatrix}$$

P_2、P_4 线性无关，取 $B_6 = (P_2, P_4)$。令非基变量 $x_1 = x_3 = 0$，解得基变量 $x_2 = 2$，$x_4 = 0$，即 $X^{(6)} = (0 \quad 2 \quad 0 \quad 0)^T$ 为基本解，且为退化的基本可行解。相应的目标函数取值 $z^{(6)} = x_1 + x_2 + 0 \cdot x_3 + 0 \cdot x_4 = 2$。对照图 1.1，可见基本可行解 $X^{(6)}$ 仍然是对应于可行域的顶点 M_2 (0，2)。

以上求出了问题的全部基本解。从几何直观上可以看到，标准形式的线性规划问题的基本解对应于约束边界线交点，而基本可行解则对应于可行域的顶点。

再从代数学的角度来判定问题的最优解，对应于问题每一个可行基，用取零值的非基变量来表示基变量，由步骤②、③、④、⑤、⑥的等价方程组可分别写出各个基本可行解的完全表达式：

$$X^{(2)} = \begin{pmatrix} 0 \\ 2 & -2x_1 & +x_4 \\ 0 & +3x_1 & -2x_4 \\ 0 \end{pmatrix}$$

$$X^{(3)} = \begin{pmatrix} 1 & -\frac{1}{2}x_2 & +\frac{1}{2}x_4 \\ 0 \\ 3 & -\frac{3}{2}x_2 & -\frac{1}{2}x_4 \\ 0 \end{pmatrix}$$

$$X^{(4)} = \begin{pmatrix} 4 & -2x_2 & -x_3 \\ 0 \\ 0 \\ 6 & -3x_2 & -2x_3 \end{pmatrix}$$

$$X^{(5)} = \begin{pmatrix} 0 & + \dfrac{1}{3}x_3 & + \dfrac{2}{3}x_4 \\ 2 & - \dfrac{2}{3}x_3 & - \dfrac{1}{3}x_4 \\ 0 & & \\ 0 & & \end{pmatrix}$$

$$X^{(6)} = \begin{pmatrix} 0 & & \\ 2 & - \dfrac{1}{2}x_1 & - \dfrac{1}{2}x_3 \\ 0 & & \\ 0 & + \dfrac{3}{2}x_1 & - \dfrac{1}{2}x_3 \end{pmatrix}$$

相应的各解点处的目标函数为:

$$z^{(2)} = x_1 + (2 - 2x_1 + x_4) = 2 - x_1 + x_4$$

$$z^{(3)} = \left(1 - \frac{1}{2}x_2 + \frac{1}{2}x_4\right) + x_2 = 1 + \frac{1}{2}x_2 + \frac{1}{2}x_4$$

$$z^{(4)} = (4 - 2x_2 - x_3) + x_2 = 4 - x_2 - x_3$$

$$z^{(5)} = \left(0 + \frac{1}{3}x_3 + \frac{2}{3}x_4\right) + \left(2 - \frac{2}{3}x_3 - \frac{1}{3}x_4\right) = 2 - \frac{1}{3}x_3 + \frac{1}{3}x_4$$

$$z^{(6)} = x_1 + \left(2 - \frac{1}{2}x_1 - \frac{1}{2}x_3\right) = 2 + \frac{1}{2}x_1 - \frac{1}{2}x_3$$

基本解不能保证所有分量都非负,也就是说基本解不一定是可行解。一般来说,判断一个基是否为可行基,只有在求出基本解以后,当其基本解所有分量都非负时,才能判断这个解是基本可行解,这个基是基本可行基。以上提到的几种解的概念,它们之间的关系如图1.2所示。给出的线性规划问题解的概念和定义,将有助于用来分析线性规划问题的求解过程。

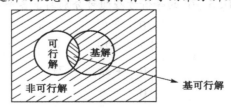

图1.2　线性规划解的关系图

1.2.2　线性规划问题的图解法

为了对线性规划问题的基本概念有一个直观的几何认识,首先介绍线性规划问题的图解法。

【例1.5】　求解线性规划问题。

$$\max z = 2x_1 + 5x_2$$

$$\text{s.t.} \begin{cases} x_1 \leqslant 4 \\ x_2 \leqslant 3 \\ x_1 + 2x_2 \leqslant 8 \\ x_1, x_2 \geqslant 0 \end{cases}$$

解: 将各个约束条件取等式,作出直线,然后恢复不等式。每一个不等式约束给出了一个半平面,这些半平面的相交部分围成了一个 x_1, x_2 可以取值的区域,称为可行域,其是一个凸多边形。可以看到,凸多边形中任何一点的坐标值,都必然同时满足所有约束条件。任何一点的坐标值,就称为线性规划问题的一个可行解。显然,可行域中所有点的集合,就构成了线性规划问题的可行解全体,称其为线性规划问题的一个可行解集,如图 1.3 中所示阴影部分。

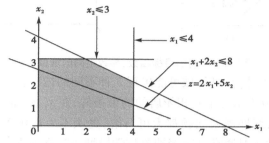

图 1.3 线性规划问题的图解法

满足约束条件的解有无穷多个,取什么样的点(可行解),能使目标函数 $z = 2x_1 + 5x_2$ 最大呢?可先尝试一下,令 $Z = 0, 1, 2, \cdots$,也即令 $z = 2x_1 + 5x_2 = 0, 1, 2, \cdots$,得出一平行直线簇。簇中同一条直线上的任何点,都满足 $z = 2x_1 + 5x_2 = c(c$ 为常数$)$,即具有相同的目标函数值。人们称这簇平行直线为等值线(等高线)。可以看出,目标函数 z 取值越大,则等值线离原点越远。换句话说,要使目标函数 z 取值越大,则相应的等值线越应远离原点向右上方移动。但是等值线不能无限制地远离原点,即 z 值不可能无限制地增大。因为题目的要求是在可行域内找出使 z 值最大的点来,所以不允许等值线离开可行域。显然由图 1.3 可以看出:既满足约束,又能使 z 值最大的点是 B 点。它处于等值线将离而未离可行域的位置。求出 B 点的坐标,即 $B(2,3)$。所以 $\max z = 2x_1 + 5x_2 = 2 \times 2 + 5 \times 3 = 19$,称 $\max z = 19$ 为目标函数的最优值,记为 Z^*。相应地,使目标函数取得最优值的可行解 $X = (2,3)^{\text{T}}$ 称为线性规划问题的最优解,记为 X^*。解毕。

由上面的讨论可以得出图解线性规划问题的思路和方法:

①将约束条件取等式,作出线性规划问题的可行域。

②从众多的可行解里确定一初始解。为了省事,通常是找一个可行域的顶点。

③考察解点处的目标函数值,进而不断地更换可行解,以求得目标函数值的改善。若可行域为凸多边形(理论上可以证明),则只须考虑可行域的顶点。

④须有一个判断是否已达最优解的标准,这里是以等值线将离而未离可行域为标准的。从最优解点 $B(2,3)$ 处看,向可行域内部的任何方向更换可行解,都会造成目标函数值的变坏。

值得注意的是,线性规划问题的图解法启迪了求解一般线性规划问题的基本思路。在以后的讨论中,人们将研究具有 n 个变量的线性规划问题。由于是在 n 维欧氏空间中讨论问题,其解题方法不具有二位图解法这样的几何直观性,但应该指出,仿照以上的思路,一定可使线性规划问题的求解得到顺利地解决。

对于两个变量的线性规划问题,其目标函数 $z = c_1x_x + c_2x_2$ 代表了三维欧氏空间的一张平面。由于问题的目标函数不同,这张平面的倾斜方向也就不同。因此它们的等值线将出现 4 种不同的增值方向,如图 1.4 所示。

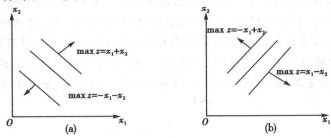

图 1.4 不同的目标函数,导致不同的增值方向

而对于不同的约束条件,其可行域可能出现 3 种不同的情况:

如图 1.5(a)所示,由于出现了互相矛盾的约束条件,在 x_1,x_2 非负的前提下没有可行域,因此不论目标函数怎样,线性规划问题都无可行解,更谈不上最优解。而实际问题一般总是有可行解的。因此,这种情况通常意味着抽象数学模型的过程出现了错误。

图 1.5(b)所示的可行域无界,具有这种可行域的线性规划问题总是有可行解的。随着问题所给的目标函数不同,其最优解又会出现两种情况:如在目标函数值能得到改善的方向上可行域有界,则线性规划问题一定有最优解,最优解在可行域的某个顶点上达到。反之,如在目标函数值能得到改善的方向上可行域无界,则线性规划问题无有限的最优解,或简称为无最优解。

图 1.5(c)给出了一个有界的可行域。对于这样的可行域,无论所给的目标函数怎样,问题总有可行解,且一定有最优解,最优解在可行域的某个顶点上达到。特别地,当目标函数的等值线与某一约束直线平行时,线性规划问题有可能出现无穷多个最优解。这是由于等值线向某个平行于等值线的可行域边界移动时,在等值线将离而未离可行域的位置上有无穷多个点的缘故。容易看到,即使在出现了无穷多个最优解的情况下,最优解也可以在可行域顶点上达到。

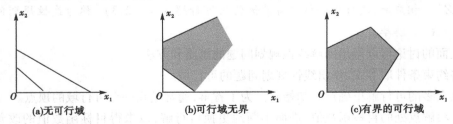

图 1.5 不同的约束形成不同的可行域

图解法具有简单直观的优点,但是一般只有两个决策变量的线性规划问题可以用图解法,对于多于两个决策变量的线性规划问题用图解法有一定的局限性。图解法的结论是形象的、直观的。在以后的讨论中,我们将把这些结论推广到 n 维空间中去,并在理论上说明这些结论的正确可行性。

1.2.3 基本定理

定义 1.1 设 K 是 n 维欧式空间中的一个点集，$X^{(1)}$，$X^{(2)}$ 是 K 中的任意两点，若连接这两点的线段上的所有点 $\alpha X^{(1)} + (1 - \alpha)X^{(2)}$ $(0 \leqslant \alpha \leqslant 1)$ 仍在 K 内，则称 K 为凸集。

从直观上讲，凸集没有凹入部分，其内部也没有孔洞。如图 1.6(a)、(b) 所示为凸集，图 1.6(c)、(d) 所示为非凸集。

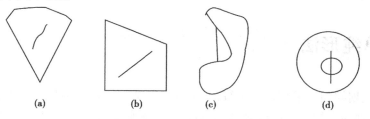

图 1.6 凸集与非凸集

定义 1.2 设 $X^{(1)}$，$X^{(2)}$，$\cdots$，$X^{(k)}$ 是 n 维欧式空间中的 k 个点，若存在 μ_1，μ_2，$\cdots$，μ_k 且 $0 \leqslant \mu_i \leqslant 1$，$(i = 1, 2, \cdots, k)$，$\sum\limits_{i-1}^{k} \mu_i = 1$，使

$$X = \mu_1 X^{(1)} + \mu_2 X^{(2)} + \cdots + \mu_k X^{(k)}$$

则称 X 为 $X^{(1)}$，$X^{(2)}$，$\cdots$，$X^{(k)}$ 的凸组合（当 $0 < \mu_i < 1$ 时，称为严格凸组合）。

定义 1.3 若凸集 K 中的一点 X 不能成为 K 中任何线段的内点，则称点 X 为 K 的顶点（或极点）。换句话说，设 X 为凸集 K 中的一点，如对任意不同两点 $X^{(1)} \in K$，$X^{(2)} \in K$，关系式：

$$X = \alpha X^{(1)} + (1 - \alpha)X^{(2)}(0 \leqslant \alpha \leqslant 1)$$

总不能成立，则称 X 为 K 的一个顶点（或极点）。

定理 1.1 若线性规划问题存在可行域 D，则其可行域 $D = \{X \mid AX = b, X \geqslant 0\}$ 是凸集。

定理 1.2 线性规划问题的可行解 $X = (x_1, x_2, \cdots, x_n)^\mathrm{T}$ 为基可行解的充要条件是 X 的正分量所对应的系数列向量是线性无关的。

定理 1.3 线性规划问题的基可行解 X 对应可行域 D 的顶点。

定理 1.4 若可行域有界，则线性规划问题的目标函数一定可以在其可行域的顶点上达到最优。

注意，有时目标函数可能在多个顶点处达到最优，这时在这些顶点的凸组合上也达到最优，称这种线性规划问题有无穷多个最优解。另外，若可行域为无界，则可能无最优解，也可能有最优解，若有最优解那么也必定在某顶点上得到。根据以上讨论，可以得到下述结论。

①线性规划问题的所有可行解构成的集合是凸集，它可以是有界区域，也可能是无界区域，它们有有限个顶点。

②线性规划问题的每一个基可行解对应于可行域的一个顶点。

③若线性规划问题有最优解，则最优解必定在可行域的某顶点处达到。

④如果线性规划问题存在多个最优解，那么至少有两个相邻的顶点处同时是线性规划问题的最优解。

⑤如果线性规划问题的可行域无界,则可能无最优解,也可能有最优解,若有最优解那么也必定在某顶点上得到。

以上定理的证明需要较多篇幅,可略去不证。虽然可行域的顶点数目有限(它不大于 C_n^m 个),但若采用枚举法找所有基可行解,然后一一比较,最终可能找到最优解,但是 n、m 的数目较大时,这种办法是行不通的,所以要继续讨论,如何有效地找到最优解,这就是后面所要介绍的单纯形法。

1.3　单纯形法

因为线性规划问题如果存在最优解,一定可以在基本可行解中找到。因此单纯形法的基本思路是:先找到一个初始基可行解,如果不是最优解则设法转换到另一个基可行解,并使目标函数值不断增大,直到找到最优解为止。

1.3.1　引例

单纯形法是由美国学者丹切格(George Dantzig)于 1947 年提出,它是求解线性规划问题的主要工具。作为一个开端,应首先结合例题介绍单纯形法的解题思路。将例 1.5 的问题重新给出。

$$\max z = 2x_1 + 5x_2$$
$$\text{s. t.} \begin{cases} x_1 \leqslant 4 \\ x_2 \leqslant 3 \\ x_1 + 2x_2 \leqslant 8 \\ x_1, x_2 \geqslant 0 \end{cases}$$

解:将问题变换为标准形式:

$$\max z = 2x_1 + 5x_2 + 0x_3 + 0x_4 + 0x_5$$
$$\text{s. t.} \begin{cases} x_1 + x_3 = 4 \\ x_2 + x_4 = 3 \\ x_1 + 2x_2 + x_5 = 8 \\ x_i \geqslant 0 (i = 1, 2, \cdots, 5) \end{cases}$$

记下约束方程组 $AX = b$ 的增广矩阵:

$$\widetilde{A}_1 \begin{pmatrix} 1 & 0 & 1 & 0 & 0 & \vdots & 4 \\ 0 & 1 & 0 & 1 & 0 & \vdots & 3 \\ 1 & 2 & 0 & 0 & 1 & \vdots & 8 \end{pmatrix}$$

可以注意到,由于原约束不等式皆为小于等于型不等式且右端常数皆大于等于 0,因此加上松弛变量以后,结构系数矩阵必然含有 m 阶单位阵。取此单位阵作为此线性规划问题标准型的初始基,$B_1 = (p_3, p_4, p_5)$,则 B_1 必为一个可行基。相应地,$X^{(1)} = (0\ 0\ 4\ 3\ 8)^\mathrm{T}$ 为基本可行解,它对应于可行解集的一个顶点,在顶点 $X^{(1)}$ 处目标函数值 $Z^{(1)} = 0$。

为判别在极点 $X^{(1)}$ 处目标函数是否已经达到最优值,采用取零值的非基变量来表示基变量及目标函数。由结构系数矩阵及其增广矩阵可得：

$$x_3 = 4 - x_1$$
$$x_4 = 3 - x_2$$
$$x_5 = 8 - x_1 - 2x_2$$

将其代入目标函数，得：

$z^{(1)} = 2x_1 + 5x_2 + 0x_3 + 0x_4 + 0x_5 = 0 + 2x_1 + 5x_2$，以此可以判别目标函数是否已达最优，易见，取零值的非基变量 x_1 和 x_2 的系数皆为正值，若让 x_1 或 x_2 升值，都可以使目标函数的取值得到改善。说明顶点 $X^{(1)}$ 并非问题的最优解。

不妨选择 x_2 上升为正值，即让 x_2 成为基变量。因为在判别准则里 x_2 的系数较大，让 x_2 升值有可能使目标函数值改善得更快。为此对矩阵 $\widetilde{A}_1$ 进行初等行变换，使 p_2 成为单位向量。注意，我们总是有目的地使矩阵 A 的某 m 列变换为单位阵，同时使增广列的所有元素保持为非负。这样取此单位阵所对应的列为基，则必得一可行基，相应的基本可行解可由变换后的增广矩阵直接查到。

$$\widetilde{A}_2 = \begin{pmatrix} 1 & 0 & 1 & 0 & 0 & \vdots & 4 \\ 0 & 1 & 0 & 1 & 0 & \vdots & 3 \\ 1 & 0 & 0 & -2 & 1 & \vdots & 2 \end{pmatrix}$$

p_3, p_2, p_5 已变为单位向量且构成单位矩阵，取 $B_2 = (p_3, p_2, p_5)$，相应地 p_4 自动退出了基，$X^{(2)} = (0 \quad 3 \quad 4 \quad 0 \quad 2)^T$ 为基本可行解，$z^{(2)} = 15$。

用非基变量来表示基变量，由矩阵 $\widetilde{A}_2$ 可得：

$$x_2 = 3 - x_4$$
$$x_3 = 4 - x_1$$
$$x_5 = 2 - x_1 + x_4$$

以此代入目标函数，得：

$$z^{(2)} = 2x_1 + 5x_2 + 0x_4 + 0x_5 = 2x_1 + 5(3 - x_4) = 15 + 2x_1 - 5x_4$$

以此可以看出，$z^{(2)}$ 并非目标函数最优值，因为 x_1 的系数为正值，所以使 x_1 升值可使目标函数取值得到进一步改善。为此对矩阵 $\widetilde{A}_2$ 继续进行初等行变换，使 p_1 进入基 B_3，在变换过程中同样注意使增广列的所有元素保持为非负，同时使 p_1 成为单位向量。

$$\widetilde{A}_3 = \begin{pmatrix} 0 & 0 & 1 & 2 & -1 & \vdots & 2 \\ 0 & 1 & 0 & 1 & 0 & \vdots & 3 \\ 1 & 0 & 0 & -2 & 1 & \vdots & 2 \end{pmatrix}$$

变换后，p_3, p_2, p_1 皆变为单位向量，且构成单位矩阵，取 $B_3 = (p_3, p_2, p_1)$，相应地 p_5 自动退出基。$x^{(3)} = (2 \quad 3 \quad 2 \quad 0 \quad 0)^T$ 为基本可行解；$z^{(3)} = 19$。

用非基变量来表示基变量，由矩阵 $\widetilde{A}_3$ 可得：

$$x_1 = 2 + 2x_4 - x_5$$
$$x_2 = 3 - x_4$$
$$x_3 = 2 - 2x_4 + x_5$$

以此代入目标函数,得:

$$z^{(3)} = 2x_1 + 5x_2 + 0x_3 + 0x_4 + 0x_5$$
$$= 2(2 + 2x_4 - x_5) + 5(3 - x_4)$$
$$= 19 - x_4 - 2x_5$$

从上式易见,z 值已不可能继续得到改善,因此问题的最优解已求出,最优值为 $z^* = 19$,最优解为 $X^* = x^{(3)} = (2 \ 3 \ 2 \ 0 \ 0)^T$,解毕。

从引例的求解人们可以看出用非基变量表示出目标函数有两个用处:一是可以判定问题是否已达到最优值;二是用于指出目标函数的改善方向。由于指出了目标函数可以获得改善的方向,我们即可朝着这个方向去更换问题的基本可行解(迭代),而不必逐一考虑问题的所有极点。例如此题的可行解集共有 5 个极点(对照图 1.3),但我们搜寻最优解的过程一共只考虑了 3 个极点。

1.3.2 初始基可行解的确定

当线性规划问题的约束条件全部为"≤"形式的不等式时,可以按照转化为标准形式的方法,在每个约束条件的左端加上一个松弛变量。经整理,重新对 x_j 及 a_{ij} ($i = 1, 2, \cdots, m; j = 1, 2, \cdots, n$)进行编号,则可得下列方程组。

$$\begin{cases} x_1 + a_{1,m+1}x_{m+1} + \cdots + a_{1n}x_n = b_1 \\ x_2 + a_{2,m+1}x_{m+1} + \cdots + a_{2n}x_n = b_2 \\ \qquad\qquad\qquad\vdots \\ x_m + a_{m,m+1}x_{m+1} + \cdots + a_{mn}x_n = b_m \\ x_1, x_2, \cdots, x_n \geqslant 0 \end{cases}$$

显然得到一个 $m \times m$ 的单位矩阵也即是松弛变量所对应的系数矩阵。

$$\boldsymbol{B} = (P_1, P_2, \cdots, P_n) = \begin{pmatrix} 1 & 0 & \cdots & 0 \\ 0 & 1 & \cdots & 0 \\ \vdots & \vdots & & \vdots \\ 0 & 0 & \cdots & 1 \end{pmatrix}$$

以 B 作为问题的一个基,由于保证了增广列的所有元素皆为非负,所以其必然是一个可行基。相应地,记 x_i 为基变量($i = 1, 2, \cdots, m$),记 x_j($j = m + 1, \cdots, n$)为非基变量,则由结构系数矩阵的增广矩阵($A \ \vdots \ b$)可求得基变量 x_i 的一般表达式:

$$x_i = b_i - \sum_{j=m+1}^{n} a_{ij}x_j, (i = 1, 2, \cdots, m) \tag{1.4}$$

令非基变量 x_j($j = m + 1, \cdots, n$)为 0,由式(1.4)可得 $x_i = b_i (i = 1, 2, \cdots, m)$,又因 $b_i \geqslant 0$,所以得到一个初始基可行解:

$$X = (x_1, x_2, \cdots, x_m, 0, \cdots, 0)^T = (b_1, b_2, \cdots, b_m, 0, \cdots, 0)^T$$

当线性规划问题中的约束条件为"="或"≥"式时,化为标准型后,一般约束条件的系数矩阵中不包含有单位矩阵。这时为了能方便地找出一个初始的基可行解,可以添加一个非负的人工变量来人为地构造一个单位矩阵作为初始基,称为人工基。这种方法将在本章 1.4 中进一步讨论。

1.3.3　最优性检验

一般情况下,经过迭代后式(1.4)会变为:

$$x_i = b'_i - \sum_{j=m+1}^{n} a'_{ij} x_j, (i = 1, 2, \cdots, m) \tag{1.5}$$

按照新的排列次序,目标函数应为:

$$z = \sum_{i=1}^{m} c_i x_i + \sum_{j=m+1}^{n} c_j x_j \tag{1.6}$$

即前 m 项对应基变量 x_i,后 $n-m$ 项对应非基变量为 x_j。将式(1.5)代入式(1.6)并加以整理:

$$\begin{aligned}
z &= \sum_{i=1}^{m} c_i \left(b'_i - \sum_{j=m+1}^{n} a'_{ij} x_j \right) + \sum_{j=m+1}^{n} c_j x_j \\
&= \sum_{i=1}^{m} c_i b'_i - \sum_{j=m+1}^{n} \sum_{i=1}^{m} c_i a'_{ij} x_j + \sum_{j=m+1}^{n} c_j x_j \\
&= \sum_{i=1}^{m} c_i b'_i + \sum_{j=m+1}^{n} \left(c_j - \sum_{i=1}^{m} c_i a'_{ij} \right) x_j
\end{aligned} \tag{1.7}$$

式(1.7)即为公式化以后的判别准则。其中记:

$$z_0 = \sum_{i=1}^{m} c_i b'_i, z_j = \sum_{i=1}^{m} c_j a'_{ij} \qquad (j = m+1, \cdots, n)$$

于是:

$$z = z_0 + \sum_{j=m+1}^{n} (c_j - z_j) x_j$$

令:

$$\sigma_j = c_j - z_j = \left(c_j - \sum_{i=1}^{m} c_j a_{ij}' \right) \qquad (j = m+1, \cdots, n)$$

称 σ_j 为检验数。z_0 表示每步迭代后该解点处的目标函数值,则:

$$z = z_0 + \sum_{j=m+1}^{n} \sigma_j x_j \tag{1.8}$$

显然,若所有的 $n-m$ 个检验数 σ_j 都小于等于零,则目标函数已不可能继续得到改善,问题的最优解已经求得,相应的基本可行解即为最优解;若还有某个检验数 $\sigma_j = (c_j - z_j) \geq 0$ $(j = m+1, \cdots, n)$,则相应的非基变量 x_j 上升为正值将会使目标函数得到改善,此时人们就可以向此 x_j 升值的方向去更换极点(迭代)。

对于每一个检验数 $\sigma_j = c_j - z_j$,人们可以直接由结构系数矩阵 $\boldsymbol{A}$ 或 $(\boldsymbol{A}')$ 求得。若 x_{B_1}, $x_{B_2}, \cdots, x_{B_m}$ 顺序为对应于基 B 的 m 个基变量,$c_{B_1}, c_{B_2}, \cdots, c_{B_m}$ 为其目标函数里的价值系数,$x_j (j = m+1, \cdots, n)$ 为非基变量,则:

$$\sigma_j = (c_j - z_j) = \left(c_j - \sum_{i=1}^{m} c_i a'_{ij} \right) = c_j - (c_{B_1} \ c_{B_2} \cdots c_{B_m}) \begin{pmatrix} a'_{1j} \\ a'_{2j} \\ \vdots \\ a'_{mj} \end{pmatrix} \tag{1.9}$$

式中向量 $\begin{pmatrix} a'_{1j} \\ a'_{2j} \\ \vdots \\ a'_{mj} \end{pmatrix}$ 是矩阵 A（或 A'）中对应于非基变量 x_j 的列。

定理 1.5（最优解判别准则） 若 $X^{(0)} = (b'_1, b'_2, \cdots, b'_m, 0, \cdots, 0)^T$ 为对应于基 B 的基本可行解，且对于一切 $j = m + 1, \cdots, n$，有 $\sigma_j = (c_j - z_j) \leq 0$，则 $X^{(0)}$ 为问题的最优解。

证：对于基 B，方程组 $AX = b$ 的等价形式为 $A'X = b'$。由于 $m < n$，故方程组 $A'X = b'$ 有无穷多组解，其一般记为：

$$\begin{cases} x_i = b'_i - \sum_{j=m+1}^{n} a'_{ij} x_j & (i = 1, 2, \cdots, m) \\ x_j = x_j & (j = m + 1, \cdots, n) \end{cases} \tag{1.10}$$

当一般解的所有分量皆大于等于零时，则表示了线性规划问题的任意可行解，将可行的一般解代入目标函数，其表现形式同于式（1.7），即任意可行解处的目标函数值 z 为：

$$\begin{aligned} z &= \sum_{i=1}^{m} c_i \left(b'_i - \sum_{j=m+1}^{n} a'_{ij} x_j \right) + \sum_{j=m+1}^{n} c_j x_j \\ &= \sum_{i=1}^{m} c_i b'_i - \sum_{j=m+1}^{n} \sum_{i=1}^{m} c_i a'_{ij} x_j + \sum_{j=m+1}^{n} c_j x_j \\ &= \sum_{i=1}^{m} c_i b'_i + \sum_{j=m+1}^{n} \left(c_j - \sum_{i=1}^{m} c_i a'_{ij} \right) x_j \\ &= z_0 + \sum_{j=m+1}^{n} 6j x_j \end{aligned}$$

其中，z_0 为一既定的常数。由于对于一切 $j = m + 1, \cdots, n$，有 $\sigma_j = (c_j - z_j) \leq 0$ 且 $x_j \geq 0$，故对任意的可行解必有 $z \leq z_0$。而基本可行解 $X^{(0)} = (b'_1, b'_2, \cdots, b'_m, 0, \cdots, 0)^T$ 的目标函数值 $z^* = z_0$ 为任何可行解处目标函数值 z 的上界，所以 $X^{(0)} = (b'_1, b'_2, \cdots, b'_m, 0, \cdots, 0)^T$ 必为最优解。证毕。

定理 1.6（无穷多最优解判别准则） 若 $X^{(0)} = (b'_1, b'_2, \cdots, b'_m, 0, \cdots, 0)^T$ 为对应于基 B 的基本可行解，且对于一切 $j = m + 1, \cdots, n$，有 $\sigma_j = (c_j - z_j) \leq 0$，且存在某个非基变量的检验数 $\sigma_{m+l} = 0$，则线性规划问题有无穷多最优解。

实际上将 x_{m+l} 换入基变量中，找到一个新的基可行解 $X^{(1)}$，因为 $\sigma_{m+l} = 0$，根据公式（1.8）可知，$z = z_0$，所以 $X^{(1)}$ 也是最优解。由前面的理论基础知，$X^{(0)}$，$X^{(1)}$ 连线上的任意一点都是最优解。

定理 1.7（无有限最优解判别准则） 若 $X^{(0)} = (b'_1, b'_2, \cdots, b'_m, 0, \cdots, 0)^T$ 为对应于基 B 的基本可行解，若有某检验数 $\sigma_{m+l} = (c_{m+l} - z_{m+l}) > 0$，且所对应的列向量 $p'_{m+1} \leq 0$，则该线性规划问题无有限的最优解。

以上讨论都是针对标准型的，即求目标函数的极大化问题。当求目标函数的极小化时，一种情况是将其化为标准型；另一种情况是将判别定理中的检验数取反方向即可。

1.3.4　基变换

在单纯形法中，若基 B 并非最优基，则需要通过迭代换基。为了保证迭代后的新基确为可行基,且在新基所对应的基本可行解处目标函数确有改善,就须遵循一定的换基法则。我们称换基的过程为基变换,称进新基的变量为调入变量。相应地,称退出新基的变量为调出变量。

(1)调入变量的确定

若基 B 并非最优基,则可任选一个 $\sigma_j > 0$,将其对应的变量 x_j 作为调入变量。为了使迭代后目标函数值上升较大,我们也可以在所有的 $\sigma_j = (c_j - z_j) > 0$ 中选取最大者,若其中 $\max\limits_{0 \leqslant j \leqslant n} \sigma_j = \sigma_k$,则选相应地变量 x_k 为调入变量。若有两个或两个以上的非基变量的检验数同时达到最大,一般可选下标小者为调入变量。一般来说这种选法可能使目标函数值上升较快,因而称其为最陡上升法。

(2)调出变量的确定

若已确定 x_k 为调入变量,则称 x_k 所对应的列为关键列。在增广矩阵 $(A' \vdots b')$ 中,关键列 $p'_k = (a'_{1k}, a'_{2k}, \cdots, a'_{mk})^{\mathrm{T}}$,而调入变量 x_k 的取值应由"最小比值法则"确定:

$$x_k : \theta = \min_i \left\{ \frac{b'_i}{a'_{ik}} \,\middle|\, a'_{ik} > 0 \right\} = \frac{b'_l}{a'_{lk}}$$

称 θ 所在的第 l 行为关键行,元素 a'_{lk} 为关键元素或轴心项(也称主元或核心向)。最小比值法则保证了在将关键列变为单位向量的过程中,增广列 b' 的元素永远大于等于 0,从而保证了基变量取得非负值,新基必为可行基,因而称之为可行性条件。若有出现相同的最小比值时,一般从相同的最小比值所对应的基变量中选下标大者为调出变量。

(3)枢轴公式

基变换通常又称为枢轴变换,其变换过程应按枢轴公式进行。若用 $(\overline{A} \vdots \overline{b})$ 表示 $(A' \vdots b')$ 经枢纽变换得到的新矩阵,$\overline{a_{ij}}$ 表示 $\overline{A}$ 的元素,$\overline{b_i}$ 表示 $\overline{b}$ 的元素,则:

$$\overline{a_{ij}} = \begin{cases} a'_{ij} - \dfrac{a'_{lj}}{a'_{lk}} \cdot a'_{ik} & (i \neq l) \\[3mm] \dfrac{a'_{lj}}{a'_{lk}} & (i = l) \end{cases}$$

$$\overline{b_i} = \begin{cases} b'_i - a'_{ik} \cdot \dfrac{b'_l}{a'_{lk}} & (i \neq l) \\[3mm] \dfrac{b'_l}{a'_{lk}} = \theta & (i = l) \end{cases}$$

枢轴公式在理论推导或编制计算机程序时十分有用。然而在人工计算简单问题时,我们通常并不记忆这个繁杂的公式,只需记住基变换的过程是通过行的初等变换使轴心项 a'_{lk} 变为 1,而将关键列 p'_k 的其余元素变为 0 即可。

根据上述讨论,我们可以将迭代过程中的结构系数矩阵的增广矩阵及相应的判别准则装入同一个表格,再指明每一步迭代步骤中的基变量,就形成了单纯形表。单纯形表使我们求解线性规划问题的过程得以模式化,其格式见表 1.2。

表1.2 单纯形表

x_B	c_B	c_1	c_2	⋯	⋯	⋯	⋯	⋯	c_n	b_1
x_{B_1}	c_{B_1}	a'_{11}	a'_{12}	⋯	⋯	⋯	⋯	⋯	a'_{1n}	b'_1
x_{B_2}	c_{B_2}	a'_{21}	a'_{22}	⋯	⋯	⋯	⋯	⋯	a'_{2n}	b'_2
⋮	⋮	⋮	⋮						⋮	⋮
x_{B_m}	c_{B_m}	a'_{m1}	a'_{m2}	⋯	⋯	⋯	⋯	⋯	a'_{mn}	b'_m
$\sigma_j = (c_j - z_j)$		σ_1	σ_2	⋯	⋯	⋯	⋯	⋯	σ_n	Z_0

表格中的第一个竖栏指明了该步迭代中的基变量,第二个竖栏指明了相应的基变量在目标函数里的价值系数,其排列的顺序由 m 阶单位阵的单位列向量的次序所决定,此单位阵是由基 B 经初等行变换而得。最上面的一个横栏里依次填写变量 x_1 , x_2 ,⋯, x_n 的价值系数 c_1 , c_2 ,⋯, c_n ,最下面一个横栏依次填写相应于变量 x_j 的检验数 σ_j ,计算方法见公式(1.9)。注意到第二个竖栏里填写的是 $(c_{B_1}, c_{B_2}, \cdots, c_{B_m})^{\mathrm{T}}$,由此 σ_j 可用顶上横栏里对应的 c_j 减去表格的第二个竖栏与 A' 的第 j 列这两者的对应元素相乘积的代数和而得到。若所有的 $\sigma_j = (c_j - z_j) \le 0 (j = 1, 2, \cdots, n)$,则问题已取得最优值。否则,就应选择某个为正值的 σ_j ,使 p_j 列进入基,继续往下迭代。这里我们为了统一,对所有的变量 x_j 都计算了 $\sigma_j (j = 1, 2, \cdots, n)$,其中包括了 m 个基变量。事实上由于基变量 x_{B_i} 所对应的列为单位向量(即除第 i 个元素等于 1 外),其余元素皆为零,而第二个竖栏里第 i 个元素恰好为 c_{B_i} ,所以按照上述办法的计算结果为 $z_{B_i} = c_{B_i}$,即基变量 x_{B_i} 的检验数必为 $\sigma_{B_i} = (c_{B_i} - z_{B_i}) = 0$,并不影响判别准则所起的作用。

在具体计算中,我们并不将基变量所在的列调换到单纯形表的前面,且常将每步迭代的单纯形表连接在一起以图方便。表1.3记录了引例的迭代全过程。

表1.3 引例的单纯形表

x_B	c_B	2	5	0	0	0	b_i
x_3	0	1	0	1	0	0	4
x_4	0	0	1	0	1	0	3
x_5	0	1	2	0	0	1	8
$\sigma_j = (c_j - z_j)$		2	5	0	0	0	0
x_3	0	1	0	1	0	0	4
x_2	5	0	1	0	1	0	3
x_5	0	1	0	0	-2	1	2
$\sigma_j = (c_j - z_j)$		2	0	0	-5	0	15
x_3	0	0	0	1	2	-1	2
x_2	5	0	1	0	1	0	3
x_1	2	1	0	0	-2	1	2
$\sigma_j = (c_j - z_j)$		0	0	0	-1	-2	19

$$即\ X^* = \begin{pmatrix} 2 \\ 3 \\ 2 \\ 0 \\ 0 \end{pmatrix} \qquad Z^* = 19$$

1.3.5　单纯形法的迭代步骤

对于线性规划问题的一般形式：

$$\max z = CX$$
$$\begin{cases} AX \leqslant b \quad (b \geqslant 0) \\ X \geqslant 0 \end{cases}$$

人们给出单纯形法的迭代步骤如下：

①给每个小于等于型不等式加上松弛变量，然后将其增广矩阵填入单纯形表，取松弛变量对应的 m 个列构成初始可行基。

②考察各检验数，若所有检验 $\sigma_j = (c_j - z_j) \leqslant 0,(j = 1,2,3,\cdots,n)$，则停止迭代。当前基为最优基，相应的基本可行解即为最优解 X^*，其对应的目标函数值为问题的最优值 Z^*，否则转 3。

③若有检验数 $\sigma_j > 0$，则相应的列向量 $p'_j \leqslant 0$，则停止迭代，问题无有限最优解，否则转 4。

④基变换：

a. 确定调入变量。一般按最陡上升法，对所有的 $\sigma_j > 0(j = 1,2,3,\cdots,n)$，若 $\max\limits_j \sigma_j = \sigma_k$，则选对应的非基变量 x_k 为调入变量，p'_k 为关键列。

b. 确定轴心项，按照最小比值法则，$x_k:\theta = \min\limits_i\left\{\dfrac{b'_i}{a'_{ik}} \mid a'_{ik} > 0\right\} = \dfrac{b'_l}{a'_{lk}}$，即 a'_{lk} 为轴心项，l 行为关键行。若有两个以上的 $\left(\dfrac{b'_i}{a'_{ik}} \mid a'_{ik} > 0\right) = \min$，则应选下标 i 最大者为轴心项 a'_{lk}。为醒目起见，通常在表中将轴心项 a'_{lk} 用括号表明。

c. 以 a'_{lk} 为轴心项进行基变换，直接对单纯形表进行适当的行变换，使关键列 p'_k 变成单位向量（分量 a'_{lk} 变为 1，其余分量 a'_{ik} 变为 0），得新基 $\overline{B}$。然后转步骤 b。

不难发现，单纯形法每步迭代后的目标函数改进值为 $\theta \cdot \sigma_k$。

【例 1.6】　用单纯形法求解下列线性规划问题：

$$\max z = 3x_1 + 4x_2$$
$$\begin{cases} 2x_1 + x_2 \leqslant 40 \\ x_1 + 3x_2 \leqslant 30 \\ x_1,x_2 \geqslant 0 \end{cases}$$

解：将问题化为标准形式：

$$\max z = 3x_1 + 4x_2$$

$$\begin{cases} 2x_1 + x_2 + x_3 = 40 \\ x_1 + 3x_2 + x_4 = 30 \\ x_1, x_2, x_3, x_4 \geqslant 0 \end{cases}$$

①由标准型得到初始单纯形表1.4。

表1.4 初始单纯形表

c_B	x_B	3	4	0	0	b
0	x_3	2	1	1	0	40
0	x_4	1	3	0	1	30
$\sigma_j = (c_j - z_j)$		3	4	0	0	

②因为存在大于0的检验数，故不是最优解。在大于0的检验数中选择最大的，即 $\max\{\sigma_1, \sigma_2\} = \sigma_2 = 4$，所以 x_2 为调入变量。

③因为 $\sigma_1 = 3, \sigma_2 = 4$ 都大于0，且它们所对应的列向量有正分量存在，而

$$\theta = \min_i \left\{ \frac{b'_i}{a'_{ik}} \mid a'_{ik} > 0 \right\} = \min\{40, 10\} = 10$$

因为 $\theta = 10$ 与 x_4 那一行对应，故 x_4 为调出变量。

x_2 对应列与 x_4 对应行相交处的3为关键元素。

④以关键元素3为主元进行旋转计算，得表1.5。

表1.5

x_B	c_B	3	4	0	0	b
x_3	0	$\frac{5}{3}$	0	1	$-\frac{1}{3}$	30
x_2	4	$\frac{1}{3}$	1	0	$\frac{1}{3}$	10
$\sigma_j = (c_j - z_j)$		$\frac{5}{3}$	0	0	$-\frac{4}{3}$	

重复以上步骤得表1.6。

表1.6

x_B	c_B	3	4	0	0	b
x_1	3	1	0	$\frac{3}{5}$	$-\frac{1}{5}$	18
x_2	4	0	1	$-\frac{1}{5}$	$\frac{2}{5}$	4
$\sigma_j = (c_j - z_j)$		0	0	-1	-1	70

这时，所有的检验数都小于等于0，即目标函数值已经不能再增大，得到最优解 $X^* = (18, 4, 0, 0)^T$，目标函数的最大值为 $z^* = 70$。

1.3.6　特例

【例 1.7】　（有无穷多组最优解）　求解下列线性规划问题。

$$\max z = 3x_1 + 6x_2 + 3x_3$$

$$\begin{cases} 3x_1 + 4x_2 + x_3 \leqslant 2 \\ x_1 + 3x_2 + 2x_3 \leqslant 1 \\ x_j \geqslant 0(j = 1,2,3) \end{cases}$$

解: 将问题加松弛变量 x_4、x_5 变为标准形式:

$$\max z = 3x_1 + 6x_2 + 3x_3 + 0x_4 + 0x_5$$

$$\begin{cases} 3x_1 + 4x_2 + x_3 + x_4 = 2 \\ x_1 + 3x_2 + 2x_3 + x_5 = 1 \\ x_j \geqslant 0(j = 1,2,\cdots,5) \end{cases}$$

利用单纯形表进行迭代,见表 1.7。

表 1.7

x_B	c_B	3	6	3	0	0	b_i	θ
x_4	0	3	4	1	1	0	2	$\theta = \dfrac{1}{3}$
x_5	0	1	(3)	2	0	1	1	
$\sigma_j = (c_j - z_j)$		3	6	3	0	0	0	
x_4	0	$\dfrac{5}{3}$	0	$-\dfrac{5}{3}$	1	$-\dfrac{4}{3}$	$\dfrac{2}{3}$	$\theta = \dfrac{2}{5}$
x_2	6	$\dfrac{1}{3}$	1	$\dfrac{2}{3}$	0	$\dfrac{1}{3}$	$\dfrac{1}{3}$	
$\sigma_j = (c_j - z_j)$		1	0	-1	0	-2	2	
x_1	3	1	0	-1	$\dfrac{3}{5}$	$-\dfrac{4}{5}$	$\dfrac{2}{5}$	$\theta = \dfrac{1}{5}$
x_2	6	0	1	(1)	$-\dfrac{1}{5}$	$\dfrac{3}{5}$	$\dfrac{1}{5}$	
$\sigma_j = (c_j - z_j)$		0	0	0	$-\dfrac{3}{5}$	$-\dfrac{6}{5}$	$\dfrac{12}{5}$	

由最优解判定定理可知,表 1.7 已为最优表,问题的最优解为 $X^* = X^{(3)} = \left(\dfrac{2}{5}\ \dfrac{1}{5}\ 0\ 0\ 0\right)^{\mathrm{T}}$,

最优值为 $Z^* = Z^{(3)} = \dfrac{12}{5}$。

考察最优表的检验数,易见非基变量 x_3 的检验数 $\sigma_3 = (c_3 - Z_3) = 0$。由式(1.7)可知,若让非基变量 x_3 上升为正值,即变为基变量,这虽然不能使目标函数值继续得到改善,但也不会使目标函数值变坏。我们尝试让 x_3 作为调入量继续迭代,见表 1.8。

表1.8

x_B	c_B	3	6	3	0	0	b_i
x_1	3	1	1	0	$\dfrac{2}{5}$	$-\dfrac{1}{5}$	$\dfrac{3}{5}$
x_3	3	0	1	1	$-\dfrac{1}{5}$	$\dfrac{3}{5}$	$\dfrac{1}{5}$
$\sigma_j = (c_j - z_j)$		0	0	0	$-\dfrac{3}{5}$	$-\dfrac{6}{5}$	$\dfrac{12}{5}$

由最优解判定定理可知,表1.8仍为最优表。问题的最优解 $X^* = X^{(4)} = \left(\dfrac{3}{5} \quad 0 \quad \dfrac{1}{5} \quad 0 \quad 0\right)^{\mathrm{T}}$,

最优值为 $Z^* = Z^{(4)} = \dfrac{12}{5}$。

用最优的基本可行解 $X^{(3)}$、$X^{(4)}$ 的线性组合来表示两者连线上的任意一点 $X^{(0)}$,$X^{(0)} = aX^{(3)} + (1-a)X^{(4)}(0 < a < 1)$。则 $X^{(0)}$ 仍为线性规划问题的最优解。

一般来说,若单纯形表里有某个(或若干个)非基变量的检验数为零,则问题可能有多个基本最优解。相应地,线性规划问题就有无穷多个最优解。

【例1.8】 (无有限最优解) 求解线性规划问题。

$$\max z = 2x_1 + 5x_2$$

$$\text{s. t.} \begin{cases} -x_1 \leqslant 4 \\ x_2 \leqslant 3 \\ -x_1 + 2x_2 \leqslant 8 \\ x_j \geqslant 0(j = 1,2,3) \end{cases}$$

解:将问题化为标准形式:

$$\max z = 2x_1 + 5x_2 + 0x_3 + 0x_4 + 0x_5$$

$$\text{s. t.} \begin{cases} -x_1 + x_3 = 4 \\ x_2 + x_4 = 3 \\ -x_1 + 2x_2 + x_5 = 8 \\ x_j \geqslant 0(j = 1,2,\cdots,5) \end{cases}$$

利用单纯形表计算各变量的检验数,见表1.9。

表1.9

x_B	c_B	2	5	0	0	0	b_i
x_3	0	-1	0	1	0	0	4
x_4	0	0	1	0	1	0	3
x_5	0	-1	2	0	0	1	8
$\sigma_j = (c_j - z_j)$		2	5	0	0	0	0

基本可行解为 $X^{(1)} = (0 \quad 0 \quad 4 \quad 3 \quad 8)^{T}$，非基变量 x_1 的检验数 $\sigma_1 = 2 > 0, p_1 = \begin{bmatrix} -1 \\ 0 \\ -1 \end{bmatrix} \leqslant 0$。

由无有限最优解判定定理可知，此线性规划问题无有限最优解。

1.4　单纯形法的进一步讨论

在单纯形法的迭代步骤中，第一步就要求问题的结构系数矩阵含有一个 m 阶单位矩阵，并以此单位阵作为单纯形表的初始可行基。但是对于具有等式约束和大于等于型不等式约束的问题，当我们取了标准形式以后，其结构系数矩阵一般并不具备这样的条件，因而单纯形迭代不能直接进行。此时我们就给标准形式的约束方程组人为地加入一些变量，并使其系数构成一个单位阵，取此单位阵为初始基，然后按单纯形法的迭代步骤进行迭代。故称这些人为添加的变量为人工变量，由人工变量系数组成的基称为人造基。

一般来说，当标准型的线性规划问题的约束方程组 $AX = b(X \geqslant 0, b \geqslant 0)$，添加人工变量 $(x_{n+1}, x_{n+2}, \cdots, x_{n+m})^{T} = X$ 以后，其形式变为：

$$\begin{cases} a_{11}x_1 + a_{12}x_2 + \cdots + a_{1n}x_n + x_{n+1} = b_1 \\ a_{21}x_1 + a_{22}x_2 + \cdots + a_{2n}x_n + x_{n+2} = b_2 \\ \qquad\qquad\qquad\vdots \\ a_{m1}x_1 + a_{m2}x_2 + \cdots + a_{mn}x_n + x_{n+m} = b_m \\ x_j \geqslant 0 (j = 1, 2, \cdots, n, n+1, \cdots, n+m) \end{cases} \tag{1.11}$$

显然方程组（1.11）与原约束方程组 $AX = b(X \geqslant 0, b \geqslant 0)$，一般并不等价，因为式（1.11）将原来的 n 维问题扩大到了 $n+m$ 维。仅当所有的人工变量 $x_{n+i}(i = 1, 2, \cdots, m)$ 皆为零时，方程组（1.11）才与原方程组等价。所以人们希望去寻求一种方法，使原线性规划问题的标准型能借助人造基开始进行迭代，在迭代过程中逐步使所有人工变量自动退出基，即变为取零值的非基变量。这时删去人工变量所在的列以后，单纯形表中的增广矩阵就与原问题标准型的约束方程组等价。继续单纯形法的迭代步骤，就可以顺利求得原线性规划问题的解。

下面将介绍两种借助人工变量进行迭代的方法。

1.4.1　大 M 法

大 M 法又称为罚数法，这种方法要求在约束方程组 $AX = b$ 中每添加一个人工变量 x_{n+i} 的同时，就在目标函数中附加一个罚数项 $-Mx_{n+i}$，其中 M 为一个任意大的正数。这样由线性规划问题的标准型引出一个新的线性规划问题（LPA）：

$$\max z = c_1 x_1 + c_2 x_2 + \cdots + c_n x_n - M x_{n+1} - M x_{n+2} - \cdots - M x_{n+m}$$

$$
s.t. \begin{cases} a_{11}x_1 + a_{12}x_2 + \cdots + a_{1n}x_n + x_{n+1} = b_1 \\ a_{21}x_1 + a_{22}x_2 + \cdots + a_{2n}x_n + x_{n+2} = b_1 \\ \qquad\qquad\qquad\vdots \\ a_{m1}x_1 + a_{m2}x_2 + \cdots + a_{mn}x_n + x_{n+m} = b_m \\ x_j \geqslant 0\,(j = 1,2,\cdots,n,n+1,\cdots,n+m) \end{cases}
$$

引入罚数项的目的在于强迫人工变量退出基。若有某个 x_{n+i} 为基变量且不等于零,则罚数项($-Mx_{n+i}$)就起作用,通过 M 对目标函数取值加以任意大的惩罚而逼迫问题进行换基迭代,直到所有的人工变量退出基或成为取零值的基变量,罚数项才失去作用。由于在迭代过程中每张单纯形表都含有单位矩阵,所以人们希望借助人造基进入单纯形迭代的目的已经达到。

不难理解,问题(LPA)具有这样的性质:若问题(LPA)的最优解 $(\boldsymbol{X}^* : \tilde{\boldsymbol{X}}^*)^{\mathrm{T}}$ 满足 $\tilde{\boldsymbol{X}}^* = 0$,则 $\boldsymbol{X}^*$ 必为原线性规划问题的最优解;若问题(LPA)不存在有限的最优解,则原线性规划问题也必然不存在有限的最优解。特别是,若对于任意大的罚数 M,问题(LPA)存在最优解 $(\boldsymbol{X}^* : \tilde{\boldsymbol{X}}^*)^{\mathrm{T}}$ 且 $\tilde{\boldsymbol{X}}^* \neq \boldsymbol{0}$。则原有问题无可行解。现用例1.9作为罚数法解题的示例。

【例1.9】 求解线性规划问题。

$$\max z = 6x_1 + 8x_2$$

$$s.t. \begin{cases} 2x_1 + x_2 \geqslant 12 \\ x_1 + x_2 \leqslant 16 \\ x_1, x_2 \geqslant 0 \end{cases}$$

解:将问题变为标准形式并引入人工变量。

$$\max z = 6x_1 + 8x_2 + 0x_3 + Mx_5$$

$$s.t. \begin{cases} 2x_1 + x_2 - x_3 + x_5 = 12 \\ x_1 + x_2 + x_4 = 16 \\ x_1, x_2, x_3, x_4, x_5 \geqslant 0 \end{cases}$$

由于人工变量 x_5 的引入,约束方程组的系数矩阵已含有2阶单位阵,单位形法的迭代步骤可以借助人造基开始进行,见表1.10。

表1.10

x_B	c_B	6	8	0	0	$-M$	b_i
x_5	$-M$	(2)	1	-1	0	1	12
x_4	0	1	1	0	1	0	16
$\sigma_j = (c_j - z_j)$		$2M+6$	$M+8$	$-M$	0	0	$-12M$
x_1	6	1	$\left(\dfrac{1}{2}\right)$	$-\dfrac{1}{2}$	0	$1/2$	6
x_4	0	0	$\dfrac{1}{2}$	$\dfrac{1}{2}$	1	$-\dfrac{1}{2}$	10
$\sigma_j = (c_j - z_j)$		0	5	3	0	$-M-3$	36

续表

x_B	c_B	6	8	0	0	$-M$	b_i
x_2	8	2	1	-1	0	1	12
x_4	0	-1	0	(1)	1	-1	4
$\sigma_j = (c_j - z_j)$		-10	0	8	0	$-M-8$	96
x_2	8	1	1	0	1	0	16
x_3	0	-1	0	1	1	-1	4
$\sigma_j = (c_j - z_j)$		-2	0	0	-8	$-M$	128

即 $X^* = (0\ 16\ 4\ 0)^{\mathrm{T}}$，$z^* = 128$。

注意：当人工变量从基中退出以后，它所在的列可以不再参加以后的迭代。采用这样的做法无疑可以节省工作量。

1.4.2　二阶段法

大 M 法不方便计算机计算，因此人们有必要介绍另一种人工变量方法。考虑标准形式的线性规划问题（Ⅰ）及辅助问题（Ⅱ）。

$$\max z = c_1 x_1 + c_2 x_2 + \cdots + c_n x_n$$

$$（\text{Ⅰ}）\quad \text{s. t.} \begin{cases} a_{11} x_1 + a_{12} x_2 + \cdots + a_{1n} x_n = b_1 \\ a_{21} x_1 + a_{22} x_2 + \cdots + a_{2n} x_n = b_1 \\ \quad\vdots \\ a_{m1} x_1 + a_{m2} x_2 + \cdots + a_{mn} x_n = b_m \\ x_j \geqslant 0 (j = 1, 2, \cdots, n) \end{cases}$$

$$\max \omega = - x_{n+1} - x_{n+2} - \cdots - x_{n+m}$$

$$（\text{Ⅱ}）\quad \text{s. t.} \begin{cases} a_{11} x_1 + a_{12} x_2 + \cdots + a_{1n} x_n + x_{n+1} = b_1 \\ a_{21} x_1 + a_{22} x_2 + \cdots + a_{2n} x_n + x_{n+2} = b_1 \\ \quad\vdots \\ a_{m1} x_1 + a_{m2} x_2 + \cdots + a_{mn} x_n + x_{n+m} = b_m \\ x_j \geqslant 0 (j = 1, 2, \cdots, n, n+1, \cdots, n+m) \end{cases}$$

故给出以下定理。

定理 1.8　原问题（Ⅰ）有可行解的充要条件是辅助问题（Ⅱ）的最优值 $\max \omega = 0$。

由定理 1.8　人们可将标准形式的线性规划问题（Ⅰ）分为两个阶段求解。

第一阶段：求解原问题（Ⅰ）的辅助问题（Ⅱ）。

若辅助问题（Ⅱ）不存在有限的最优解，则原问题（Ⅰ）也必然不存在有限的最优解。

若问题（Ⅱ）的最优解 $\omega^* \neq 0$，则原问题（Ⅰ）无可行解。

若问题（Ⅱ）的最优解 $\omega^* = 0$，且最优基含有某个人工变量 x_{n+r}，即单纯形表的第 r 行对应的方程为：

$$\sum_{j=1}^{n} a'_{rj} x_j + \sum_{\substack{k=1 \\ k \neq r}}^{m} a'_{rn+k} x_{n+k} + x_{n+r} = 0$$

此时若所有的 $a'_{rj} = 0(j = 1,2,\cdots,n)$,则说明原问题(Ⅰ)的第 r 个方程为多余方程,予去掉;若至少有某个 $a'_{rj} \neq 0(j = 1,2,\cdots,n)$,设其一为 a'_{rs},那么以 a'_{rs} 为轴心项换基,必可从基中换出人工变量 x_{n+r}。

若辅助问题(Ⅱ)的最优解 $\omega^* = 0$ 且所有人工变量皆退出了基,则删掉人工变量所对应的列向量,单纯形表里的剩余列必含有单位矩阵且与原问题(Ⅰ)的约束方程组 $AX = b$ 等价,此时转入第二阶段计算。

第二阶段,由于单纯形表里剩余的列与原问题(Ⅰ)的约束 $AX = b$ 等价且含有可行基,所以只须将目标函数的价值系数改还为原问题(Ⅰ)的价值系数,继续单纯形迭代直至结束,必可得原问题(Ⅰ)的最优解。

由于这种方法是将问题的计算分为两个阶段来进行,所以此法称为二阶段法,现用例1.10来作为二阶段法解题的示例。

【例1.10】 求解线性规划问题。

$$\max z = 4x_1 + x_2$$

$$\text{s. t.}\begin{cases} 3x_1 + x_2 = 3 \\ x_1 + 2x_2 \leqslant 3 \\ 4x_1 + 3x_2 \geqslant 6 \\ x_1, x_2 \geqslant 0 \end{cases}$$

解:将问题取标准形式:

$$\max z = 4x_1 + x_2 + 0x_3 + 0x_4$$

$$\text{s. t.}\begin{cases} 3x_1 + x_2 = 3 \\ x_1 + 2x_2 + x_3 = 3 \\ 4x_1 + 3x_2 - x_4 = 6 \\ x_j \geqslant 0, (j = 1,2,3,4) \end{cases}$$

由于其系数矩阵不含单位矩阵,所以引入人工变量 x_5 及 x_6,从而形成辅助问题:

$$\max w = -x_5 - x_6$$

$$\text{s. t.}\begin{cases} 3x_1 + x_2 + x_5 = 3 \\ x_1 + 2x_2 + x_3 = 3 \\ 4x_1 + 3x_2 - x_4 + x_6 = 6 \\ x_j \geqslant 0, (j = 1,2,3,4,5,6) \end{cases}$$

采用单纯形表计算,第一阶段见表1.11。

表1.11

x_B	c_B	0	0	0	0	−1	−1	b_i
x_5	−1	(3)	1	0	0	1	0	3
x_3	0	1	2	1	0	0	0	3
x_6	−1	4	3	0	−1	0	1	6
$\sigma_j = (c_j - z_j)$		7	4	0	−1	0	0	−9

续表

x_B	c_B	0	0	0	0	-1	-1	b_i
x_1	0	1	$\frac{1}{3}$	0	0	$\frac{1}{3}$	0	1
x_3	0	0	$\frac{5}{3}$	1	0	$-\frac{1}{3}$	0	2
x_6	-1	0	$\frac{5}{3}$	0	-1	$-\frac{4}{3}$	1	2
$\sigma_j = (c_j - z_j)$		0	$\frac{5}{3}$	0	-1	$-\frac{7}{3}$	0	-2
x_1	0	1	0	0	$\frac{1}{5}$	$\frac{3}{5}$	$-\frac{1}{5}$	$\frac{3}{5}$
x_3	0	0	0	1	1	1	-1	0
x_2	0	0	1	0	$-\frac{3}{5}$	$-\frac{4}{5}$	$\frac{3}{5}$	$\frac{6}{5}$
$\sigma_j = (c_j - z_j)$		0	0	0	0	-1	-1	0

由于 $\omega^* = 0$ 且人工变量已退出基,所以第一阶段结束。

第二阶段:将辅助问题的最优单纯形表删去第 5 列、第 6 列,将价值系数栏的数字改还为原问题的价值系数。继续进行单纯形迭代。重新计算检验数表明,对于原问题来说,P_1',P_2',P_3' 构成了最优基,原问题已得最优解。$X^* = \begin{pmatrix} \frac{3}{5} & \frac{6}{5} & 0 & 0 \end{pmatrix}^{\mathrm{T}}$,最优值 $z^* = \frac{18}{5}$。解毕,见表 1.12。

表 1.12

x_B	c_B	4	1	0	0	b_i
x_1	4	1	0	0	$\frac{1}{5}$	$\frac{3}{5}$
x_3	0	0	0	1	1	0
x_2	1	0	1	0	$-\frac{3}{5}$	$\frac{6}{5}$
$\sigma_j = (c_j - z_j)$		0	0	0	$-\frac{1}{5}$	$\frac{18}{5}$

1.4.3 检验数的几种表示形式

为了加深对单纯形方法的理解并为学习对偶理论打下基础,人们采用矩阵的形式来描述单纯形表。

对于线性规划问题的标准形式:

$$\max z = CX$$

$$\text{s. t.} \begin{cases} AX = b \\ X \geqslant 0 \end{cases}$$

设 B 为其一个可行基,于是可将结构系数矩阵 A 分成两块,使

$$A = (B \quad N)$$

其中,N 为 $(n-m)$ 个非基向量构成的矩阵。对应地,向量 X 和 C 也可分为两块,即:

$$X = \begin{pmatrix} X_B \\ X_N \end{pmatrix}; C = (C_B \quad C_N)$$

其中 X_B,C_B 表示基变量和基变量的价值系数;X_N,C_N 表非基变量和非基变量的价值系数,$X_B = (x_{B_1}, x_{B_2}, \cdots, x_{B_m})^\text{T}$,$C_B = (C_{B_1}, C_{B_2}, \cdots, C_{B_m})$。于是由:

$$AX = (B \quad N)\begin{pmatrix} X_B \\ X_N \end{pmatrix} = BX_B + NX_N = b$$

可得:

$$X_B = B^{-1}b - B^{-1}NX_N \tag{1.12}$$

将式(1.12)代入目标函数,则有:

$$Z = CX = (C_B C_N)\begin{pmatrix} X_B \\ X_N \end{pmatrix} = C_B X_B + C_N X_N$$

$$= C_B[B^{-1}b - B^{-1}NX_N] + C_N X_N$$

$$= C_B B^{-1}b + [C_N - C_B B^{-1}N]X_N \tag{1.13}$$

注意到式(1.12)与式(1.4)和式(1.13)与式(1.7)的对应关系,若 X 为一基本可行解,则式(1.13)就是用矩阵形式给出的最优性判别准则。用矩阵的形式给出单纯形表,见表1.13。

表 1.13

		C_B	C_N	
x_B	c_B^T	$B^{-1}B$	$B^{-1}N$	$B^{-1}b$
$c_j - z_j$		$C_B - C_B B^{-1}N$	$C_N - C_B B^{-1}N$	$C_B B^{-1}b$

最后指出,在不同的书中,所取的线性规划问题的标准形式及检验数的表示方法常常不尽一致。本书已规定:

$$\max z = CX$$

$$\text{s. t.} \begin{cases} AX = b \\ X \geqslant 0 \end{cases}$$

为问题的标准形式,检验数为 $C_N - C_B B^{-1}N$,因此当所有 $c_j - z_j \leqslant 0$ 时,问题已达最优。若将式(1.13)改写为:

$$Z = C_B B^{-1}b - [C_B B^{-1}N - C_N]X_N \tag{1.14}$$

则检验数应为 $C_B B^{-1}N - C_N$,此时应在所有 $z_j - c_j \geqslant 0$ 时,判定问题达到最优。

如果将问题的标准形式取为:

$$\min z = CX$$

$$\text{s. t.} \begin{cases} AX = b \\ X \geqslant 0 \end{cases}$$

则由式(1.13)和式(1.14)可知：

当检验数为 $C_B B^{-1} N - C_N$ 时，应在所有 $z_j - c_j \leqslant 0$ 时，判定问题达到最优。

当检验数为 $C_N - C_B B^{-1} N$ 时，应在所有 $c_j - z_j \geqslant 0$ 时，判定问题达到最优。

将上述结论汇总加以比较，见表 1.14。

表 1.14

最优性判定标准　　　　　　　　　标准型　　检验数表示方法	$\begin{array}{c} \max z = CX \\ AX = b \\ X \geqslant 0 \end{array}$	$\begin{array}{c} \min z = CX \\ AX = b \\ X \geqslant 0 \end{array}$
$z_j - c_j$	$\geqslant 0$	$\leqslant 0$
$c_j - z_j$	$\leqslant 0$	$\geqslant 0$

1.5　利用 Excel 求解线性规划问题

线性规划是运筹学中一个非常重要的分支，同时也是人们日常生活中广泛使用的方法之一。

随着计算机的出现，许多烦琐重复的计算工作都可以通过编写程序，然后使用计算机来实现求解过程。发展到现在，线性规划问题的计算机求解方法也是多种多样，可以用 Matlab、Lingo、Lindo 等数学软件求解，但这些软件都有其专门的语言环境，一般学者需要通过专门的学习和训练才能熟练地掌握和运用，不太容易普及和推广。然而，人们日常使用率较高的办公自动化软件 Microsoft Office 中的电子表格软件 Excel 就与上面的软件完全不同，不需要编写程序，只需要简单学习，就可以使用。但是这个软件使用简单，可求解出来的结果并不是每个人都能看懂，本节介绍使用 Excel 软件求解线性规划问题。

Excel 是人们常用且简单的数据处理软件，其拥有十分强大的功能，其中的规划求解模块是专门用于求解规划问题的，只是这个功能人们平时基本不会用到，下面将专门介绍如何使用规划求解以及规划求解的一般步骤。

1.5.1　规划求解介绍

规划求解是 Excel 中的一个加载宏，借助规划求解，可求得工作表上某个单元格中公式的最优值。规划求解将对直接或间接的目标单元格中公式相关联的一组单元格中的数值依据约束条件进行调整，最终在目标单元格公式中求得期望的结果。规划求解通过调整所指定的可更改的单元格(可变单元格)中的值，从目标单元格公式中求得所需的结果。

1.5.2　如何加载规划求解

在安装 Office 时，系统默认的安装方式不会安装宏程序，需要用户根据自己的需求选择安装。

下面是 Microsoft Office Excel 2003 加载"规划求解"宏的步骤。

①在"工具"菜单下,单击"加载宏",打开"加载宏"对话框,如图1.7所示。

②在"加载宏"列表框中,选定待添加的加载宏"规划求解"选项旁的复选框,然后单击"确定"按钮。单击"确定"按钮以后,"工具"菜单下就会出现一项"规划求解"命令,如图1.8所示。

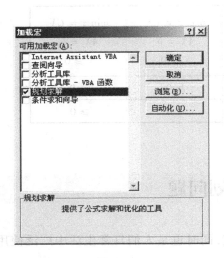

| 图 1.7 | 图 1.8 |

③如果要卸载已经加载的宏,请在"加载宏"列表框中,取消加载宏选项旁的复选框,然后单击"确定"即可。

下面是 Microsoft Office Excel 2007 版加载"规划求解"宏的步骤。

①单击 Office 按钮 ，选中"Excel 选项"按钮 打开"Excel 选项"对话框,如图1.9所示。

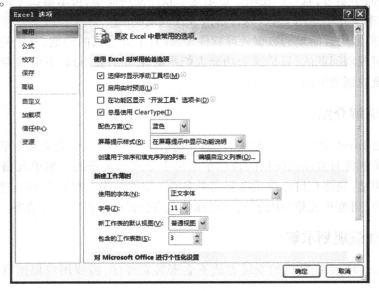

图 1.9

　　②在图 1.9 所示的"Excel 选项"对话框的左边列表框内,选定"加载项",右边加载项即变成如图 1.10 所示的对话框。

图 1.10

　　③单击"转到"按钮,弹出"加载宏"对话框,如图 1.11 所示。

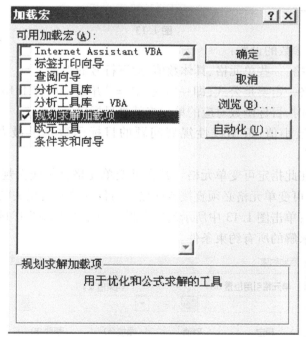

图 1.11

　　④在"加载宏"列表框中,选定"规划求解加载项"前面的复选框,单击"确定"按钮。在 Excel 的"数据"选项卡下就可以找到"规划求解"工具栏了,如图 1.12 所示。

图 1.12

1.5.3 规划求解各参数设置

规划求解的参数设置是用户能够正确计算线性规划问题的前提和首要条件,单击"规划求解"按钮,将会出现如图 1.13 所示的规划求解参数的对话框。

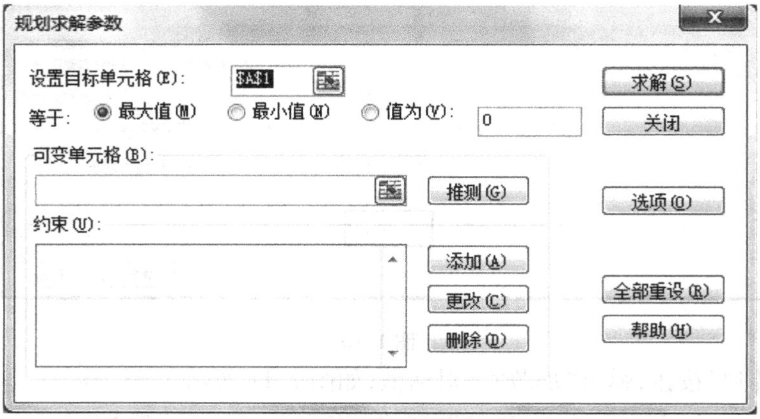

图 1.13

下面是一些重要参数的设置:

①设置目标单元格:一些单元格、具体数值、运算符号的组合。

注意:目标单元格一定要是公式,即一定是以"="开始。在使用 Excel 的"规划求解"命令求解线性规划问题时,目标函数对应的单元格就是目标单元格。

②设置最大值、最小值:根据线性规划问题的目标函数是求最大(max)还是求最小(min),进行相应设置。

③可变单元格:在此指定可变单元格。其实可变单元格就是线性规划问题在 Excel 中决策变量所在单元格。可变单元格必须直接或间接地与目标单元格相关联。

④设置约束条件:单击图 1.13 中所示的"添加"按钮,打开如图 1.14 所示"添加约束"对话框,在此列出规划求解的所有约束条件。

图 1.14

⑤设置选项:单击图 1.15 中的"选项"按钮,打开"规划求解选项"对话框,如图 1.15 所示。在其中可加载或保存规划求解模型,并对求解过程的高级属性进行控制。

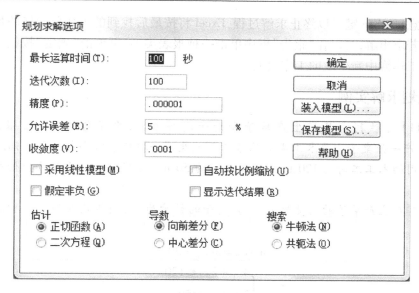

图 1.15

计算一般线性规划问题,只需要选择收敛度选项下的"采用线性模型"和"假定非负"即可,其他问题可根据需要进行调整。

1.5.4　规划求解的步骤

规划求解的步骤是计算线性规划问题的基础,是求解出正确结果的根本保障。因此,这个环节必须根据步骤一步一步地完成,规划求解的步骤如下所述。

①首先在 Excel 表格上建立模型,然后单击"规划求解"按钮,出现"规划求解参数"对话框。

②在"设置目标单元格"对话框中,输入目标单元格的单元格引用(单元格引用:用于表示单元格在工作表上所处位置的坐标集)。

③确定目标单元格中数值是最大还是最小,进行相应选择。如果要使目标单元格中数值为确定值,单击"值为",再在编辑框中输入数值。

④在"可变单元格"框中,输入每个可变单元格的名称或引用,用逗号分隔不相邻的引用。可变单元格必须直接或间接地与目标单元格相联系。最多可指定 200 个可变单元格。

⑤添加约束条件。在"规划求解参数"对话框的"约束"下,单击"添加"。

在"单元格引用位置"框中,输入需要对其中数值进行约束的单元格引用。其实是对应线性规划问题中约束条件的左端项(在 Excel 中用单元格表示);在"约束值"框中,输入数字、单元格引用或名称,或输入公式(公式:单元格中的一系列值、单元格引用、名称或运算符的组合,可生成新的值。公式必须以等号" = "开始。)

⑥注意:只能在可变单元格的约束条件中应用"Int"和"Bin"关系。当"规划求解选项"对话框中的"采用线性模型"复选框被选中时,对约束条件的数量没有限制。对于非线性问题,每个可变单元格除了变量的范围和整数限制外,还可以有多达 100 个约束。

⑦单击"求解",再执行下列操作之一:若要在工作表中保存求解后的数值,请在"规划求解结果"对话框中,单击"保存规划求解结果";若要恢复原始数据,请单击"恢复为原值"。

特别注意:按 Esc 键可以终止求解过程,Excel 将按最后找到的可变单元格的数值重新计算工作表。若求出解,可以在"报告"框中单击一种报表类型,再单击"确定"按钮。生成的报表会保存在工作簿中新生成的工作表上。

1.5.5　规划求解实例

【例1.11】　胜利家具厂生产桌子和椅子两种家具,桌子售价50元/张,椅子售价30元/把,生产一张桌子需要木工4 h,油漆工2 h;生产一把椅子需要木工3 h,油漆工1 h,该厂每月可以用的木工工时为120 h,油漆工工时为50 h。该厂该如何生产才能使得销售收入最大?

设该家具厂生产桌子的数量为 x_1,生产椅子的数量为 x_2,销售收入为 z,列出数学模型表达式为:

$$\max z = 50x_1 + 30x_2$$

$$\begin{cases} 4x_1 + 3x_2 \leqslant 120 \\ 2x_1 + x_2 \leqslant 50 \\ x_1 \geqslant 0, x_2 \geqslant 0 \end{cases}$$

此处使用两种求解方法。

方法1(不使用 Excel 函数,只用公式)。

第一步:将线性规划模型反映在 Excel 表格中,如图1.16所示。

	A	B	C	D	E	F
1	家具厂线性规划问题					
2	项目	木工	油漆工	价格	产量	销售值
3	桌子	4	2	50	0	=D3*E3
4	椅子	3	1	30	0	=D4*E4
5	可用工时	120	50		合计:	=F3+F4
6	实际工时	=B3*E3+B4*E4	=C3*E3+C4*E4			
7						

图 1.16

单元格 E3,E4 即为变量 x_1,x_2 的值,单元格 F3 为桌子的销售值,F4 为椅子的销售值,F5 为桌子和椅子的销售值和,即目标函数值,单元格 B6 为木工的消耗工时,C6 为油漆工的消耗工时,即整个问题的约束条件。

第二步:设置规划求解参数。

打开求解规划参数对话框,进行相应的参数设置,如图1.17所示。

求解之前,打开"选项"对话框,选取"采用线性模型"和"假定非负",其他采用默认项,如图1.18所示。

第三步:求解。

设置完毕后,单击"求解"按钮,出现如图1.19所示对话框。

规划求解找到了一个最优解,答案如图1.20所示,阴影区域即为规划求解求得的。当生产的桌子和椅子的数量分别是15和20时,目录函数销售值达到最大1 350。

方法2(使用 Excel 的内部函数 SUMPRODUCT( )函数)。

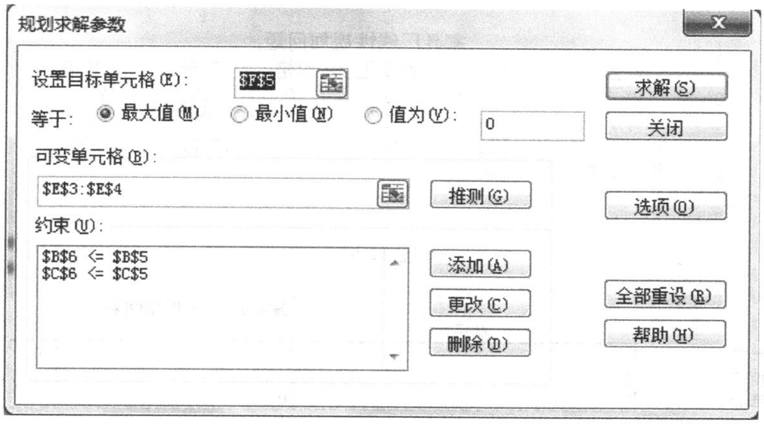

图 1.17

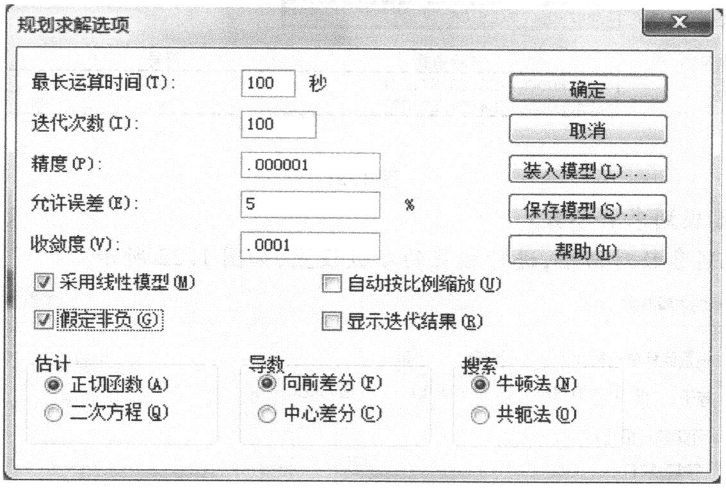

图 1.18

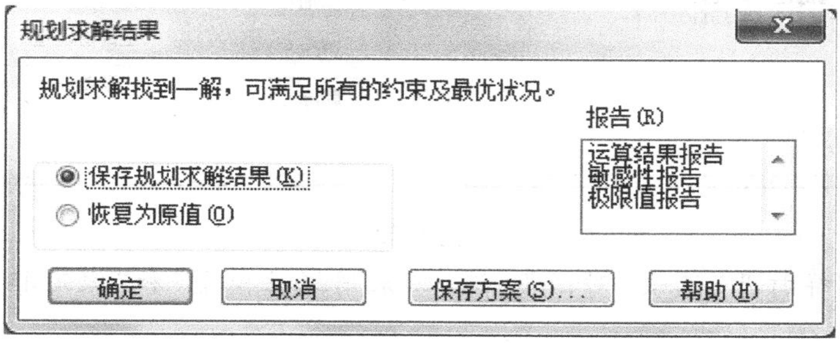

图 1.19

SUMPRODUCT( )函数的基本格式是 SUMPRODUCT(数据1,数据2,…,数据30),其中数据1,数据2,…,数据30 为区域或数组,该函数的功能是返回相应区域或数组对应元素乘积之和。

第一步:将线性规划模型反映在 Excel 表格中,如图 1.21 所示。

单元格 B7、C7 即为变量 x_1、x_2 的值,单元格 B9 为桌椅的总销售值,即目标函数值,单元格 B12 为木工的消耗工时,B13 为油漆工的消耗工时,即整个问题的约束条件。符号只是一个说明符号,此处无其他意义。

	A	B	C	D	E	F
1			家具厂线性规划问题			
2	项目	木工	油漆工	价格	产量	销售值
3	桌子	4	2	50	15	750
4	椅子	3	1	30	20	600
5	可用工时	120	50		合计:	1350
6	实际工时	120	50			
7						

图 1.20

	A	B	C	D
1			家具厂线性规划问题	
2		桌子	椅子	资源
3	木工	4	3	120
4	油漆工	2	1	50
5	单价	50	30	
6				
7	产品产量			
8				
9	销售值	=SUMPRODUCT(B5:C5,B7:C7)		
10				
11	资源约束条件	实际消耗	符号	资源
12	木工	=SUMPRODUCT(B3:C3,B7:C7)	<=	120
13	油漆工	=SUMPRODUCT(B4:C4,B7:C7)	<=	50
14				

图 1.21

第二步:设置规划求解参数。

打开求解规划参数对话框,进行相应的参数设置,如图 1.22 所示。

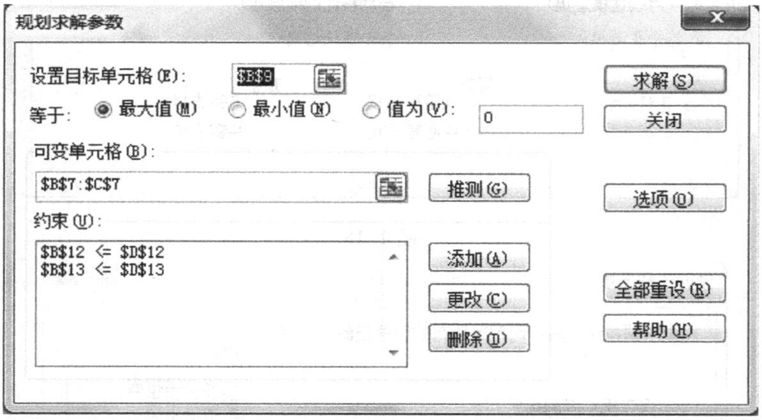

图 1.22

求解之前,同样打开"选项"对话框,选取"采用线性模型"和"假定非负",其他采用默认项。

第三步:求解。

设置完毕后,单击"求解"按钮,出现如图 1.23 所示对话框。

规划求解找到了一个最优解,答案如图 1.24 所示,阴影区域即为规划求解求得的。当生产的桌子和椅子的数量分别是 15 和 20 时,目标函数销售值达到最大1 350。

总之,使用 Excel 提供的规划求解的计算工具,可求解线性规划、非线性规划和整数规划等规划问题。在后面的章节中可以看到使用 Excel 求解整数规划和运输问题。

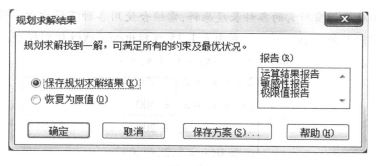

图 1.23

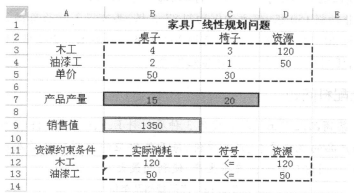

图 1.24

1.6 应用举例

1.6.1 工业原材料的合理下料问题

【例 1.12】 某大楼改造工程用 11 m 长角钢切割成钢窗用料。每扇钢窗含 3 m 长 2 根,4 m 长 3 根,5 m 长 2 根,若需钢窗 100 扇,至少需要多少根角钢原材料?

解: 在原材料上若切割 3 m 长 2 根、5 m 长 1 根,无料头;或切割 2 根 4 m,1 根 3 m 也无料头,但如何达到配套要求,需要寻找各种切割方案,是料头尽可能少,然后将这种方案组合起来,找出使总用料最少的切割方案。为此先列出一些较好的切割方案,见表 1.15。

表 1.15

下料 方案数 长度/m	I	II	III	IV	V	VI
3	2	1	2	0	0	3
4	0	2	1	0	1	0
5	1	0	0	2	1	0
总长/m	11	11	10	10	9	9
料头/m	0	0	1	1	2	2

为了得到 100 扇钢窗所需的各种长度原料,需综合使用各种下料方案。设使用各方案下料的原材料根数分别为 $x_1, x_2, \cdots, x_6$,则由表 1.15 可列出如下线性规划模型:

$$\min z = x_1 + x_2 + x_3 + x_4 + x_5 + x_6$$

$$\text{s.t.} \begin{cases} 2x_1 + x_2 + 2x_3 + 3x_6 = 200 \\ 2x_2 + x_3 + x_5 = 300 \\ x_1 + 2x_4 + x_5 = 200 \\ x_j \geq 0 (j = 1, 2, \cdots, 6) \end{cases}$$

利用 Excel 线性规划问题求解软件进行求解,可得出结果,最优的切割方案为用方案Ⅰ切割 25 根,用方案Ⅱ切割 150 根,用方案Ⅳ切割 87.5 根,共可得 3 m 长角钢 200 根,4 m 长角钢 300 根,5 m 长角钢 200 根,共用 11 m 长角钢 262.5 根。实际上为 262 根 11 m 长角钢,另加 1 根 5 m 长用料外,还剩 6 m 长料头,可作其他用途。

1.6.2　混凝土配料问题

【例 1.13】　某商品混凝土搅拌站要用 3 种原材料 E,F,G 混合调出 3 种不同强度的混凝土 A,B,D。已知产品的规格要求、产品单价、每天能供应的原材料数量及原材料单价分别见表 1.16 和表 1.17。问该厂应如何安排生产,使利润最大?

表 1.16　产品规格及单价

产品名称	规格要求	单价/(元·t^{-1})
A	原材料 E 不少于 50% 原材料 F 不超过 25%	5 000
B	原材料 E 不少于 25% 原材料 F 不超过 50%	3 500
D	不限	2 500

表 1.17　原材料供应量及单价

原材料名称	每天最多供应量/吨	单价/(百元·t^{-1})
E	100	6 500
F	100	2 500
G	60	3 500

解:设 A_E 表示产品 A 中 E 的成分,用 x_1 表示;

A_F 表示产品 A 中 F 的成分,用 x_2 表示;

A_G 表示产品 A 中 G 的成分,用 x_3 表示;

B_E 表示产品 B 中 E 的成分,用 x_4 表示;

B_F 表示产品 B 中 F 的成分,用 x_5 表示;

B_G 表示产品 B 中 G 的成分,用 x_6 表示;

D_E 表示产品 D 中 E 的成分,用 x_7 表示;

D_F 表示产品 D 中 F 的成分,用 x_8 表示;

D_G 表示产品 D 中 G 的成分,用 x_9 表示。

根据条件有:

$$A_E \geqslant \frac{1}{2}A ; A_F \leqslant \frac{1}{4}A ; A_G \geqslant 0, A_E + A_F + A_G = A$$

$$B_E \geqslant \frac{1}{4}B ; B_F \leqslant \frac{1}{2}B ; B_G \geqslant 0, B_E + B_F + B_G = B$$

由 $A_E \geqslant \frac{1}{2}A$ 可得, $A_E \geqslant \frac{1}{2}(A_E + A_F + A_G)$ 即:

$$-\frac{1}{2}A_E + \frac{1}{2}A_F + \frac{1}{2}A_G \leqslant 0$$

同理可得:

$$-\frac{1}{4}A_E + \frac{3}{4}A_F - \frac{1}{4}A_G \leqslant 0$$

$$-\frac{3}{4}B_E + \frac{1}{4}B_F + \frac{1}{4}B_G \leqslant 0$$

$$-\frac{1}{2}B_E + \frac{1}{2}B_F - \frac{1}{2}B_G \leqslant 0$$

又因原料总限额已给定,加入产品 A,B,D 的原材料 C 总量每天不超过 100 t,P 总量不超过 100 t,H 总量不超过 60 t。由此有:

$$A_E + B_E + D_E \leqslant 100$$

$$A_F + B_F + D_F \leqslant 100$$

$$A_G + B_G + D_G \leqslant 60$$

目的是使利润最大,即产品价格减去原材料的价格为最大。

产品的价格为:

对于产品 A:$5\ 000(A_E + A_F + A_G) = 5\ 000(x_1 + x_2 + x_3)$

对于产品 B:$3\ 500(B_E + B_F + B_G) = 3\ 500(x_4 + x_5 + x_6)$

对于产品 D:$2\ 500(D_E + D_F + D_G) = 2\ 500(x_7 + x_8 + x_9)$

原材料价格为:

对于原材料 C:$6\ 500(A_E + B_E + D_E) = 6\ 500(x_1 + x_4 + x_7)$

对于原材料 P:$2\ 500(A_F + B_F + D_F) = 2\ 500(x_2 + x_5 + x_8)$

对于原材料 H:$3\ 500(A_G + B_G + D_G) = 3\ 500(x_3 + x_6 + x_9)$

目标函数:

$\max z = 5\ 000(x_1 + x_2 + x_3) + 3\ 500(x_4 + x_5 + x_6) + 2\ 500(x_7 + x_8 + x_9) -$

$\quad 6\ 500(x_1 + x_4 + x_7) - 2\ 500(x_2 + x_5 + x_8) - 3\ 500(x_3 + x_6 + x_9)$

$\quad = -1\ 500x_1 + 2\ 500x_2 + 1\ 500x_3 - 3\ 000x_4 + 1\ 000x_5 + 0x_6 - 4\ 000x_7 + 0x_8 - 1\ 000x_9$

约束条件:

$$\text{s. t.} \begin{cases} -\dfrac{1}{2}x_1 + \dfrac{1}{2}x_2 + \dfrac{1}{2}x_3 \leqslant 0 \\ -\dfrac{1}{4}x_1 + \dfrac{3}{4}x_2 - \dfrac{1}{4}x_3 \leqslant 0 \\ -\dfrac{3}{4}x_4 + \dfrac{1}{4}x_5 + \dfrac{1}{4}x_6 \leqslant 0 \\ -\dfrac{1}{2}x_4 + \dfrac{1}{2}x_5 - \dfrac{1}{2}x_6 \leqslant 0 \\ x_1 + x_4 + x_7 \leqslant 100 \\ x_2 + x_5 + x_8 \leqslant 100 \\ x_3 + x_6 + x_9 \leqslant 60 \\ x_1, \cdots, x_9 \geqslant 0 \end{cases}$$

上述数学模型,利用 Excel 线性规划问题求解软件进行求解,可得出结果:每天只生产产品 A 200 t,分别需要用原材料 E 100 t,F 50 t,G 50 t。总利润 $z = 50\ 000$ 元/天。

1.6.3　资源分配问题

【例 1.14】　某建筑公司为了赶工期,昼夜 24 h 工作,各时段内需要的工人数量见表 1.18。

表 1.18

班　次	时间段	所需工人数量/人
1	2:00—6:00	10
2	6:00—10:00	15
3	10:00—14:00	25
4	14:00—18:00	20
5	18:00—22:00	18
6	22:00—2:00	12

工人分别于 2:00,6:00,10:00,14:00,18:00,22:00 分 6 批上班,并连续工作 8 h,试确定:

①该建筑公司至少应有多少名工人才能满足工作需要。

②若建筑公司可聘用临时工,上班时间与正式工人相同。若正式工人报酬为 10 元/h,临时工为 15 元/h,问建筑公司应否聘请临时工以及聘多少名?

解:①设 $x_1, x_2, \cdots, x_6$ 分别代表于 2:00,6:00,$\cdots$,22:00 开始上班的工人数量,则可建立如下数学模型:

$$\min z = x_1 + x_2 + x_3 + x_4 + x_5 + x_6$$

$$\text{s. t} \begin{cases} x_6 + x_1 \geqslant 10 \\ x_1 + x_2 \geqslant 15 \\ x_2 + x_3 \geqslant 25 \\ x_3 + x_4 \geqslant 20 \\ x_4 + x_5 \geqslant 18 \\ x_5 + x_6 \geqslant 12 \\ x_j \geqslant 0 (j = 1,2,\cdots,6) \end{cases}$$

解得 $x_1 = 0, x_2 = 15, x_3 = 10, x_4 = 16, x_5 = 2, x_6 = 10$,总计需 53 名工人。

② 在①的基础上,设 $x_1', x_2', \cdots, x_6'$ 分别为从早上 2:00,6:00 直至晚上 22:00 开始上班的临时工数量,则有:

$$\min z = 80 \sum_{j=1}^{6} x_j + 120 \sum_{j=1}^{6} x_j'$$

$$\text{s. t.} \begin{cases} x_6 + x_1 + x_6' + x_1' \geqslant 10 \\ x_1 + x_2 + x_1' + x_1' \geqslant 15 \\ x_2 + x_3 + x_2' + x_3' \geqslant 25 \\ x_3 + x_4 + x_3' + x_4' \geqslant 20 \\ x_4 + x_5 + x_4' + x_5' \geqslant 18 \\ x_5 + x_6 + x_5' + x_6' \geqslant 12 \\ x_j \geqslant 0 (j = 1, 2, \cdots, 6) \end{cases}$$

解得 $x_j' = 0(j = 1, 2, \cdots, 6)$, $x_1 = 0, x_2 = 15, x_3 = 10, x_4 = 16, x_5 = 2, x_6 = 10$,故建筑公司不需要聘用临时工。

1.6.4 投资问题

【例 1.15】 已知某建筑公司将 10 000 万元的资金用于投资,该建筑公司有 5 个可供选择的投资项目。其中各种资料见表 1.19。

表 1.19

投资项目	风险/%	红利/%	增长/%	评级/%
1	10	5	10	1
2	6	8	17	3
3	18	7	14	2
4	12	6	22	4
5	4	10	7	2

该建筑公司的目标为:每年红利至少 800 万元,最低平均增长率为 14%,平均评级不超过 2.5,该建筑公司应如何安排投资,以使投资风险最小?

解:设 x_i 表示 i 项目的投资额 $i = 1, 2, 3, 4, 5$。目标是投资风险最小化,因此目标函数为:
$$\min z = 0.1x_1 + 0.06x_2 + 0.18x_3 + 0.12x_4 + 0.04x_5$$

约束条件分别为:

各项目投资总和为 10 000 万元:
$$x_1 + x_2 + x_3 + x_4 + x_5 = 10\ 000$$

所得红利最少为 800 万元:
$$0.05x_1 + 0.08x_2 + 0.07x_3 + 0.06x_4 + 0.1x_5 \geqslant 800$$

增加额不低于 1 400 万元:
$$0.1x_1 + 0.17x_2 + 0.14x_3 + 0.22x_4 + 0.07x_5 \geqslant 1\ 400$$

平均评级不超过 2.5:

$$\frac{x_1 + 3x_2 + 2x_3 + 4x_4 + 2x_5}{x_1 + x_2 + x_3 + x_4 + x_5} \leqslant 2.5$$

这是一个非线性约束,很容易转化为线性约束:

$$-1.5x_1 + 0.5x_2 - 0.5x_3 + 1.5x_4 - 0.5x_5 \leqslant 0$$

非负约束:

$$x_1, x_2, x_3, x_4, x_5 \geqslant 0$$

数学模型为:

$$\min z = 0.1x_1 + 0.06x_2 + 0.18x_3 + 0.12x_4 + 0.04x_5$$

$$\text{s.t.} \begin{cases} x_1 + x_2 + x_3 + x_4 + x_5 = 10\,000 \\ 0.05x_1 + 0.08x_2 + 0.07x_3 + 0.06x_4 + 0.1x_5 \geqslant 800 \\ 0.1x_1 + 0.17x_2 + 0.14x_3 + 0.22x_4 + 0.07x_5 \geqslant 1\,400 \\ -1.5x_1 + 0.5x_2 - 0.5x_3 + 1.5x_4 - 0.5x_5 \leqslant 0 \\ x_1, x_2, x_3, x_4, x_5 \geqslant 0 \end{cases}$$

利用 Excel 线性规划问题求解软件进行求解,可得计算结果为:

$$x_1 = 0, x_2 = 4\,375, x_3 = 3\,750, x_4 = 0, x_5 = 1\,875$$

1.7 案例分析

1.7.1 石化建设监理公司监理工程师配置问题

【例1.16】 石化建设监理公司(国家甲级)侧重于国家大中型项目的监理,仅在河北省石家庄市就曾同时监理7项工程,总投资均在5 000万元以上,由于工程开工的时间不同,各工程工期之间相互搭接具有较长的连续性。

每项工程安排多少监理工程师进驻工地,一般是根据工程的投资、建筑规模、使用功能、施工形象进度、施工阶段来决定的,监理工程师的配置数量随之变化。由于监理工程师从事的专业不同,他们每个人承担的工作量也是不等的。有的专业一个工地需要3人以上,而有的专业一人则可以兼管3个以上的工地。因为从事监理业的专业多达几十个,仅以高层民用建筑为例就涉及建筑学专业、工民建(结构)专业、给水排水专业、采暖通风专业、强电专业、弱电专业、自动控制专业、技术经济专业、总图专业、合同和信息管理专业等。这就需要合理配置这些人力资源,为了方便计算,我们将所涉及的专业技术人员按总平均人数来计算,工程的施工形象进度按标准施工期和高峰施工期来划分。通常标准施工期需求的人数容易确定,但高峰施工期就比较难确定了,原因有两点:

①高峰施工期各工地不是同时来到,是可以事先预测的,在同一个城市里相距不远的工地,就存在着各工地的监理工程师如何交错使用的运筹问题。

②各工地总监在高峰施工期到来时要向公司要人,如果每个工地都按高峰施工期配置监理工程师的数量,将造成极大的人力资源浪费,这一点应该说主要是人为因素所造成的。因此,为了达到高峰施工期监理工程师配置数量最优,人员合理地交错使用,控制人为因素,根

据历年来的经验对高峰施工期的监理工程师数量在合理交错发挥作用的前提下限定了范围。另经统计测算得知，全年平均标准施工期占 7 个月，人均年成本 4 万元；高峰施工期占 5 个月，人均年成本 7 万元，标准施工期所需监理工程师见表 1.20。

表 1.20　标准施工期所需监理工程师表

工程（工地）	1	2	3	4	5	6	7
所需最少监理工程师人数	5	4	4	3	3	2	2

另外在高峰施工期各工地所需监理工程师的数量要求如下：

第 1 和第 2 工地的总人数不少于 14 人；

第 2 和第 3 工地的总人数不少于 13 人；

第 3 和第 4 工地的总人数不少于 11 人；

第 4 和第 5 工地的总人数不少于 10 人；

第 5 和第 6 工地的总人数不少于 9 人；

第 6 和第 7 工地的总人数不少于 7 人；

第 7 和第 1 工地的总人数不少于 14 人。

问题：

①高峰施工期公司最少配置多少个监理工程师？

②监理工程师年耗费的总成本是多少？

分析过程：

工程期分为高峰施工期和标准施工期，由于每项工程安排多少监理工程师进驻工地，一般是根据工程的投资、建筑规模、使用功能、施工形象进度、施工阶段来决定的，监理工程师的配置数量随之变化。由高峰施工期的特点可知：该施工期监理工程师的配置既要满足标准施工期的要求，又必须在此基础上满足高峰施工期的监理工程师的人员数量要求，因此求解高峰施工期监理工程师的最优配置方案，即是在满足上述条件下求解目标函数的最小值。而监理工程师年耗费总成本即为高峰施工期总成本。故总成本只须求出高峰施工期的最小成本即可，由案例可知，通过约束条件可以得出在高峰期的最优人数配置，由标准施工期监理工程师人数的约束条件可知，其最优人数也同时为标准施工期的人数。这些监理工程师同时工作在标准施工期和高峰施工期，由于全年平均标准施工期占 7 个月，人均年成本 4 万元；高峰施工期占 5 个月，人均年成本 7 万元。所以监理工程师年耗费的总成本为监理工程师的总人数乘以他们的人均年成本。

解：设在高峰施工期公司配置给第 i 个工地 x_i 个监理工程师，其中 $i = 1, 2, \cdots, 7$，x_i 为非负整数。

①求解高峰施工期监理工程师最优配置，其目标函数为：

$$\min z = x_1 + x_2 + x_3 + x_4 + x_5 + x_6 + x_7$$

由标准施工期数量表可知，其目标函数的约束条件如下：

第 1 工地所需最少监理师人数为 5 人：$x_1 \geq 5$　（8）

第 2 工地所需最少监理师人数为 4 人：$x_2 \geq 4$　（9）

第 3 工地所需最少监理师人数为 4 人：$x_3 \geq 4$　（10）

第 4 工地所需最少监理师人数为 3 人：$x_4 \geq 3$ （11）

第 5 工地所需最少监理师人数为 3 人：$x_5 \geq 3$ （12）

第 6 工地所需最少监理师人数为 2 人：$x_6 \geq 2$ （13）

第 7 工地所需最少监理师人数为 2 人：$x_7 \geq 2$ （14）

另外在高峰施工期各工地所需监理工程师的数量要求如下：

第 1 和第 2 工地的总人数不少于 14 人：$x_1 + x_2 \geq 14$ （1）

第 2 和第 3 工地的总人数不少于 13 人：$x_2 + x_3 \geq 13$ （2）

第 3 和第 4 工地的总人数不少于 11 人：$x_3 + x_4 \geq 11$ （3）

第 4 和第 5 工地的总人数不少于 10 人：$x_4 + x_5 \geq 10$ （4）

第 5 和第 6 工地的总人数不少于 9 人：$x_5 + x_6 \geq 9$ （5）

第 6 和第 7 工地的总人数不少于 7 人：$x_6 + x_7 \geq 7$ （6）

第 7 和第 1 工地的总人数不少于 14 人：$x_7 + x_1 \geq 14$ （7）

综上，建立模型如下：

$$\min z = x_1 + x_2 + x_3 + x_4 + x_5 + x_6 + x_7$$

$$\text{s. t.} \begin{cases} x_1 + x_2 \geq 14(1) \\ x_2 + x_3 \geq 13(2) \\ x_3 + x_4 \geq 11(3) \\ x_4 + x_5 \geq 10(4) \\ x_5 + x_6 \geq 9(5) \\ x_6 + x_7 \geq 7(6) \\ x_7 + x_1 \geq 14(7) \\ x_1 \geq 5(8) \\ x_2 \geq 4(9) \\ x_3 \geq 4(10) \\ x_4 \geq 3(11) \\ x_5 \geq 3(12) \\ x_6 \geq 2(13) \\ x_7 \geq 2(14) \\ x_1, x_2, \cdots, x_7 \text{ 非负整数} \end{cases}$$

其中（1）（2）（3）（4）（5）（6）（7）为高峰施工期监理工程师人员要求，（8）（9）（10）（11）（12）（13）（14）为标准施工期监理工程师人员要求。

利用 Excel 线性规划问题求解软件进行求解可得：

$$x_1 = 5, x_2 = 12, x_3 = 4, x_4 = 7, x_5 = 4, x_6 = 5, x_7 = 2$$

即高峰施工期各工地所需配置的最优人数为：

第 1 工地 5 人，第 2 工地 12 人，第 3 工地 4 人，第 4 工地 7 人，第 5 工地 4 人，第 6 工地 5 人；第 7 工地 2 人，总人数为 39 人。

$$\min z = x_1 + x_2 + x_3 + x_4 + x_5 + x_6 + x_7 = 39$$

即在高峰施工期所需配置监理工程师最优人数为 39 人。

②现第二个问题进行求解。

根据案例条件：

a.高峰施工期各工地不是同时到来,是可以事先预测的,在同一个城市里相距不远的工地,就存在着各工地的监理工程师如何交错使用的运筹问题。

b.如果每个工地都按高峰施工期配置监理工程师的数量,将造成极大的人力资源浪费,因此达到高峰施工期监理工程师配置数量最优,人员合理地交错使用,以达到年耗费成本最少,是最终要解决的问题。

由以上两条因素可知,监理工程师人员配置在各工地的人数随着高峰施工期与标准施工期的不同而有所不同,即在人数一定的情况下各工地监理工程师合理的交错使用,是合理配置的有效方法,由于高峰施工期各工地的监理工程师人数要大于标准施工期相对应的监理工程师的人数,监理工程师年耗费的总成本即为在高峰施工期监理工程师人员配备最优的情况下标准施工期和高峰施工期所耗费的成本之和。

设总成本为 C,则：

$$C = \min z \times (7 + 4) = (x_1 + x_2 + x_3 + x_4 + x_5 + x_6 + x_7) \times 11 = 429(万元)$$

故监理工程师年耗费的总成本为 429 万元。

1.7.2　某印染公司应如何合理使用技术培训费

为适应现代科学技术的发展,提高工人的技术水平,必须下功夫搞好职工的技术培训,通过提高技术工人的水平,提高产品质量,获取最大的经济效益。因此要对可利用的有限资金进行合理的分配和利用,这就需要对智力投资的资金进行规划。

【例 1.17】　某印染公司需要的技术工人分为初级、中级和高级 3 个层次。统计资料显示:培养出来的初级工每年可为公司增加产值 1 万元,每个中级工每年可为公司增加产值 4 万元,每个高级工每年可为公司增加产值 5.5 万元。

公司计划在今后 3 年中拨出 150 万元作为培训费,其中第一年投资 55 万元,第二年投资 45 万元,第三年投资 50 万元。

通过公司过去培养初级工、中级工、高级工的经历并经过咨询,预计培养一名初级工,在高中毕业后需要一年,费用为 1 000 元;培养一名中级工,在高中毕业后需要 3 年,第一年和第二年费用各为 3 000 元,第三年费用为 1 000 元;培养一名高级工,在高中毕业后也需要 3 年,第一年费用为 3 000 元,第二年费用为 2 000 元,第三年费用为 4 000 元。

目前公司共有初级工 226 人,中级工 560 人,高级工 496 人。若通过提高目前技术工人的水平来增加中级工和高级工的人数,其培养时间和培养费用分别是:由初级工培养为中级工,需要一年时间,费用为 2 800 元;由初级工直接培养为高级工需要两年时间,第一年的费用为 2 000 元,第二年的费用为 3 200 元;由中级工培养为高级工需要一年时间,费用为 3 600 元。

由于公司目前的师资力量不足,教学环境有限,每年可培养的职工人数受到一定限制。根据目前情况,每年在培的初级工不超过 90 人 ,在培的中级工不超过 80 人,在培的高级工不超过 80 人。

问题:为了利用有限的职工培训费培养更多的技术工人,并为公司创造更大的经济效益,要确定直接由高中毕业生中培养初、中、高级技术工人各多少,通过提高目前技术工人的水平来增加中级工和高级工的初级工和中级工分别为多少,才能使企业增加的产值最多。

解:变量的设置见表1.21,其中x_{ij}为第i类培训方式在第j年培训的人数。

表1.21 变量设置表

	第一年	第二年	第三年
1.高中生升初级工	x_{11}	x_{12}	x_{13}
2.高中生升中级工	x_{21}		
3.高中生升高级工	x_{31}		
4.初级工升中级工	x_{41}	x_{42}	x_{43}
5.初级工升高级工	x_{51}	x_{52}	
6.中级工升高级工	x_{61}	x_{62}	x_{63}

则每年年底培养出来的初级工、中级工和高级工人数分别见表1.22。

表1.22 每年培养人数

	第一年年底	第二年年底	第三年年底
初级工	x_{11}	x_{12}	x_{13}
中级工	x_{41}	x_{42}	$x_{21} + x_{43}$
高级工	x_{61}	$x_{51} + x_{62}$	$x_{31} + x_{52} + x_{63}$

第一年的成本$TC_1 = 1\,000\,x_{11} + 3\,000\,x_{21} + 3\,000\,x_{31} + 2\,800\,x_{41} + 2000\,x_{51} + 3\,600\,x_{61} \leqslant 550\,000$

第二年的成本$TC_2 = 1\,000\,x_{12} + 3\,000\,x_{21} + 2\,000\,x_{31} + 2\,800\,x_{42} + (3\,200\,x_{51} + 2\,000\,x_{52}) + 3\,600\,x_{62} \leqslant 450\,000$

第三年的成本$TC_3 = 1\,000\,x_{13} + 1\,000\,x_{21} + 4\,000\,x_{31} + 2\,800\,x_{43} + 3\,200\,x_{52} + 3\,600\,x_{63} \leqslant 500\,000$

总成本$TC = TC_1 + TC_2 + TC_3 \leqslant 1\,500\,000$

其他约束条件为:

$$x_{41} + x_{42} + x_{43} + x_{51} + x_{52} \leqslant 226$$

$$x_{61} + x_{62} + x_{63} \leqslant 560$$

$$x_{1j} \leqslant 90\,(j = 1,2,3)$$

$$x_{21} + x_{41} \leqslant 80$$

$$x_{21} + x_{42} \leqslant 80$$

$$x_{21} + x_{43} \leqslant 80$$

$$x_{31} + x_{51} + x_{61} \leqslant 80$$

$$x_{31} + x_{51} + x_{52} + x_{62} \leqslant 80$$

$$x_{31} + x_{52} + x_{63} \leqslant 80$$

以下计算因培训而增加的产值,即目标函数:

$$\max TO = (x_{11} + x_{12} + x_{13}) + 4(x_{41} + x_{42} + x_{21} + x_{43}) +$$
$$5.5(x_{61} + x_{51} + x_{62} + x_{31} + x_{52} + x_{63})$$

经计算可得问题的最优解 $x_{11} = 38$; $x_{41} = 80$; $x_{42} = 59$; $x_{43} = 77$; $x_{61} = 80$; $x_{62} = 79$; $x_{63} = 79$; 其余变量都为 0。此时, $TO = 2\ 211$。

习题 1

1. 假设某工厂生产 A, B, C 3 种产品,每吨利润分别为 2 万元,3 万元,1.5 万元;生产单位产品所需的工时及原材料见表 1.23。若供应的原材料每天不超过 9 t,所能利用的劳动力日总工时不超过 4 个单位,问如何制订日生产计划,使 3 种产品总利润最大?

表 1.23

生产每吨产品所需资源	产　品		
	A	B	C
所需工时	1	2	2
所需原材料	1	4	7

2. 有一批长为 7.4 m 的钢管,需要切断成 2.9 m 的 100 根,2.1 m 的 200 根,1.5 m 的 300 根,问应如何下料,才能使用料最省?

3. 将下列线性规划问题化为标准形式。

(1) $\min z = 3x_1 + 5x_2 - 3x_3$

s.t. $\begin{cases} 5x_1 + x_2 + x_3 \leqslant 10 \\ x_1 + x_2 - 4x_3 \geqslant 2 \\ x_1 - x_2 + 2x_3 = -6 \\ x_1, x_2 \geqslant 0, x_3 \text{ 无约束} \end{cases}$

(2) $\max z = 13x_1 + 5x_2 - 3x_3$

s.t. $\begin{cases} x_1 + 3x_2 + 4x_3 \leqslant 10 \\ 5x_1 + x_2 - x_3 \geqslant 8 \\ x_1 - x_2 + 2x_3 \leqslant 6 \\ x_1 \geqslant 0, x_2 \leqslant 0, x_3 \text{ 无约束} \end{cases}$

(3) $\min z = 4x_1 + 3x_2 + x_3$

s.t. $\begin{cases} x_1 + x_3 \geqslant 2 \\ x_2 + 2x_3 \geqslant 5 \\ x_1 \leqslant 0, x_2 \text{ 无约束}, x_3 \geqslant 0 \end{cases}$

4. 用图解法求解下列线性规划问题。

(1) $\max z = 2x_1 + 3x_2$

s.t. $\begin{cases} 3x_2 \leqslant 15 \\ 4x_1 \leqslant 12 \\ 2x_1 + 2x_2 \leqslant 14 \\ x_1, x_2 \geqslant 0 \end{cases}$

(2) $\max z = 4x_1 + 8x_2$

s.t. $\begin{cases} 2x_1 + 2x_2 \leqslant 10 \\ -x_1 + x_2 \geqslant 8 \\ x_2 \leqslant 5 \\ x_1, x_2 \geqslant 0 \end{cases}$

（3）$\min z = 6x_1 + 4x_2$

s. t. $\begin{cases} 2x_1 + x_2 \geqslant 1 \\ 3x_1 + 4x_2 \geqslant 1.5 \\ x_1, x_2 \geqslant 0 \end{cases}$

（4）$\max z = 2x_1 + 4x_2$

s. t. $\begin{cases} 2x_1 + x_2 \geqslant 8 \\ -2x_1 + x_2 \leqslant 2 \\ x_1, x_2 \geqslant 0 \end{cases}$

5. 利用单纯形法求解下列问题。

（1）$\max z = 2x_1 + 3x_2$

s. t. $\begin{cases} 3x_2 \leqslant 15 \\ 4x_1 \leqslant 12 \\ 2x_1 + 2x_2 \leqslant 14 \\ x_1, x_2 \geqslant 0 \end{cases}$

（2）$\min z = 5x_1 - 2x_2 + 3x_3 + 2x_4$

s. t. $\begin{cases} x_1 + 2x_2 + 3x_3 + 4x_4 \leqslant 7 \\ 2x_1 + 2x_2 + x_3 + 2x_4 \leqslant 3 \\ x_1, x_2, x_3, x_4 \geqslant 0 \end{cases}$

（3）$\max z = 2x_1 + x_2$

s. t. $\begin{cases} 3x_1 + 5x_2 \leqslant 15 \\ 6x_1 + 2x_2 \leqslant 24 \\ x_1, x_2 \geqslant 0 \end{cases}$

（4）$\max z = 2x_1 + 4x_2$

s. t. $\begin{cases} -x_1 + 2x_2 \leqslant 4 \\ x_1 + 2x_2 \leqslant 10 \\ x_1 - x_2 \leqslant 2 \\ x_1, x_2 \geqslant 0 \end{cases}$

6. 用大 M 法和二阶段法求解下列线性规划问题。

（1）$\max z = 3x_1 - x_2 - x_3$

s. t. $\begin{cases} x_1 - 2x_2 + x_3 \leqslant 11 \\ -4x_1 + x_2 + 2x_3 \geqslant 3 \\ -2x_1 + x_3 = 1 \\ x_1, x_2, x_3 \geqslant 0 \end{cases}$

（2）$\max z = 2x_1 + 3x_2 - 5x_3$

s. t. $\begin{cases} x_1 + x_2 + x_3 = 7 \\ 2x_1 - 5x_2 + x_3 \geqslant 10 \\ x_1, x_2, x_3 \geqslant 0 \end{cases}$

（3）$\max z = x_1 + 2x_2$

s. t. $\begin{cases} x_1 + x_2 \leqslant 5 \\ 10x_1 + 7x_2 \geqslant 70 \\ x_1, x_2 \geqslant 0 \end{cases}$

第 **2** 章
对偶理论与灵敏度分析

前面介绍了线性规划以及它的数学模型和求解的基本方法。本章将进一步讨论线性规划的理论与方法问题——对偶理论与灵敏度分析,从而可以加深对线性规划理论的理解,扩大其应用范围。

2.1 线性规划的对偶问题

2.1.1 对偶问题的提出

对偶问题是线性规划中一个重要和有趣的概念。任何一个线性规划问题都存在一个与之相伴的对偶问题。它们从不同的角度对实际问题进行描述,如任何一个求 $\max z$ 的线性规划问题,都有一个求 $\min w$ 的线性规划问题与之对应。一对互为对偶的线性规划问题,其中一个为"原问题",记为(LP);另一个为对偶问题,记为(DP)。下面通过实际例子看对偶问题的经济意义。

【例 2.1】 某汽车制造企业准备生产两种汽车 Ⅰ、Ⅱ 在市场投放。已知这两种汽车需要同一种设备零件并分别在 A、B 两种设备生产线上加工。按生产能力,设备生产线 A、B 每天可运行时间分别为 15 h 和 24 h,材料(设备零件)每天供应 20 套,该厂每生产一辆汽车 Ⅰ 和 Ⅱ 分别获利 3 000 元和 4 000 元。已知数据资料见表 2.1,问应如何安排生产计划才能使每天获利最大?

表 2.1

	I	II	每天可用运行时间/h
设备 A	0	5	15
设备 B	6	2	24
设备零件/套	1	2	20
利润/元	3 000	4 000	

假设 x_1、x_2 分别表示每天生产汽车 I、II 的数量,其数学模型为:

$$\max z = 3x_1 + 4x_2 \quad (目标函数)$$

$$\text{s.t.} \begin{cases} 5x_2 \leqslant 15 \\ 6x_1 + 2x_2 \leqslant 24 \\ x_1 + 2x_2 \leqslant 20 \\ x_1, x_2 \geqslant 0 \end{cases} \quad (约束条件)$$

现从另一角度提出问题。假如企业除了生产汽车 I 和 II 之外,还有其他方案可以利用已有生产资源获利。如承接外加工、租赁设备和卖出生产材料,作为生产者,从最大获利角度出发,当出售生产资源的收入不低于自己用同等资源生产产品的收入时就可以考虑售出资源。

若某企业想租赁该汽车制造企业设备和购买该企业生产材料,生产其他产品。以 y_1,y_2,y_3 分别表示设备生产线 A、B 每小时的租金和生产原材料单位售价,付出怎样的代价才能使汽车制造企业放弃生产?

通常承租企业希望付出的最小代价进行交易,可以得到目标函数

$$\min w = 15y_1 + 24y_2 + 20y_3$$

汽车制造企业出租设备和出售原材料应不少于自己生产产品的获利,这时与自己生产的产品 I、II 比较,每生产 1 辆汽车 I 可得利润 3 000 元,每生产 1 辆汽车 II 可得利润 4 000 元,如果用于生产每辆汽车 I 的设备台时及原材料售出所得的收益不低于 3 000 元,同样,用于生产每辆汽车 II 的设备台时和材料售出所得的收益不低于 4 000 元,则将设备用租赁、材料卖出;否则,不如自己生产。因此得到约束条件

$$\text{s.t.} \begin{cases} 6y_2 + y_3 \geqslant 3 \\ 5y_1 + 2y_2 + 2y_3 \geqslant 4 \\ y_1, y_2, y_3 \geqslant 0 \end{cases}$$

上述两个线性规划问题的数学模型是在同一企业的资源状况和生产条件下,从不同角度考虑所产生的模型,因此两者密切相关。人们称这两个线性规划问题是互为对偶的线性规划问题。前者为原问题,记为(LP);后者为原问题的对偶问题,记为(DP)。

2.1.2 原问题与对偶问题的关系

(1)对称型对偶关系

满足下列条件的线性规划问题称为具有对称形式:

①原问题中目标函数求最大值,在其对偶问题中目标函数则为求最小值。

②原问题中目标函数的系数是其对偶问题中约束条件的右端项;原问题中的右端项是其对偶函数中目标函数的系数。

③原问题中约束条件为"≤",则在其对偶函数中的决策变量为"≥";原问题中决策变量为"≥",则在其对偶函数中的约束条件为"≥"。

④原问题中的约束条件个数等于其对偶问题中的变量个数;原问题中的变量个数等于其对偶问题中的约束条件个数。

⑤原问题中约束系数矩阵与对偶问题中约束系数矩阵互为转置关系。

对称形式下线性规划原问题的一般形式为:

$$（\text{LP}）\quad \max z = c_1 x_1 + c_2 x_2 + \cdots + c_n x_n$$

$$\text{s. t.}\begin{cases} a_{11} x_1 + a_{12} x_2 + \cdots + a_{1n} x_n \leqslant b_1 \\ a_{21} x_1 + a_{22} x_2 + \cdots + a_{2n} x_n \leqslant b_2 \\ \qquad\qquad\vdots \\ a_{n1} x_1 + a_{n2} x_2 + \cdots + a_{nn} x_n \leqslant b_n \\ x_j \geqslant 0 (j = 1,2,\cdots,n) \end{cases} \tag{2.1}$$

用 $y_i(i = 1,\cdots,m)$ 代表第 i 种资源的估价,则其对偶问题的一般形式为:

$$（\text{DP}）\quad \min w = b_1 y_1 + b_2 y_2 + \cdots + b_m y_m$$

$$\text{s. t.}\begin{cases} a_{11} y_1 + a_{21} y_2 + \cdots + a_{m1} y_m \geqslant c_1 \\ a_{12} y_1 + a_{22} y_2 + \cdots + a_{m2} y_m \geqslant c_2 \\ \qquad\qquad\vdots \\ a_{1n} y_1 + a_{2n} y_2 + \cdots + a_{mn} y_m \geqslant c_m \\ y_i \geqslant 0 (1,2,\cdots,m) \end{cases} \tag{2.2}$$

用矩阵形式表示,对称形式的线性规划问题的原问题及其对偶问题分别为:

$$（\text{LP}）\qquad\qquad（\text{DP}）$$

$$\max z = CX$$

$$\text{s. t.}\begin{cases} AX \leqslant b \\ X \geqslant 0 \end{cases} \tag{2.3}$$

$$\min w = Yb$$

$$\text{s. t.}\begin{cases} YA \geqslant C \\ Y \geqslant 0 \end{cases} \tag{2.4}$$

【例 2.2】　根据表 2.2 给出的变量和数据写出标准形式的原规划问题及其对偶问题。

表 2.2

y_j ＼ x_j		3	4	
		x_1	x_2	b
8	y_1	1	2	≤ 8
16	y_2	4	0	≤ 16
12	y_3	0	4	≤ 12
c		≥ 3	≥ 4	

解：原规划问题

$$\max z = 3x_1 + 4x_2$$

$$\text{s.t.} \begin{cases} x_1 + 2x_2 \leqslant 8 \\ 4x_1 \leqslant 16 \\ 4x_2 \leqslant 12 \\ x_1, x_2 \geqslant 0 \end{cases}$$

互为对偶 $\longleftrightarrow$

对偶规划问题

$$\min w = 8y_1 + 16y_2 + 12y_3$$

$$\text{s.t.} \begin{cases} y_1 + 4y_2 \geqslant 3 \\ 2y_1 + 4y_3 \geqslant 4 \\ y_1, y_2, y_3 \geqslant 0 \end{cases}$$

(2)非对称型对偶关系

对于对称式的线性规划模型，根据上述规则可以很容易地找到与其对应的对偶线性规划模型。但在实际问题中非标准形式是常见的，如有等式约束，或某变量无非负约束，或约束符号与标准形式不一致等。

当线性规划的约束条件为等式约束时，原问题与其对偶问题之间的变量就是非对称形式的对偶关系。

此时，原问题为：

$$\max z = \sum_{j=1}^{n} c_j x_j$$

$$\text{s.t.} \begin{cases} \sum_{j=1}^{n} a_{ij} x_j = b_i (i = 1, 2, \cdots, m) \\ x_j \geqslant 0 (j = 1, 2, \cdots, n) \end{cases}$$

要写出此原问题的对偶问题，首先将模型转换为对称式线性规划模型，将等式约束变为两个不等式约束，即约束的左端既小于等于右端常数，即 $\sum_{j=1}^{n} a_{ij} x_j \leqslant b_i (i = 1, 2, \cdots, m)$，同时又大于等于右端常数，即 $\sum_{j=1}^{n} a_{ij} x_j \geqslant b_i (i = 1, 2, \cdots, m)$，其实质还是等于约束。为了转换成对称模型再变换为 $- \sum_{j=1}^{n} a_{ij} x_j \leqslant - b_i (i = 1, 2, \cdots, m)$，由此变形为：

$$\max z = \sum_{j=1}^{n} c_j x_j$$

$$\text{s.t.} \begin{cases} \sum_{j=1}^{n} a_{ij} x_j \leqslant b_i (i = 1, 2, \cdots, m) \\ - \sum_{j=1}^{n} a_{ij} x_j \leqslant - b_i (i = 1, 2, \cdots, m) \\ x_j \geqslant 0 (j = 1, 2, \cdots, n) \end{cases}$$

由于在模型中有 $2m$ 个约束，所以其对偶模型中应有 $2m$ 个变量，令对偶变量为 y_i' 对应约束式中的一式和 y_i'' 对应约束式中的二式。则对偶线性规划模型可以写成如下形式：

$$\min w = \sum_{i=1}^{m} b_i y_i' + \sum_{i=1}^{m} (- b_i y_i'')$$

$$\text{s. t.} \begin{cases} \sum_{i=1}^{m} a_{ij}y_i' + \sum_{i=1}^{m} (-a_{ij}y_i'') \geqslant c_j (j = 1,2,\cdots,n) \\ y_i',y_i'' \geqslant 0 (i = 1,2,\cdots,m) \end{cases}$$

整理得到：

$$\min w = \sum_{i=1}^{m} b_i (y_i' - y_i'')$$

$$\text{s. t.} \begin{cases} \sum_{i=1}^{m} a_{ij}(y_i' - y_i'') \geqslant c_j (j = 1,2,\cdots,n) \\ y_i',y_i'' \geqslant 0 (i = 1,2,\cdots,m) \end{cases}$$

在式中，令 $y_i = y_i' - y_i''$，虽然 y_i',y_i'' 均大于等于零，而相减后的结果 y_i 的符号是不确定的，即 y_i 没有符号的限制，由此得到原规划的对偶问题如下：

$$\min w = \sum_{i=1}^{m} b_i y_i$$

$$\text{s. t.} \begin{cases} \sum_{i=1}^{m} a_{ij}y_i \geqslant c_j (j = 1,2,\cdots,n) \\ y_i \text{ 符号不限}(i = 1,2,\cdots,m) \end{cases} \tag{2.5}$$

根据上述推论，线性规划问题的对偶问题，对于等式约束可以将其写成两个不等式约束，对于"$\geqslant$"的不等式，可以两边同乘"-1"，再根据对称形式的对偶关系写出对偶问题，然后进行适当的整理，使式中出现的所有系数与原问题之间的关系，可以用表 2.3 表示。

表 2.3　原问题与对偶之间的对应关系

原问题 max(对偶问题)	对偶问题 min(原问题)
约束条件数 $= m$	变量个数 $= m$
第 i 个约束条件为"$\leqslant$" 第 i 个约束条件为"$\geqslant$" 第 i 个约束条件为"$=$"	第 i 个变量 $\geqslant 0$ 第 i 个变量 $\leqslant 0$ 第 i 个变量无限制
变量个数 $= n$	约束条件个数 $= n$
第 i 个变量 $\geqslant 0$ 第 i 个变量 $\leqslant 0$ 第 i 个变量无限制	第 i 个约束条件为"$\geqslant$" 第 i 个约束条件为"$\leqslant$" 第 i 个约束条件为"$=$"
原问题 max(对偶问题)	对偶问题 min(原问题)
第 i 个约束条件的右端项 目标函第 i 个变量的系数	目标函数第 i 个变量的系数 第 i 个约束条件的右端项
约束条件第 i 个变量的系数 第 i 个约束条件中各变量的系数	第 i 个约束条件中各变量的系数 约束条件第 i 个变量的系数

【例 2.3】　写出下述线性规划问题的对偶问题。

$$\min z = 3x_1 + 2x_2 + 5x_3$$

$$\text{s. t.} \begin{cases} x_1 + 2x_2 - x_3 \leqslant 20 \\ 3x_1 - x_2 + 2x_3 \geqslant 10 \\ 4x_1 + x_2 + 2x_3 = 5 \\ x_1 \geqslant 0, x_2 \text{ 无约束}, x_3 \leqslant 0 \end{cases}$$

按照表2.3将线性规划问题转化为对偶问题。

$$\max z = 20y_1 + 10y_2 + 5y_3$$

$$\text{s. t.} \begin{cases} y_1 + 3y_2 + 4y_3 \leqslant 3 \\ 2y_1 - y_2 + y_3 = 2 \\ -y_1 + 2y_2 + 2y_3 \geqslant 5 \\ y_1 \leqslant 0, y_2 \geqslant 0, y_3 \text{ 无约束} \end{cases}$$

【例2.4】 写出下述线性规划问题的对偶问题。

$$\min z = 3x_1 + 2x_2 - 4x_3 + x_4$$

$$\text{s. t.} \begin{cases} x_1 + x_2 - 3x_3 + x_4 \geqslant 10 \\ 2x_1 + 2x_3 - x_4 \leqslant 8 \\ x_2 + x_3 + x_4 = 6 \\ x_1 \leqslant 0, x_2 x_3 \geqslant 0, x_4 \text{ 无约束} \end{cases}$$

按照表2.3将线性规划问题化为对偶问题。

$$\max w = 10y_1 + 8y_2 + 6y_3$$

$$\text{s. t.} \begin{cases} y_1 + 2y_2 \geqslant 3 \\ y_1 + y_3 \leqslant 2 \\ -3y_1 + 2y_2 + y_3 \leqslant -4 \\ y_1 - y_2 + y_3 = 1 \\ y_1 \geqslant 0, y_2 \leqslant 0, y_3 \text{ 无约束} \end{cases}$$

2.2 对偶问题的基本性质

定理2.1 对偶问题的对偶是原问题。

证:设原问题是:

$$\max z = CX$$

$$\text{s. t.} \begin{cases} AX \leqslant b \\ X \geqslant 0 \end{cases}$$

其对偶问题为:

$$\min w = Yb$$

$$\text{s. t.} \begin{cases} YA \geqslant C \\ Y \geqslant 0 \end{cases}$$

若将上式两边取负号,又因为 $-\min w = \max(-w) = -Yb$,且 $-YA \leqslant -C$,所以:

$$\max(-w) = -Yb$$

$$\text{s. t.} \begin{cases} -YA \leqslant -C \\ Y \geqslant 0 \end{cases}$$

根据对称变换关系,上式的对偶问题是:

$$\min(-w') = -CX$$

$$\text{s. t.} \begin{cases} -AX \geqslant -b \\ X \geqslant 0 \end{cases}$$

又因为:

$$\min(-w') = -\max w'$$

可得:

$$-\min(-w') = \max w'$$

所以:

$$\max w' = \max z = CX$$

$$\text{s. t.} \begin{cases} AX \leqslant b \\ X \geqslant 0 \end{cases}$$

这就是原问题。

定理 2.2　(弱对偶性)若 $\overline{X} = (\overline{x}_1, \overline{x}_2, \cdots, \overline{x}_n)$ 是原问题的可行解,$\overline{Y} = (\overline{y}_1, \overline{y}_2, \cdots, \overline{y}_m)$ 是对偶问题的可行解,则恒有 $C\overline{X} \leqslant \overline{Y}b$。

证:设原问题是:

$$\max z = CX$$

$$\text{s. t.} \begin{cases} AX \leqslant b \\ X \geqslant 0 \end{cases}$$

因 $\overline{X}$ 是原问题的可行解,所以满足约束条件,即 $A\overline{X} \leqslant b$,

又 $\overline{Y} \geqslant 0$ 是对偶问题的可行解,将 $\overline{Y}$ 左乘上式两侧,得 $\overline{Y}A\overline{X}$,

又设原问题的对偶问题是:

$$\min w = Yb$$

$$\text{s. t.} \begin{cases} YA \geqslant C \\ Y \geqslant 0 \end{cases}$$

因为 $\overline{Y}$ 是对偶问题的可行解,所以 $\overline{Y}A \geqslant C$,$\overline{X}$ 右乘上式两侧,得 $\overline{Y}A\overline{X} \geqslant C\overline{X}$,因此得 $C\overline{X} \leqslant \overline{Y}A\overline{X} \leqslant \overline{Y}b$。

弱对偶性说明,原问题可行解的目标函数值是其对偶问题目标函数值的下界;反之对偶问题可行解的目标函数值是其原问题目标函数值的上界。

推论 2.1　若原问题有可行解且目标函数值无上界,则其对偶问题无可行解,反之对偶问题有可行解且目标函数值无下界,则其原问题无可行解。

应注意该推论的逆命题不一定成立,当原问题无可行解时,其对偶问题或具有无界解或无可行解,反之亦然。

定理 2.3　如果 $\overline{X}$ 是原问题的可行解,$\overline{Y}$ 是其对偶问题的可行解,且有 $C\overline{X} = \overline{Y}b$ 则 $\overline{X}$、$\overline{Y}$ 分别是原问题和对偶问题的最优解。

证:设原问题为:

$$\max z = CX$$

$$\text{s. t.} \begin{cases} AX \leqslant b \\ X \geqslant 0 \end{cases}$$

根据定理 2.2 可知,原问题与对偶问题存在可行解则恒有 $C\overline{X} \leqslant \overline{Y}b$,若有 X^* 使得 $C\overline{X} \leqslant CX^*$,可得 $\overline{Y}b \geqslant CX^*$,可见 X^* 是使目标函数取值最大的可行解,因而 X^* 是原问题的最优解。

同样可以证明:又设原问题的对偶问题是:

$$\min w = Yb$$

$$\text{s. t.} \begin{cases} YA \geqslant C \\ Y \geqslant 0 \end{cases}$$

对于对偶问题的所有可行解 $\overline{Y}$,若存在 $CX^* = Y^*b \geqslant C\overline{X}$ 则 Y^* 是使目标函数取值最小的可行解,因而 Y^* 是对偶问题的最优解。

定理 2.4 若原问题有最优解,则其对应对偶问题必有最优解(反之亦然),且它们的目标函数值相等。

证:设 X^* 是原问题的最优解,其对应的基矩阵 $\boldsymbol{B}$ 必存在:

$$C - C_B \boldsymbol{B}^{-1} A \leqslant 0$$

令 $Y^* = C_B \boldsymbol{B}^{-1}$ 即得到 $Y^*A \geqslant C$ 则 Y^* 成为对偶问题的可行解,得到:

$$w = Y^* \boldsymbol{B} = C_B \boldsymbol{B}^{-1}b$$

因 X^* 原问题的最优解,使目标函数值为,得到:

$$Y^*b = C_B \boldsymbol{B}^{-1}b = CX^* z = CX^* = C_B \boldsymbol{B}^{-1}b$$

由定理 2.3 可知,Y^* 是对偶函数的最优解。

定理 2.5 若 X^*、Y^* 分别是原问题和对偶问题的可行解,X_s、Y_s 分别是原问题和对偶问题的松弛变量向量,则 X^*、Y^* 是原问题和对偶问题的最优解的充分必要条件为 $Y^*X_s = 0$,$Y_sX^* = 0$。

证:设原问题和对偶问题的标准型是:

原问题   对偶问题

$\max z = CX$ $\min w = Yb$

$\text{s. t.} \begin{cases} AX + X_s = b \\ X, X_s \geqslant 0 \end{cases}$ $\text{s. t.} \begin{cases} YA - Y_s = C \\ Y, Y_s \geqslant 0 \end{cases}$

将原问题目标函数中的系数向量 C 用 $YA - Y_s$ 代替后,得:

$$z = (YA - Y_s)X = YAX - Y_sX$$

将对偶问题目标函数中的系数向量 b,用 $AX + X_s$ 代替后,得:

$$w = Y(AX + X_s) = YAX + YX_s$$

若 $Y_sX^* = 0$,$Y^*X_s = 0$;则 $Y^*b = Y^*$,$AX* = CX^*$,故 X^*、Y^* 为最优解。

又若 X^*、Y^* 分别是原问题和对偶问题的最优解,则:

$$CX^* = Y^*, \quad AX^* = Y^*b$$

必有 $Y^*X_s = 0$,$Y_sX^* = 0$。

证毕。

可以得到如下结论:

①若对偶问题最优解 Y^* 中第 i 变量为正,则其对应的原问题第 i 个约束方程中的松弛变量必定为零,即该约束方程取严格等式(称为紧约束)。

②若原问题中第 i 个约束方程取严格不等式(称为松约束),则对应的对偶问题中最优解 Y^* 中第 i 个的变量必定为零。

③若对偶问题中第 j 个约束方程取严格不等式(称为松约束),则原问题中最优解 X^* 中第 j 个的变量必定为零。

④若原问题最优解 X^* 中第 j 个变量为正,即松弛变量为零,则该对偶问题中对应的第 j 个约束方程取严格等式(称为紧约束)。

故有如下结论:设一对对偶问题都有可行解,若原问题的某一约束是某个最优解的松约束,则其对偶约束一定是其对偶问题最优解的紧约束。

【例 2.5】 已知原问题:

$$\max z = x_1 + 2x_2 + 3x_3 + 4x_4$$

$$\text{s. t.} \begin{cases} x_1 + 2x_2 + 2x_3 + 3x_4 \leqslant 20 \\ 2x_1 + x_2 + 3x_3 + 2x_4 \leqslant 20 \\ x_1 - x_2 + x_3 - x_4 \leqslant 1 \\ x_1, x_2, x_3, x_4 \geqslant 0 \end{cases}$$

其最优解为 $X^* = (0,0,4,4)^T$。试利用定理 2.5 求对偶问题的最优解。

解:对偶问题为:

$$\min w = 20y_1 + 20y_2 + y_3$$

$$\text{s. t.} \begin{cases} y_1 + 2y_2 + y_3 \geqslant 1 \\ 2y_1 + y_2 - y_3 \geqslant 2 \\ 2y_1 + 3y_2 + y_3 \geqslant 3 \\ 3y_1 + 2y_2 - y_3 \geqslant 4 \\ y_1, y_2, y_3 \geqslant 0 \end{cases}$$

由于 $x_3^* = x_4^* = 4 > 0$,则由定理 2.5 可知以上约束方程中第三、四方程为严格等式,即对 Y^* 成立等式:

$$\begin{cases} 2y_1^* + 3y_2^* + y_3^* = 3 \\ 3y_1^* + y_2^* - y_3^* = 4 \end{cases}$$

把 X^* 代入原问题 3 个约束中,可知原问题中第三个约束方程呈严格不等式,由定理 2.5 得 $y_3^* = 0$,解方程组:

$$\begin{cases} 2y_1^* + 3y_2^* = 3 \\ 3y_1^* + 2y_2^* = 4 \end{cases}$$

得:

$$\begin{cases} y_1^* = \dfrac{6}{5} \\ y_2^* = \dfrac{1}{5} \end{cases}$$

最优解为 $Y^* = \left(\dfrac{6}{5}, \dfrac{1}{5}, 0 \right)$, $z^* = w^* = 28$。

2.3 影子价格

由 2.2 节对偶问题的基本性质可知,当线性规划原问题得最优解 X^* 时,其对偶问题也得到最优解 Y^*,代入目标函数后得到式(2.6):

$$z^* = CX^* = Y^* b = y_1^* b_1 + y_2^* b_2 + \cdots + y_m^* b_m = w * \tag{2.6}$$

式中 b_i 是线性规划原问题第 i 个约束条件的右端常数项,其代表第 i 种资源的可用量;对偶变量 y_i^* 的意义代表在资源最优利用条件下对单位第 i 种资源的估价。这种估价不同于资源的市场价格,而是根据其在生产中作出的贡献做出的估价,称为影子价格。

影子价格是在最优决策下对资源的一种估价,通过影子价格可以对系统资源利用情况作出客观评价,从而决定企业的经营策略。资源的影子价格定量地反映了单位资源在最优生产方案中为总收益所作出的贡献。资源的影子价格也可称为在最优方案中投入生产的机会成本。随着资源的买进卖出,其影子价格也将随之发生变化,一直到影子价格与市场价格保持同等水平时,才处于平衡状态。

①资源的市场价格是其客观价值,而影子价格是不能完全确定的,这依赖于资源的利用情况。

②影子价格是一种边际价格。对目标函数(2.6) z 求 b_i 偏导得 $\dfrac{\partial Z^*}{\partial b_i} = Y_i^*$($i = 1, 2, \cdots,$ m)可以看出,若线性规划问题的某个约束条件右端项常数 b_i,增加一个单位时,所引起的目标函数最优值 Z^* 的改变量 y_i^* 称为第 i 个约束条件的影子价格,又称为边际价格。即 y_i^* 表示 Z^* 对 b_i 的变化率,即对偶解是原问题目标函数关于 b_i 的一阶偏导数。由偏导数的意义可知其经济意义为在其他条件不变的情况下,单位资源变化所引起的目标函数最优值的变化,即对偶变量 y_i 就是第 i 个约束的影子价格。

若第 i 种资源的单位市场价格为 m_i,当 $y_i^* > m_i$ 时,企业愿意购进这种资源,单位纯利为 $y_i^* - m_i$,则有利可图;如果 $y_i^* < m_i$,则企业有偿转让这种资源,可获单位纯利 $m_i - y_i^*$,否则,企业无利可图,甚至亏损。

【例2.6】 某公司生产甲、乙两种产品,需要消耗两种原材料 A、B,其中消耗参数见表 2.4,甲、乙两种产品分别为 23 万元、40 万元。问该公司如何安排生产才能使销售利润最大?

表 2.4 生产消耗参数及产品售价

项　目	甲产品	乙产品	每天可供量/t	资源单位成本/万元
A	2	3	25	5
B	1	2	15	10

本问题可通过建立线性规划模型来求解,根据给定的资料,有两种建模方案,建立模型如下。

模型 1:设生产甲、乙两种产品的数量分别为 x_1、x_2;两种原材料 A、B 的使用量分别为 x_3、x_4,则有:

$$\max z = 23x_1 + 40x_2 - 5x_3 - 10x_4$$

$$\text{s. t.} \begin{cases} 2x_1 + 3x_2 - x_3 = 0 \\ x_1 + 2x_2 - x_4 = 0 \\ x_3 \leqslant 25 \\ x_4 \leqslant 15 \\ x_1, x_2, x_3, x_4 \geqslant 0 \end{cases}$$

其最优解为 $X^* = (5,5,25,15)^{\mathrm{T}}$,$Z^* = 40$,对偶解为 $Y^* = (6,11,1,1)^{\mathrm{T}}$。

模型 2:直接计算出目标函数系数的销售利润,建立模型。

设生产甲、乙两种产品的数量分别为 x_1、x_2,则有:

$$\max z = 3x_1 + 5x_2$$

$$\text{s. t.} \begin{cases} 2x_1 + 3x_2 \leqslant 25 \\ x_1 + 2x_2 \leqslant 15 \\ x_1, x_2 \geqslant 0 \end{cases}$$

其最优解为 $X^* = (5,5)^{\mathrm{T}}$,$Z^* = 40$,对偶解为 $Y^* = (1,1)^{\mathrm{T}}$。

①这两个模型在本质上没有什么差别,但求出的对偶解明显不同。在第一个模型中,对偶解为 $Y^* = (6,11,1,1)^{\mathrm{T}}$,而第二个模型中的对偶解为 $Y^* = (1,1)^{\mathrm{T}}$。在模型 1 中,对偶解是真正意义上的影子价格,$y_1 = 6$ 表明,在这个系统中,原材料 A 的真正价值是 6 万元,同该原材料的采购成本 5 万元相比,每增加一个单位的投入可以使企业净增加 1 万元收入,其恰好是第三个约束的对偶解;$y_1 = 11$ 也可以依次进行解释。而模型 2 并不是真正意义上的影子价格。

②模型 1 与模型 2 在结构上是有区别的。模型 1 将生产产品的资源成本和单位产品销售收入一并纳入模型的目标函数,成本因素在目标函数中有显性表现;模型 2 将产品销售收入以生产产品的资源成本事先作出了相减处理,因而目标函数的系数是单位产品的净利润。

③影子价格为正数时,说明该资源在生产中已耗尽,成为短线资源。影子价格为零,说明该资源在生产中未得到充分利用而有剩余,成为长线资源。

④从影子价格的含义上可以预测产品的价格,产品的机会成本为 $C_B B^{-1} A - C$,只有当产品价格定在机会成本上,企业才有利可图。

⑤线性规划问题的求解是确定资源的最优配置方案,对于对偶问题的求解则是对资源的恰当估价,这种估价涉及资源的最有效利用,如作为同类企业经济效益评估指标之一。对于资源影子价格越大的企业,资源利用所带来的收益就越大,经济效益越好。

通过以上结论可知:利用对偶解及影子价格进行经营决策,人们分两种情况进行讨论。

第一种情况,对偶解不是真正意义上的影子价格,其经营决策的原则有 3 项:

a. 某种资源的对偶解大于 0,表明该资源在系统中有获利能力,应该买入该资源;

b. 某种资源的对偶解小于 0,表明该资源在系统中无获利能力,应该卖出该资源;

c. 某种资源的对偶解等于 0,表明该资源在系统中处于平衡状态,既不卖出也不买入该资源。

第二种情况,对偶解等于影子价格,其经营决策的原则也有3项:

a.某种资源的影子价格高于市场价格,表明该资源在系统中有获利能力,应该买入该资源;

b.某种资源的影子价格低于市场价格,表明该资源在系统中没有获利能力,应该卖出该资源;

c.某种资源的影子价格等于市场价格,表明该资源在系统中处于平衡状态,既不卖出也不买入该资源。

2.4 对偶单纯形法

对偶单纯形法是将对偶原理与单纯形法相结合求解线性规划的另一种方法。在这里不能简单理解成求解对偶问题的单纯形法。求解原问题时,可以从原问题的一个基本解(非基本可行解)开始,逐步迭代,使目标函数减少,当迭代到 $X_B = B^{-1}b \geq 0$ 时,即找到了原问题的最优解,这就是对偶单纯形法。

人们已经知道,将单纯形法用于对偶问题的计算时,在对偶问题保持基本可行解的条件下(而原问题为基本非可行解),同原始单纯形法一样,可以通过单纯形法的迭代,最终使目标函数减少,得到对偶问题的最优解 Y^*。对偶单纯形法的基本思路是,保持原问题在有基本可行解的条件下(b 列对应原问题基本可行解,$b \geq 0$),迭代使对偶基本解的负分量的个数减少,当对偶问题解由基本非可行达到基本可行(所有松弛变量的检验数小于等于0)时,两者同时达到最优解。由于对偶问题的对偶是原问题,反之同样成立。对偶单纯形法的流程表述见图2.1。

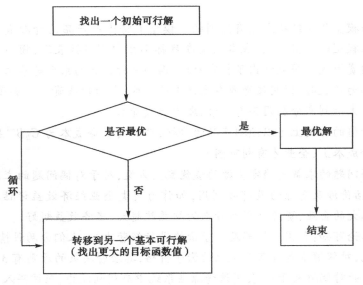

图 2.1

设 X^* 是最大化线性规划问题最优解的充要条件是 X^* 对应的基 B 同时满足

$$\begin{cases} B^{-1}b \geqslant 0 \\ C - C_B B^{-1}A \leqslant 0 \end{cases}$$

因此，单纯形法是保持原问题的解可行，经过迭代，逐步实现对偶问题的解可行，达到求出最优解的过程，即单纯形法的迭代是先保证现行解对原问题可行，即在保证 $B^{-1}b \geqslant 0$ 的前提下，由 $C - C_B B^{-1}A \geqslant 0$ 迭代到 $C - C_B B^{-1}A \leqslant 0$，由于 $Y = C_B B^{-1}$，即 $YA \geqslant C$，说明在原问题取得最优解时，对偶问题同时获得了可行解。

根据对偶问题的对称性，也可以保持对偶问题的解可行，经过迭代，逐步实现原问题的解可行，以求得最优解。对偶单纯形法就是根据这种思想设计的。

因此对偶单纯形是先保证现行解对对偶问题是可行的，即 $C - C_B B^{-1}A \leqslant 0$，由于 $Y = C_B B^{-1}$，即 $YA \geqslant C$。然后从 $B^{-1}b \leqslant 0$ 迭代到 $B^{-1}b \geqslant 0$。

对偶单纯形计算步骤如下：

①根据线性规划问题，列出初始单纯形表。检查检验数，若检验数都为非负，则转到步骤②，否则需要其他方法计算。

②检查 b 列的数字，若都为非负，则已得到最优解，停止计算。若检查 b 列的数字时，至少还有一个负分量，检验数保持非负，则转到步骤③。

③确定换出变量。按 $\min \{ (B^{-1}b)_i \mid (B^{-1}b)_i < 0 \} = (B^{-1}b)_l$ 对应的基变量 X_l 为换出变量。

④确定换入变量。在单纯形表中检查 X_r 所在的行的系数 $a_{ij}(j = 1, 2, \cdots, n)$，若所有的 $a_{ij} \geqslant 0$，则原问题无可行解，停止计算。若存在 $a_{ij} < 0 (j = 1, 2, \cdots, n)$，计算：

$$\theta = \min\{ (C_j - Z_j)/a_{ij} \geqslant 0 \mid a_{ij} < 0 \} = \frac{C_j - Z_j}{a_{ik}}$$

式中，a_{ik} 为主元素，所对应的列变量的非基变量 X_k 为换入变量，以此保证所得到的对偶问题仍是可行解。

⑤以 a_{ik} 为主元素，按单纯形法进行换基迭代，得到新的单纯形表。然后回到步骤②决定是否继续进行迭代。

下面举例说明对偶单纯形法的计算步骤。

【例 2.7】 用对偶单纯形法求解下述问题。

$$\min z = 12x_1 + 16x_2 + 15x_3$$

$$\text{s.t.} \begin{cases} 2x_1 + 4x_2 \geqslant 2 \\ 2x_1 + 5x_3 \geqslant 3 \qquad 2x1 + 4x2 \geqslant 2 \\ x_i \geqslant 0 (i = 1, 2, 3) \end{cases}$$

解：将模型转换为标准型：

$$\max z' = -12x_1 - 16x_2 - 15x_3 + 0x_4 + 0x_5$$

$$\text{s.t.} \begin{cases} -2x_1 - 4x_2 + x_4 = -2 \\ -2x_1 - 5x_3 + x_5 = -3 \\ x_i \geqslant 0 (i = 1, \cdots, 5) \end{cases}$$

由表 2.5 可以看出，检验数行对应的对偶问题是可行的，因 b 列数字为负，故需进行迭代运算。

表2.5　初始对偶单纯形表

$c_j \rightarrow$			-12	-16	-15	0	0
C_B	X_B	b	x_1	x_2	x_3	x_4	x_5
0	x_4	-2	-2	-4	0	1	0
0	x_5	-3	-2	0	$[-5]$	0	1
$c_j - z_j$			-12	-16	-15	0	0
0	x_4	-2	$[-2]$	-4	0	1	0
-15	x_3	$\dfrac{3}{5}$	$\dfrac{2}{5}$	0	1	0	$-\dfrac{1}{5}$
$c_j - z_j$			-6	-16	0	0	-3
-12	x_1	1	1	2	0	$-\dfrac{1}{2}$	0
-15	x_3	$\dfrac{1}{5}$	0	$-\dfrac{4}{5}$	1	$\dfrac{1}{5}$	$-\dfrac{1}{5}$
$c_j - z_j$			0	-4	0	-3	-3

从表2.5可以看出，经过迭代以后当所有的检验数 σ_i 都小于等于零，对偶解可行；常数项中的各数都大于等于零，原问题可行；因此所求解为原问题的最优解。

因为最大化模型的最优解为：$x_1 = 1, x_2 = 0, x_3 = \dfrac{1}{5}, x_4 = 0, x_5 = 0, Z' = -15$；

因此最小化模型的最优解为：$x_1 = 1, x_2 = 0, x_3 = \dfrac{1}{5}, x_4 = 0, x_5 = 0, Z = 15$。

从例2.7中可以看出，用对偶单纯形法求解线性规划问题时，当约束条件为"≥"时，不必引进人工变量，使计算简化。

对偶单纯形法适合解如下形式的线性规划问题：

$$\min w = \sum_{j=1}^{n} c_j x_j (c_j \geq 0)$$

$$\begin{cases} \sum_{j}^{n} a_{ij} x_j \geq b_i (i = 1, 2, \cdots, m) \\ x_j \geq 0 (j = 1, 2, \cdots, n) \end{cases}$$

但在初始单纯形表中其对偶问题应是基可行解这点，对多数线性规划问题很难实现。因此，对偶单纯形法一般不单独使用，而主要应用于灵敏度分析及整数规划等有关章节中。

2.5* 灵敏度分析

灵敏度分析是对系统或事物因周围条件变化而显示出来的敏感程度的分析。在前述线性规划问题中,在既定的条件下通过一定的求解方法得到一个最优解,既定的条件就是线性规划模型中的各常数项 a_{ij}, b_i, c_j,但实际工作中这些系数往往是估计值和预测值。当工艺改进、生产技术提高,会引起 a_{ij} 变化;当资源投入量发生改变时,b_i 也随着发生变化。当市场发生改变时,c_j 也随着变化,当这些常数有一个或几个发生变化时,已求得的线性规划问题的最优解有可能改变。当这些系数在什么范围内变化时,线性规划问题的最优解不发生变化。若系数的变化使最优解发生变化时,如何最简便地求得新的最优解。

灵敏度分析一般是在已得到的线性规划最优解的基础上进行的。假设一个线性规划已求出最优解,现在原始数据中的一个或几个发生变化,人们关心的就是这种变化是否破坏了最优性,如果最优性条件没有破坏,则最优解就会保持不变,如果最优性条件已经破坏,则最优解就会发生改变,这时就要继续迭代,直至求出新的最优解。

通过表 2.6 可知,当 a_{ij}, b_i, c_j 变化时,能引起单纯形表中的一些数据发生变化,下面通过观察表 2.6 来发现其中的关系。

表 2.6　线性规划单纯形表

C			C_B	C_N	0
C_B	X_B	b	X_B	X_N	X_S
C_B	X_B	$B^{-1}b$	I	$B^{-1}N$	B^{-1}
σ		$Z = C_B B^{-1} b$	0	$C_N - C_B B^{-1} N$	$-C_B B^{-1}$

从表 2.6 中以看出:

①a_{ij} 的改变有两种情况,若 a_{ij} 属于 N 中某一非基向量中一个元素,则其改变只会引起检验数的改变;若 a_{ij} 属于 B 中某一非基向量中一个元素,则其改变会引起 B^{-1} 的改变,从而引起检验数 $\sigma = (C_N - C_B B^{-1} N, -C_B B^{-1})$ 和右端常数项的改变。

②b_i 的改变,只能引起 $B^{-1} b$ 变化。

③c_j 的改变只能引起检验数 $\sigma = (C_N - C_B B^{-1} N, -C_B B^{-1})$ 的变化。

这些系数的改变可能会出现表 2.7 中的情况,需要进行处理。

表 2.7

原问题	对偶问题	结论或继续计算的步骤
可行解	可行解	问题的最优解或最优基不变
可行解	非可行解	用单纯形法继续迭代求最优解
非可行解	可行解	用对偶单纯形法继续迭代求最优解
非可行解	非可行解	引进人工变量,编制新的单纯形法表重新计算

2.5.1 目标函数中价值系数 C 的灵敏度分析

目标函数中系数的变化直接影响到检验数的变化,将 c_j 变化直接反映到最终的单纯形表中,只可能出现表 2.7 所示的前两种情况。

【例 2.8】 已知线性规划模型。

$$\max z = 2x_1 + 3x_2$$

$$\text{s. t.} \begin{cases} 2x_1 + 2x_2 \leqslant 12 \\ 4x_1 \leqslant 16 \\ 5x_2 \leqslant 15 \\ x_1, x_2 \geqslant 0 \end{cases}$$

线性规划的最终单纯形表见表 2.8

表 2.8

基	b	x_1	x_2	x_3	x_4	x_5
x_1	3	1	0	$\dfrac{1}{2}$	0	$-\dfrac{1}{5}$
x_4	4	0	0	-2	1	$\dfrac{4}{5}$
x_2	3	0	1	0	0	$\dfrac{1}{5}$
$c_j - z_j$		0	0	1	0	$\dfrac{1}{5}$

若

$$\max z = (2 + \lambda_1)x_1 + (3 + \lambda_2)x_2$$

$$\text{s. t.} \begin{cases} 2x_1 + 2x_2 \leqslant 12 \\ 4x_1 \leqslant 16 \\ 5x_2 \leqslant 15 \\ x_1, x_2 \geqslant 0 \end{cases}$$

试分析 λ_1、λ_2 分别在什么范围变化,线性规划最优解不变?

解:当 $\lambda_2 = 0$ 时,将 λ_1 反映在表 2.9 中。

表 2.9

	基	b	$2 + \lambda_1$	3	0	0	0
			x_1	x_2	x_3	x_4	x_5
$2 + \lambda_1$	x_1	3	1	0	$\dfrac{1}{2}$	0	$-\dfrac{1}{5}$
0	x_4	4	0	0	-2	1	$\dfrac{4}{5}$
3	x_2	3	0	1	0	0	$\dfrac{1}{5}$
$c_j - z_j$			0	0	$-1 - \dfrac{1}{2}\lambda_1$	0	$-\dfrac{1}{5} + \dfrac{1}{5}\lambda_1$

表中最优解的条件是：$-1-\dfrac{1}{2}\lambda_1\le 0$，$-\dfrac{1}{5}+\dfrac{1}{5}\lambda_1\le 0$，推导得 $-2\le\lambda_1\le 1$ 时满足上述要求。

当 $\lambda_1=0$ 时，再将 λ_2 反映在表 2.10 中。

表 2.10

			2	$3+\lambda_2$	0	0	0
	基	b	x_1	x_2	x_3	x_4	x_5
2	x_1	3	1	0	$\dfrac{1}{2}$	0	$-\dfrac{1}{5}$
0	x_4	4	0	0	-2	1	$\dfrac{4}{5}$
$3+\lambda_2$	x_2	3	0	1	0	0	$\dfrac{1}{5}$
c_j-z_j			0	0	-1	0	$-\dfrac{1}{5}-\dfrac{1}{5}\lambda_2$

为使表中解仍然为最优解，则 $-\dfrac{1}{5}-\dfrac{1}{5}\lambda_2\le 0$，得 $-1\le\lambda_2\le\infty$。

2.5.2 资源约束量 b 的灵敏度分析

右端项 b_i 在实际问题中反映为可用资源数量的变化。会引起单纯形表中 $B^{-1}b$ 和 $Z=C_BB^{-1}b$ 的改变。一旦 $B^{-1}b$ 中出现负值，则解的最优性将会受到破坏。因此灵敏度的分析步骤为：

①将改变量加到基变量列的数字上。

②由于其对偶问题仍为可行解，故只需要检查原问题是否仍为可行解后按表 2.7 结论进行。

若
$$\max z = 2x_1 + 3x_2$$
$$\text{s. t.}\begin{cases}2x_1+2x_2\le 12+\lambda_1\\4x_1\le 16+\lambda_2\\5x_2\le 15+\lambda_3\\x_1,x_2\ge 0\end{cases}$$

试分析 $\lambda_1,\lambda_2,\lambda_3$ 分别在什么范围内变化，线性规划最优解不变？

解：先分析 λ_1 的变化，有：

$$\Delta b^* = B^{-1}\Delta b = \begin{bmatrix}\dfrac{1}{2}&0&-\dfrac{1}{5}\\-2&1&\dfrac{4}{5}\\0&0&\dfrac{1}{5}\end{bmatrix}\begin{bmatrix}\lambda_1\\0\\0\end{bmatrix}=\begin{bmatrix}\dfrac{1}{2}\lambda_1\\-2\lambda_1\\0\end{bmatrix}$$

使最优解不变的条件是：

$$b^* + \Delta b^* = \begin{bmatrix} 3 + \dfrac{1}{2}\lambda_1 \\ 4 - 2\lambda_1 \\ 3 \end{bmatrix} \geq 0$$

则 $3 + \dfrac{1}{2}\lambda_1 \geq 0, 4 - 2\lambda_1 \geq 0$，得 $-6 \leq \lambda_1 \leq 2$。

同理：

$$\begin{bmatrix} 3 \\ 4 + 2\lambda_2 \\ 3 \end{bmatrix} \geq 0$$

推得 $-4 \leq \lambda_2 \leq \infty$。

$$\begin{bmatrix} 3 - \dfrac{1}{5}\lambda_3 \\ 4 + \dfrac{4}{5}\lambda_3 \\ 3 + \dfrac{1}{5}\lambda_3 \end{bmatrix} \geq 0$$

推得 $-5 \leq \lambda_3 \leq 15$。

2.5.3　添加新约束的灵敏度分析

在实际生产中，当出现新的资源限制时，反映到线性规划模型中为增加新的约束条件，这时的解决方法就是将已得到的最优解代入新增加的约束条件中，如果满足新约束，则最优解不发生改变，如果不能满足新约束，将新约束加入原问题的最优单纯形表中，用单纯形法继续找最优解。

【例 2.9】　已知某企业计划生产 3 种产品 A，B，C，其资源消耗与利润见表 2.11。

表 2.11　某企业产品生产的资源消耗与利润

单位：t

产品名	A	B	C	资源量
甲	1	1	1	12
乙	1	2	2	20
利润/万元	5	8	6	

问：如何安排产品生产，可获得最大利润？

解：设 3 种产品的产量分别为 x_1, x_2, x_3。其数学模型的标准型为：

$$\max z = 5x_1 + 8x_2 + 6x_3$$

$$\text{s. t.} \begin{cases} x_1 + x_2 + x_3 + x_4 = 12 \\ x_1 + 2x_2 + 2x_3 + x_5 = 20 \\ x_1, x_2, x_3, x_4, x_5 \geq 0 \end{cases}$$

经过计算得最优单纯形表，见表 2.12。

表 2.12

	X_B	b	5 x_1	8 x_2	6 x_3	0 x_4	0 x_5
5	x_4	4	1	0	0	2	-1
8	x_5	8	0	1	1	-1	1
$-Z$		-84	0	0	-2	-2	-3

假设电力供应紧张,若电力供应最多为 13 单位,而生产产品 A,B,C 每单位需电力分别为 2,1,3 个单位,问该公司生产方案是否需要改变?

解: 由于该约束条件为 $2x_1 + x_2 + 3x_3 \leqslant 13$,所以将原问题的最优解 $x_1 = 4, x_2 = 8, x_3 = 0$ 代入电力约束条件 $2x_1 + x_2 + 3x_3 \leqslant 13$。因为 $4 \times 2 + 8 = 16 > 13$,故原问题最优解已经不是新约束条件下的最优解,即生产方案发生了改变。在电力约束条件中加入松弛变量 x_6,得:

$$2x_1 + x_2 + 3x_3 + x_6 = 13$$

以 x_6 为基变量,将上式反映到最终单纯形表中得到表 2.13。

表 2.13　增加新约束后的计算表

X_B	b	5 x_1	8 x_2	6 x_3	0 x_4	0 x_5	0 x_6
x_1	4	1	0	0	2	-1	0
x_2	8	0	1	1	-1	1	0
x_6	13	2	1	3	0	0	1
-84		0	0	-2	-2	-3	0	-5

在表 2.13 中,x_1, x_2, x_6 为基变量,因此所对应的列向量应变为单位向量,经计算得表 2.14。

表 2.14　增加新约束后的单纯形表

	X_B	b	5 x_1	8 x_2	6 x_3	0 x_4	0 x_5	0 x_6
5	x_1	4	1	0	0	2	-1	0
8	x_2	8	0	1	1	-1	1	0
0	x_6	-3	0	0	2	$[-3]$	1	1
$-Z$		-84	0	0	-2	-2	-3	0

利用对偶单纯形法得表 2.15。

表 2.15　增加新约束后的最优单纯形表

	X_B	b	5 x_1	8 x_2	6 x_3	0 x_4	0 x_5	0 x_6
5	x_1	2	1	0	$\frac{4}{3}$	2	$-\frac{1}{3}$	$\frac{2}{3}$
8	x_2	9	0	1	$\frac{1}{3}$	0	$\frac{2}{3}$	$-\frac{1}{3}$
0	x_4	1	0	0	$-\frac{2}{3}$	1	$-\frac{1}{3}$	$-\frac{1}{3}$
$-Z$		-82	0	0	$-\frac{10}{3}$	0	$-\frac{11}{3}$	$-\frac{2}{3}$

故增加电力约束后,最优生产方案为生产 A 产品 2 件,生产 B 产品 9 件。目标函数最优值为 82。

2.5.4　添加新变量的灵敏度分析

增加一个变量在实际生产中反映为增加一种新产品。已知原有最优生产计划,在原有基础上,怎样最方便地决定该产品是否值得投入生产。可以通过在原线性规划中引入新的变量解决,但无论增加什么样的新变量,新问题的目标函数只能向好的方向变化。

增加一个变量的分析步骤如下:

①计算 $\sigma'_j = c_j - z_j = c_j - \sum_{i=1}^{m} a_{ij} y_i^*$

② 计算 $P'_j = \boldsymbol{B}^{-1} P_j$

③若 $\sigma'_j \leqslant 0$,原最优解不变,只需要将计算得到的 P'_j 和 σ'_j 直接写入最终单纯形表中;若 $\sigma'_j > 0$,则在单纯形表中继续迭代找最优解。

在例 2.9 中,若新开发出新产品 D,生产该单位产品需要消耗原材料甲 3 个单位,消耗原材料乙 2 个单位,可得利润 10。投产产品 D 是否有利?

解:设生成产品 D 的产量为 x_6,根据已知条件可列出下式:

$$\boldsymbol{P}'_6 = \boldsymbol{B}^{-1} P_6 = \begin{bmatrix} 2 & -1 \\ -1 & 1 \end{bmatrix} \begin{bmatrix} 3 \\ 2 \end{bmatrix} = \begin{bmatrix} 4 \\ -1 \end{bmatrix}$$

同时该列的检验数为:

$$\sigma_6 = c_6 - \boldsymbol{C}_B \boldsymbol{B}^{-1} P_6 = 10 - (5,8) \begin{bmatrix} 2 & -1 \\ -1 & 1 \end{bmatrix} \begin{bmatrix} 3 \\ 2 \end{bmatrix} = 10 - 12 = -2 \leqslant 0$$

①由于检验数小于等于 0,所以最优生产方案不变,不生产产品 D,即投产产品 D 无利。在单纯形表中是基变量,因此只有变量 x_6 对应的检验数 σ_6 大于 0 时,x_6 才能进基,即当 $\sigma_6 = c_6 - \boldsymbol{C}_B \boldsymbol{B}^{-1} P_6 = c_6 - 12 > 0$ 时,产品 D 才能生产,这是解得 $c_6 > 12$,即当 $c_6 > 12$ 时,投产产品 D 才有利。

②当 $c_6 = 15$ 时,$\sigma_6 = c_6 - 12 = 3$,$\boldsymbol{P}'_6 = \begin{bmatrix} 4 \\ -1 \end{bmatrix}$,得新的单纯形表 2.16。

表 2. 16

	X_B	b	5 x_1	8 x_2	6 x_3	0 x_4	0 x_5	15 x_6
5	x_1	4	1	0	0	2	-1	$[\,-4\,]$
8	x_2	8	0	1	1	-1	1	-1
	$-Z$	-84	0	0	-2	-2	-3	3

利用单纯形法可解得最优单纯形表 2. 17。

表 2. 17

	X_B	b	5 x_1	8 x_2	6 x_3	0 x_4	0 x_5	15 x_6
15	x_6	1	$\dfrac{1}{4}$	0	0	$-\dfrac{1}{2}$	$-\dfrac{1}{4}$	1
8	x_2	9	$\dfrac{1}{4}$	1	1	$-\dfrac{1}{2}$	$\dfrac{3}{4}$	0
	$-Z$	-87	$-\dfrac{3}{4}$	0	-2	$-\dfrac{7}{2}$	$-\dfrac{9}{4}$	0

当单位产品 D 的利润为 15 时,这时最优生产方案为生产 B 产品 9 件,生产 D 产品 1 件。目标函数最优值为 87。

2.5.5 技术系数 a_{ij} 的改变

企业的工艺改进,设备更新等提高,都可能引起技术系数 a_{ij} 的改变,在前面提到技术系数变化的几种情况,可见比起前面几个系数的灵敏度分析技术系数的分析要复杂得多,在此,仅对以下两类情况进行讨论。

(1)非基变量 x_j 的工艺发生改变

当非基数变量 x_j 的系数 P_j 改变 Δp_j 时,即:

$$p_j' = P_j + \Delta p_j$$

P_j 的变化不会改变 $\boldsymbol{B}^{-1}$,这时只影响最终单纯形表第 j 列数据的第 j 个检验数 σ_j,即:

$$\sigma_j' = c_j - C_B\boldsymbol{B}^{-1}P_j' = c_j - C_B\boldsymbol{B}^{-1}(P_j + \Delta P_j)$$
$$= \sigma_j - C_B\boldsymbol{B}^{-1}\Delta P_j$$

而新的检验数为 $\sigma_j' = \sigma_j - C_B\boldsymbol{B}^{-1}P_j'$。要使最优方案不变,应有 $\sigma_j - C_B\boldsymbol{B}^{-1}\Delta P_j \leqslant 0$;若 $\sigma_j - C_B\boldsymbol{B}^{-1}\Delta P_j > 0$,这时应在原最终表的基础上,换上改变后 x_j 入基,用单纯形法继续迭代即可。

(2)基变量 x_j 的工艺发生改变

当基变量 x_j 的系数 P_j 改变为 P_j' 时,这时 P_j 的变化会使 $\boldsymbol{B}^{-1}$ 也发生改变,所以最终单纯形表中最优解的可行性及检验数都可能发生变化。当 $\boldsymbol{B}^{-1}$ 变化使检验数 σ' 或 $\boldsymbol{B}^{-1}b$ 中只有一个不满足最优性判别时,可以利用单纯形法或对偶单纯形法进行求解。

2.6　利用 Excel 进行灵敏度分析

对于整个运筹学来说,线性规划是形成最早、最成熟的一个分支,是优化理论最基础的部分,也是运筹学核心的内容之一。它是应用分析、量化的方法,在一定的约束条件下,对管理系统中的有限资源进行统筹规划,为决策者提供最优方案,以便产生最大的经济和社会效益。

前面章节就线性规划中常数项的变化对规划模型所产生的影响分别进行了讨论,这些讨论对于规划模型的应用和最优解的正确使用具有指导性作用。

在线性规划的实际问题应用中,不仅可以使用软件对其进行求解,而且可以使用软件对其灵敏度进行分析。在 Excel 的规划求解命令中也同样具有这种功能。

在 Excel 界面中建立了线性规划模型并用规划求解命令求解模型后,就会出现一个规划求解结果对话框,如图 2.2 所示。在对话框中除了告知得到问题的一个最优解之外,还有一个报告框,其中有一项为敏感性报告,就是报告灵敏度分析的结果,选中此项并单击"确定"按钮就会出现敏感性报告。

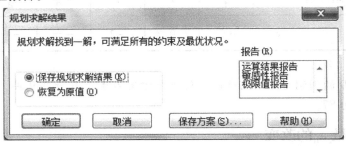

图 2.2

仍然以第 1 章 1.5 节的例子 1.11 为例,结合图 1.21—图 1.24,得到规划求解的敏感性报告,如图 2.3 所示。在这个敏感性报告中分为上、下两部分,上半部分中后面的 3 项分别是目标函数系数、允许的增量和允许的减量,从而给出了目标函数系数允许的变化范围;在下半部分中的后 3 项分别是约束限制常数、允许的增量和允许的减量,从而也给出了约束右端常数项的允许变化范围。

在这个敏感性报告中除了给出目标函数系数和约束条件右端常数的允许变化范围之外,还有一个很重要的信息——影子价格。影子价格就是线性规划模型中某个约束的右端常数项增加(或减少)一个单位而导致的目标函数值的增量(或减量)。此处应当注意的是,影子价格只有在约束右端常数允许的范围内才有效;影子价格不为零的资源是瓶颈资源,此种资源已经耗尽,而影子价格为零的资源为富余资源。在图 2.2 所示的敏感性报告中,第一个约束木工工时的影子价格是 5,说明增加一个木工工时,桌子和椅子的销售值就会增加 5。影子价格对于资源的购买或使用决策具有非常重要的参考价值,当资源的实际市场价格低于影子价格时,可以适当购进该种资源以增加收益,当该资源的市场价格高于影子价格时可以适当出售资源。

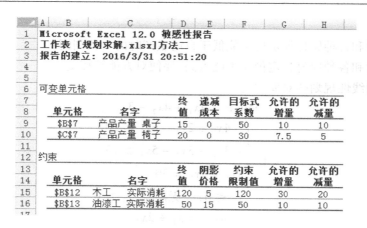

图2.3

习题2

1. 某工厂在计划期内安排生产Ⅰ、Ⅱ两种产品,已知资料见表2.18,问应如何安排生产计划使得既能充分利用现有资源又使总利润最大?

表2.18　生产资料

原材料 \ 耗量 \ 产品	Ⅰ	Ⅱ	资源总量
原材料 A	2	3	24
原材料 B	3	4	30
设备工时/h	5	2	26
利润/元	4	3	

假设 x_1、x_2 分别表示在计划期内生产产品Ⅰ、Ⅱ的件数,其数学模型为:

$$\max z = 4x_1 + 3x_2$$

$$\text{s. t.} \begin{cases} 2x_1 + 3x_2 \leqslant 24(\text{材料约束 A}) \\ 3x_1 + 4x_2 \leqslant 30(\text{材料约束 B}) \\ 5x_1 + 2x_2 \leqslant 26(\text{工时约束}) \\ x_1, x_2 \geqslant 0 \end{cases}$$

现从另一角度考虑此问题,假设有客户提出要求,租赁工厂的设备工时和购买工厂的原材料,为其加工生产别的产品,由客户支付工时费和材料费,此时工厂应考虑如何为工时和原材料定价,同时使其获得的利润最大?

分析问题:

①设备工时和各种原材料定价不能低于自己生产时的可获利润。

②设备工时和各种原材料定价又不能太高,要使对方能够接受。

2. 写出下列线性规划的对偶问题。

(1)

$$\min z = 7x_1 + 4x_2 - 3x_3$$

$$\text{s. t.} \begin{cases} -4x_1 + 2x_2 - 6x_3 \leqslant 20 \\ -3x_1 - 3x_2 - 5x_3 \geqslant 13 \\ 5x_2 + 3x_3 = 30 \\ x_1 \leqslant 0, x_2 \text{ 无限制}, x_3 \geqslant 0 \end{cases}$$

(2)

$$\max z = x_1 + 2x_2$$

$$\text{s. t.} \begin{cases} 2x_1 - 3x_2 \leqslant 6 \\ x_1 + 2x_2 \leqslant 13 \\ x_1 \geqslant 0, x_2 \geqslant 0 \end{cases}$$

3. 已知线性规划问题。

$$\max z = 6x_1 + 14x_2 + 13x_3$$

$$\text{s. t.} \begin{cases} \dfrac{1}{2}x_1 + 2x_2 + x_3 \leqslant 24 \\ x_1 + 2x_2 + 4x_3 \leqslant 60 \\ x_1, x_2, x_3 \geqslant 0 \end{cases}$$

①用单纯形法求解该线性规划问题。

②试根据弱对偶性质求出对偶问题的最优解。

4. 用对偶单纯形法求解线性规划问题。

(1)

$$\min z = 4x_1 + 12x_2 + 18x_3$$

$$\text{s. t.} \begin{cases} x_1 + 3x_3 \geqslant 3 \\ 2x_2 + 2x_3 \geqslant 5 \\ x_1, x_2, x_3 \geqslant 0 \end{cases}$$

(2)

$$\max z = 60x_1 + 50x_2$$

$$\text{s. t.} \begin{cases} x_1 + 2x_2 \leqslant 40 \\ -2x_1 + x_2 \leqslant 6 \\ x_1 + x_2 \leqslant 25 \\ x_1 \geqslant 0, x_2 \geqslant 0 \end{cases}$$

5. 已知线性规划问题。

$$\max z = -5x_1 + 5x_2 + 13x_3$$

$$\text{s. t.} \begin{cases} -x_1 + x_2 + 3x_3 \leqslant 20 \\ 12x_1 + 4x_2 + 10x_3 \leqslant 90 \\ x_1, x_2, x_3 \geqslant 0 \end{cases}$$

用单纯形法求其最优解,最后分析在下列条件下,最优解分别有什么变化?

①第一个约束条件右端的常数项由 20 变为 30。

②第二个约束条件右端的常数项由 90 变为 70。

③目标函数中 x_3 的系数由 13 变为 8。

④x_1 的系数列向量由 $(-1,12)^T$,变为 $(0,5)^T$。

⑤增加一个约束条件 $2x_1 + 3x_2 + 5x_3 \leqslant 50$。

6.某厂准备生产 A,B,C 3 种产品,它们都消耗劳动力和材料,有关数据见表 2.19。

表 2.19

资源＼产品	A	B	C	拥有量/单位
劳动力	6	3	5	45
材料	3	4	5	30
单位产品利润/元	3	1	4	

①确定获利最大的产品生产计划。

②产品 A 的利润在什么范围内变动时,上述最优计划不变。

③如果设计一种新产品 D,单位劳动力消耗为 8 个单位,材料消耗为 2 个单位,每件可获利 3 元,问该种产品是否值得生产?

7.某厂生产Ⅰ,Ⅱ,Ⅲ 3 种产品,分别经过 A,B,C 3 种设备加工。生产单位各种产品所需的设备台时、设备的现有加工能力及每件产品的预期利润见表 2.20。

表 2.20

设备＼产品	Ⅰ	Ⅱ	Ⅲ	设备能力/台时
A	1	1	1	100
B	10	4	5	600
C	2	2	6	300
单位产品利润/元	10	6	4	

8.已知线性规划问题。

$$\max z = 4x_1 + x_2 + 2x_3$$

$$\text{s. t.} \begin{cases} 8x_1 + 3x_2 + x_3 \leqslant 2 \\ 6x_1 + x_2 + x_3 \leqslant 8 \\ x_1, x_2, x_3 \geqslant 0 \end{cases}$$

①求原问题和对偶问题的最优解。

②在不改变最优基的条件下,确定 x_1、x_3 的目标函数系数的变化范围。

③在不改变最优基的条件下,确定右边常数项系数 b_1、b_2 的变化范围。

9.某厂用原料甲、乙生产4种产品A,B,C,D,各产品单位消耗及参数见表2.21。

①求总收入最大的生产方案。

②当最优生产方案不变时,分别求出产品A和产品C单价的变化范围。

③当原材料甲的限额变为27 kg时,求调整后的生产方案。

④考虑新产品E。每万件耗原材料甲2 kg、乙1 kg,问产品E的单价为多少投产才能获利？若E的单价每万件18万元,求E投产后的方案。

⑤若产品生产过程中加入新原材料丙,其各产品的单位消耗量及限量见表2.22,问应如何组织生产？

表2.21

产品 原材料	A	B	C	D	限额(kg)
甲	3	2	10	4	18
乙	0	0	2	$\frac{1}{2}$	3
单价(万元/万件)	9	8	50	19	

表2.22

产 品	A	B	C	D	限额(kg)
单位消耗(kg)	4	3	4	2	7

第 3 章

运 输 问 题

运输问题是一种特殊的线性规划问题。由于其在现实生活中广泛存在且可以采用特殊的方法求解,所以将其作为单独的一章来介绍。

3.1 运输问题的数学模型

在经济管理及工程实践中,常涉及物资调拨、土方调运及其他类似的运输问题。一般来说,可以对一类产销平衡运输问题作出如下描述:

某种产品有 m 个产地和 n 个销地,设产地 A_i 的产量为 a_i ($i = 1,2,\cdots,m$),销地 B_j 的销量为 b_j ($j = 1,2,\cdots,n$),从 A_i 运送单位产品到 B_j 的运价为 c_{ij} 。问在总产量等于总销量的前提下,应如何定制调运方案,才能既满足需要,又能使总的运输费用达到最小?

设:从产地 A_i 运往销地 B_j 的产品量为 x_{ij} ,由于 $\sum\limits_{i=1}^{m} a_i = \sum\limits_{j=1}^{n} b_j$,则平衡运输问题的数学模型为:

$$\min z = \sum_{i=1}^{m} \sum_{j=1}^{n} c_{ij} x_{ij}$$

$$\begin{cases} \sum\limits_{j=1}^{n} x_{ij} = a_i (i = 1,2,\cdots,m) \\ \sum\limits_{i=1}^{m} x_{ij} = b_j (j = 1,2,\cdots,n) \\ x_{ij} \geq 0 \end{cases}$$

而在实际问题中,常常出现的另一类情况是各个产地的总产量大于或小于各地的总销量,即 $\sum\limits_{i=1}^{m} a_i > \sum\limits_{j=1}^{n} b_j$ 或 $\sum\limits_{i=1}^{m} a_i < \sum\limits_{j=1}^{n} b_j$,称这类问题为产销不平衡运输问题。由于不平衡运输问题可以通过简单的技术处理化为平衡运输问题来讨论,所以将产销平衡运输问题作为运输问题的标准形式。

考虑平衡运输问题的数学模型,其是一个具有 mn 个变量,$m+n$ 个约束方程的线性规划问题,其中所有 c_{ij},a_i,b_j 皆大于等于零。如果对这类问题采用单纯形方法求解,则需要引进 $m+n$ 个人工变量,使问题的变量数增加到 $(mn+m+n)$ 个之多,即使 $m=3$、$n=4$ 这样简单的问题,变量个数就有 19 个之多,占用计算机的存贮量过大,计算工作量十分烦琐,因此最好能另辟蹊径求解。

现在先分析一下平衡运输问题的具体特点。由于产销平衡有 $\sum\limits_{i=1}^{m} a_i = \sum\limits_{j=1}^{n} b_j$,所以问题的前 m 个约束方程两端分别相加之和恰好等于后 n 个方程两端分别相加之和,独立的方程个数只有 $m+n-1$ 个。换句话说,在寻求基本最优解的过程中,每步迭代需要确定取值的基变量个数仅有 $m+n-1$ 个。进一步来说,研究问题的结构系数矩阵,其主要约束方程组如下:

$$\begin{cases} x_{11} + x_{12} + \cdots + x_{1n} = a_1 \\ x_{21} + x_{22} + \cdots + x_{2n} = a_2 \\ x_{m1} + x_{m2} + \cdots + x_{mn} = a_m \\ x_{11} + x_{21} + \cdots + x_{m1} = b_1 \\ x_{12} + x_{22} + \cdots + x_{m2} = b_2 \\ x_{1n} + x_{2n} + \cdots + x_{mn} = b_n \end{cases}$$

其结构系数矩阵如下:

$$\begin{array}{c} x_{11}, \quad \cdots, \quad x_{1n}, x_{21}, \quad \cdots, \quad x_{2n}, \cdots, \quad x_{m1}, \cdots, \quad x_{mn} \\ A = \begin{bmatrix} 1 & \cdots & 1 & 0 & \cdots & 0 & \cdots & 0 & \cdots & 0 \\ 0 & \cdots & 0 & 1 & \cdots & 1 & \cdots & 0 & \cdots & 0 \\ \vdots & & \vdots & \vdots & & \vdots & & \vdots & & \vdots \\ 0 & \cdots & 0 & 0 & \cdots & 0 & \cdots & 1 & \cdots & 1 \\ 1 & \cdots & 0 & 1 & \cdots & 0 & \cdots & 1 & \cdots & 0 \\ \vdots & & \vdots & \vdots & & \vdots & & \vdots & & \vdots \\ 0 & \cdots & 1 & 0 & \cdots & 1 & \cdots & 0 & \cdots & 1 \end{bmatrix} \end{array}$$

易见其结构系数矩阵中不为零的元素分布非常稀疏并具有如下特点:①在该矩阵中,其元素均等于 0 或 1;②每列只有两个元素为 +1,其余元素皆为零,这就是说,在基变换过程中,计算工作必然非常简单。由于平衡运输问题的系数矩阵具有以上两个特点,因此在单纯形法的基础上,提出求解此类问题的特殊方法,称之为表上作业法。

根据线性代数相关知识可以证明矩阵 A 的秩恰好等于 $m+n-1$,方程组中 $m+n$ 个方程中的任意 $m+n-1$ 个方程的系数向量都是线性无关的。因此在运输问题中解的基变量个数应由 $m+n-1$ 个变量组成(即基变量个数 = 产地个数 + 销地个数 -1)。

定理 3.1 设有 m 个产地 n 个销地且产销平衡的运输问题,则基变量个数为 $m+n-1$。

由定理 3.1 使我们进一步想到,怎样的 $m+n-1$ 个变量会构成一组基变量? 为此现引入一些基本概念,通过对这些概念的分析,结合单纯形算法的基本结果,便可得到想要的结论。

定义 3.1 称集合 $\{x_{i_1j_1}, x_{i_1j_2}, x_{i_2j_2}, x_{i_2j_3}, \cdots, x_{i_sj_s}, x_{i_sj_1}\}$ (其中 $i_1, i_2, \cdots, i_s; j_1, j_2, \cdots, j_s$ 互不相同) 为一个闭回路,集合中的变量称为回路的顶点,相邻两个变量的连线为闭回路的边。

简单地说闭回路就是指从某个变量出发,沿水平或竖直方向前进,遇到另一个适当的变量则垂直转向继续前进,然后再遇到一个适当变量又垂直转向继续前进,……当经过若干次前进和转向以后,又回到了原来的出发点。称这样走过的一条由水平和竖直直线段所组成的封闭折线为闭回路。

例如,表中闭回路的变量集合是 $\{x_{11}, x_{12}, x_{42}, x_{43}, x_{23}, x_{25}, x_{35}, x_{31}\}$ 共有 8 个顶点,这 8 个顶点间用水平或垂直线段连接起来,组成一条封闭的回路。

	B_1	B_2	B_3	B_4	B_5
A_1	x_{11}	x_{12}			
A_2			x_{23}		x_{25}
A_3	x_{31}				x_{35}
A_4		x_{42}	x_{43}		

一条闭回路中的顶点数一定是偶数,回路遇到顶点必须转 $90°$ 与另一顶点连接,表中的变量 x_{32} 及 x_{33} 不是闭回路的顶点,只是连线的交点。

定理 3.2 $m+n-1$ 个变量 $\{x_{i_1j_1}, x_{i_1j_2}, x_{i_2j_2}, x_{i_2j_3}, \cdots, x_{i_sj_s}, x_{i_sj_1}\}$ ($s=m+n-1$) 构成基变量的充分必要条件是其不包含有任何闭回路。

定理 3.2 给出了运输问题基的一个重要特征,利用它可以判断 $m+n-1$ 个变量是否构成基变量,它比直接判断这些变量所对应的系数列向量组是否线性无关要简单和直观。另外,利用基的这个特征可以导出运输问题的基本可行解。因此此定理非常重要。

3.2 表上作业法

表上作业法是一种求解运输问题的特殊方法,是单纯形法在求解运输问题时的一种简化方法,其实质是单纯形法。只是具体计算和术语有所不同,现归纳如下:

①找出初始基行可行解,即在 $(m \times n)$ 个产销平衡表上给出 $m+n-1$ 个有数字的格,这些有数字的格不能构成闭回路,且行和等于产量,列和等于销量。

②求各非基变量的检验数,即在表上计算空格处的检验数,若所有非基变量的检验数 $\lambda_{ij} \geq 0$,则相应的调运方案已为基本最优解,若还有某个(或某些)非基变量的检验数 $\lambda_{ij} < 0$,则相应的调运方案仍未达最优。判别是否达到最优解,如果达到最优解,则停止计算,否则转入下一步。

③确定换入变量和换出变量,找出新的基可行解,在表上用闭回路法进行方案调整。

④重复第②、③步,直到找到最优解为止。

上面这些步骤都可以在表上操作完成,下面通过例子给出表上作业法的具体计算步骤。

3.2.1　初始调运方案的确定

初始调运方案的确定即确定初始基本可行解,方法很多,这里只介绍其中常见的两种方法:最小元素法和付格尔法。

由于平衡运输问题的结构系数矩阵中不为零的元素分布非常稀疏,所以可以将其主要约束方程采用紧缩形式填入同一张表格,见表3.1。

表3.1　平衡运输问题的主要约束方程组

x_{11}	x_{12}	$\cdots x_{1n}$	a_1
x_{21}	x_{22}	$\cdots x_{2n}$	a_2
$\vdots$	$\vdots$	$\vdots$	$\vdots$
x_{m1}	x_{m2}	$\cdots x_{mn}$	a_m
b_1	b_2	$\cdots b_m$	

表中每一横行和每一竖列都分别代表一个约束方程,每一个变量都同时出现在两个约束方程之中,省略的只是加号和等号。只需要在表3.1的 mn 个变量中确定 $m+n-1$ 个变量的取值,而让其余的变量统统取零值,这就满足了基本可行解对基本变量个数的要求。这 $m+n-1$ 个变量在表中应按照定理3.2的原则去确定。

(1)最小元素法

最小元素法的基本思想就是就近供应,即从单位运价表中最小的运价开始确定产销关系,依次类推,直到确定出初始方案为止。由最小元素法所决定的初始调运方案,实则是平衡运输问题的一个基本可行解,为叙述方便,现结合一个具体题目来介绍。

【例3.1】　某种物资有 A_1,A_2,A_3 3 个原产地,产量分别为20 t,30 t,40 t,有 B_1,B_2,B_3,B_4 4 个销售地,销量分别为25 t,25 t,20 t,20 t。从产地 A_i 运输产品到销售地 B_j 的单位运价见表3.2。须将产品按销量全部运到销售地且使总运费达到最小。试编制初始调运方案。

表3.2　单位运价表

单位:万元/t

销地 产地	B_1	B_2	B_3	B_4
A_1	7	2	8	3
A_2	9	6	4	5
A_3	13	7	5	6

解:将各产地的产量及各销地的销量填入表3.3。

表 3.3　产销平衡表

销地＼产地	B_1	B_2	B_3	B_4	产量 a_i/t
A_1					20
A_2					30
A_3					40
销量 b_j/t	25	25	20	20	

称表 3.3 为产销平衡表，表中有 $mn = 3 \times 4 = 12$ 个空格，每个空格对于问题的一个变量，所以产销平衡表实际代表了问题的 $m+n$ 个约束方程。不过在计算过程中并不将变量在表上标出，而仅在相应的空格处填上 $m+n-1$ 个基变量的取值，这样，不填数字的格子就对应着非基变量。事实上，产销平衡表就是运输问题的计算表。

最小元素法有着一个直接的思路，即运费少的优先安排运输。

第一步，从单位运价表上看，$c_{12} = 2$ 是最小运价，所以首先确定 x_{12} 的取值。在产销平衡表中，x_{12} 居于第一行第二列，即同时出现两个约束方程之中。按照单纯行法的最小比值法则，可以确定其取值 $x_{12} = \min\{a_1, b_2\} = a_1 = 20$，将其填入相应的空格中。这表示先将 A_1 产地的产品供应 B_2。由于 A_1 的产量是 20 t，而 B_2 的销量是 25 t，所以 A_1 不能满足 B_2 的需求，B_2 还需从别的产地引进产品 5 t。因此在产销平衡表（A_1，B_2）交叉处填写上 20，表示将 A_1 产地的产品调运 20 t 供应给 B_2。再从单位运价表中将 A_1 这一行划去，表示 A_1 的产品已经分配完毕，没有产品供应给其他销地。

第二步，查找剩余的单位运价表所对应的最小运价，$c_{23} = 4$ 最小。按照最小值法则，在 x_{23} 所对应的格子里填上数字 $\min\{a_2, b_3\} = 20$。表示 A_2 的产量是 30 t，B_3 的销量只有 20 t，即 A_2 除了能满足 B_3 的需求外还剩余 10 t 产品，因此在产销平衡表（A_2，B_3）处填写 20，表示 A_2 调运 20 t 产品给 B_3，再从单位运价表中将 B_3 这一列划去，表示 B_3 的需求已经满足，不需要继续调运。

第二步计算结束，其计算过程记录在表 3.5，……，继续重复以上的作法。

由于产销平衡表上共有 $m+n$ 个列和行，每填一个数字就有一行或一列被划掉，当填入 $(m-1) + (n-1) = m+n-2$ 个数字以后，产销平衡表上必然只剩下最后一个空格及相应行和列的限定系数。由于 $\sum\limits_{i=1}^{m} a_i = \sum\limits_{j=1}^{n} b_j$，所以这个最后两个限定系数必然相等，设等于 k，在此空格中填上数字 k，同时将这两个限定系数划掉，于是就完成了初始方案编制，计算结果见表 3.6。

表 3.4

销地＼产地	B_1	B_2	B_3	B_4	a_i
A_1		20			20
A_2					30

续表

产地 ＼ 销地	B₁	B₂	B₃	B₄	a_i
A₃					40
b_j	25	25　5	20	20	

表 3.5

产地 ＼ 销地	B₁	B₂	B₃	B₄	a_i
A₁		20			
A₂			20		30　10
A₃					40
b_j	25	5	20	20	

表 3.6

产地 ＼ 销地	B₁	B₂	B₃	B₄	a_i
A₁		20			20
A₂			20	10	30
A₃	25	5		10	40
b_j	25	25	20	20	

易见遵循以上的计算方法,表中填有数字的格子必然不构成闭回路,满足定理 3.2 的充要条件。初始调运方案必为运输问题的一个基本可行解,填数字的格子对于基变量,未填数字的格子则对应着非基变量。检查表 3.6,产销已经平衡,得到的初始调运方案:

$x_{12} = 20, x_{23} = 20, x_{24} = 10, x_{31} = 25, x_{32} = 5, x_{34} = 10$,其余的变量都等于 0,这个方案的总运费为 $20 \times 2 + 20 \times 4 + 10 \times 5 + 25 \times 13 + 5 \times 7 + 10 \times 6 = 590$ 万元。

在用最小元素法确定初始基本可行解时,有可能出现以下两种特殊情况:一是当在中间步骤未划去的单位运价表中寻找最小元素时,有多个元素同时达到最小,这时从这些最小元素中任意选择一个作为基本量;二是当在中间步骤未划去的单位运价表中寻找最小元素时,发现该元素所在行的剩余产量等于该元素所在列的剩余销量。这时在产销平衡表相应的位置填上该剩余产量数,而在单位运价表中就要同时划去该行和该列。为了使调运方案中数字格的数量仍为 $m + n - 1$ 个,需要在同时划去行或列的任一空格位置添上一个"0",这个"0"表示该变量是基变量,只不过它取值为"0",即此时的调运方案是一个退化的基本可行解。

【例 3.2】 已知产销平衡表及单位运价表见 3.7、表 3.8,试编制平衡运输问题的初始调运方案。

表3.7 产销平衡表

销地 产地	B_1	B_2	B_3	B_4	a_i
A_1					20
A_2					30
A_3					40
A_4					50
b_j	20	30	40	50	

表3.8 单位运价表

销地 产地	B_1	B_2	B_3	B_4
A_1	6	10	11	12
A_2	10	7	14	16
A_3	15	16	8	15
A_4	12	10	16	9

解: 此题的基变量个数为 $m+n-1=7$ 个。按照最小元素法的基本步骤:

① 在 x_{11} 对应的格子填上数字20,将 a_1 及第一行的其余格子用直线划掉,将 b_1 由20 改为0。

② 在 x_{22} 对应的格子里填上数字30,将 a_2 及第二行的其余格子用直线划掉,将 b_2 由30 改为0。

③ 在 x_{33} 对应的格子里填上数字40,将 a_3 及第三行的其余格子用直线划掉,将 b_3 由40 改为0。

④ 在 x_{44} 对应的格子里填上数字50,将 a_4 及第四行的其余格子用直线划掉,将 b_4 由50 改为0。

经过上面4个步骤以后,产销平衡表的所有空格都被划掉,无法继续定出其余基变量的确切位置,见表3.9。

表3.9

销地 产地	B_1	B_2	B_3	B_4	a_i
A_1	20				~~20~~
A_2		30			~~30~~
A_3			40		~~40~~
A_4				50	~~50~~
b_j	~~20~~ 0	~~30~~ 0	~~40~~ 0	~~50~~ 0	

当然也可以说表 3.9 的调运方案对于问题的一个退化的基本可行解,因为它满足定理 3.2 的充要条件。但是由于取零值的基变量的位置并未确切给出,这给判别最优解及寻求改进的基本可行解带来困难,所以给最小元素法补充一个特殊的步骤,使之形成一个完整的方法。这就是那个选定某变量 x_{ij} 为基变量后,若发现该变量对应行的限定系数 a_i 等于列的限定系数 b_j,此时可任意先划掉第 j 列或第 i 行,设先划掉的是第 i 行(第 j 列),则在第 j 列(第 i 行)剩余的空格中选一运价最小者填上数字 0,再将第 j 列(第 i 行)的其余空格及 b_j(a_i)都划掉,即优先定出 i 行和 j 列的基本变量。补充这一特殊步骤的目的是保证划掉一列(行)就定出一个基变量。如此,按照最小元素法的步骤必然可以定出 $m+n-1$ 个基变量(包括取零值的基变量)。对于例 3.2 可以采用上述步骤,即可得出其初始调运方案,见表 3.10。

表 3.10

销地　产地	B_1	B_2	B_3	B_4	a_i
A_1	20				20
A_2	0	30			30
A_3			40		40
A_4		0	0	50	50
b_j	20	30	40	50	

显然,对于任何一个平衡运输问题都可以用最小元素法求出一个初始调运方案,且初始调运方案的数字格必不含有闭回路。所以平衡运输问题必有基本可行解。又由于运输问题的目标函数值有下界(不能取负值),所以平衡运输问题必有基本最优解。

(2)付格尔法(Vogel 法)

用最小元素法确定初始方案有一个缺点,那就是最小元素法有时为了节省一处的费用会造成其他地方要花费更多,也就是说最小元素法只从局部观点考虑就近供应,可能造成总体的不合理、总体的浪费。付格尔法考虑到,某一产地的产品假如不能按照最小运费就近供应,就考虑次小运费,这就有一个差额。差额越大,说明不能按最小运费调运时,运费增加越多。因而对差额最大处,就应当采用最小运费调运。基于此,结合例 3.1 具体实例,给出伏格尔法的步骤如下。

第一步,在单位运价表中最下边增加一行和最右边一列,分别计算出各行和各列的最小运费与次小运费的差额,并填入该表的最右列和最下行,见表 3.11。

表 3.11

销地　产地	B_1	B_2	B_3	B_4	行差额
A_1	7	2	8	3	1
A_2	9	6	4	5	1
A_3	13	7	5	6	1
列差额	2	4	1	2	

第二步,从行差额和列差额中选出最大者,选择其所在的行或列中的最小元素。比较该元素所在的行和列的产量与销量,取两者的最小者填入产销平衡表相应的位置。同时在单位运价表中划去已满足的行或列。由于 B_2 的列差额最大,B_2 列中的最小运费是 2,可确定 A_1 产品优先供应 B_2。比较两者的产量和销量,可知 A_1 产地的产量为 20 t,B_2 销量为 25 t,所以在产销平衡表的(A_1,B_2)位置空格处填入 20,见表 3.12。由于产地 A_1 已经满足,所以在单位运价表中划去 A_1 行,见表 3.13。

表 3.12

销地 产地	B_1	B_2	B_3	B_4	产量 a_i/t
A_1		20			20
A_2					30
A_3					40
销量 b_j/t	25	25	20	20	

第三步,对表 3.13 中未划去的元素再分别计算出各行、各列的最小运费与次小运费的差额,并填入该表格的最右列和最下行。重复第一、第二步,直到给出初始解为止。用此法给出例 3.1 的初始解见表 3.14。

表 3.13

销地 产地	B_1	B_2	B_3	B_4	行差额
A_1	~~7~~	~~2~~	~~8~~	~~3~~	—
A_2	9	6	4	5	1
A_3	13	7	5	6	1
列差额	4	1	1	1	

表 3.14

销地 产地	B_1	B_2	B_3	B_4	产量 a_i/t
A_1		20			20
A_2	25		5		30
A_3		5	15	20	40
销量 b_j/t	25	25	20	20	

由上可见,伏格尔法同最小元素法相比除了在确定供求关系的原则上不同外,其余步骤相同。一般来说,付格尔法给出的初始可行解比用最小元素法给出的初始解更接近最优解。本例用伏格尔法给出的初始解的总运费为 515 万元。

3.2.2 最优性检验

通过上面初始调运方案确定这一步,已经找到运输问题的初始基本可行解,但是这个基本可行解是否是最优解,则需要通过最优性检验判别该解的目标函数值是否最优。判别的方式是通过计算非基变量的检验数,当所有的非基变量的检验数全都大于等于 0 时为最优解。下面将介绍两种求非基变量检验数的方法。

(1)位势法

对于平衡运输问题的一个基本可行解,将其中每一个基变量 x_{ij} 所对应的运价 c_{ij} 分解成两部分,令:

$$c_{ij} = u_i + v_j$$

称为位势方程,其中位势 u_i 和 v_j 按下述方法确定。

①在产销平衡表上方和左方分别增加一行空格和一列空格,从任一基变量 x_{kl} 开始,向行(或列)的左端空格(上端空格)定一任意实数 u_k(或 v_l),然后向列(或行)的上端空格(左端空格)填入相应运输的余数 v_l(或 u_k),使 $c_{kl} = u_k + v_l$,转②。

②如行(或列)有另外的基变量,则由位势方程 $c_{ij} = u_i + v_j$ 可定出另一列(或另一行)的位势。

③重复②,直至所有的位势 u_i 和 v_j 都被确定($i = 1, \cdots, m; j = 1, \cdots, n$)。

显然,由于基变量的个数有 $m + n - 1$ 个且不构成闭回路,上述步骤必然能进行到底。又由于位势方程 $c_{ij} = u_i + v_j$ 共有 $m + n - 1$ 个,而待定的位势有 $m + n$ 个,所以一旦给定了某个位势,则其余 $m + n - 1$ 个位势就被唯一确定。

定理 3.3 设已经给了一组基本可行解,则每一个非基变量 x_{ij}(即产销平衡表空格所对应的变量)的检验数为 $\lambda_{ij} = c_{ij} - (u_i + v_j)$。

若所有非基变量的检验数 $\lambda_{ij} \geq 0$,则相应的调运方案已为基本最优解。

若还有某个(或某些)非基变量的检验数 $\lambda_{ij} < 0$,则相应的调运方案仍未达最优。此时就需要调整调运方案,即更换基本可行解。

下面仍以例 3.1 为例来说明这种方法的具体过程。

对于例 3.1 的初始调运方案(表 3.6),可以按照以上步骤来判断它是否已达最优。首先确定出位势,从任意的一个基变量开始,例如 x_{31},向其行的方向或列的方向指定一任意实数。为了简便,通常给定此数为零,我们指定 $u_3 = 0$。

由位势方程 $c_{31} = u_3 + v_1$ 定出 $v_1 = 13$;

由位势方程 $c_{32} = u_3 + v_2$ 定出 $v_2 = 7$;

由位势方程 $c_{34} = u_3 + v_4$ 定出 $v_4 = 6$;

由位势方程 $c_{24} = u_2 + v_4$ 定出 $u_2 = -1$;

由位势方程 $c_{23} = u_2 + v_3$ 定出 $v_3 = 5$;

由位势方程 $c_{12} = u_1 + v_2$ 定出 $u_1 = -5$。

然后,利用位势计算非基变量 x_{ij} 的检验数 $\lambda_{ij} = c_{ij} - u_i - v_j$。为了使计算过程清晰简单,避免反复地查找运价,可以将运价置于产销平衡表的相应格子的右上角,并用方框将其标出。计算位势及检验的结果见表 3.15,其中括号圈住的数字表示该格子的检验数。

表 3.15 的检验结果表明,例 3.1 的初始调运方案并非最优。这就需要利用检验数提供的信息进行方案调整,即更换(迭失)问题的基本可行解,方案的调整通过闭回路进行。

表 3.15　例 3.1 的初始调运方案检验

	13	7	5	6	
产地 \ 销地	B_1	B_2	B_3	B_4	a_i
-5　A_1	(−1) ⌐7	20 ⌐2	(+8) ⌐8	(+2) ⌐3	20
-1　A_2	(−3) ⌐9	(0) ⌐6	20 ⌐4	10 ⌐5	30
0　A_3	25 ⌐13	5 ⌐7	(0) ⌐5	10 ⌐6	40
b_j	25	25	20	20	

(2)闭回路法

在给出初始调运方案的计算表上,如对于例 3.1 的初始调运方案表 3.6,空格所在位置即为非基变量所在位置,从每一个空格起点,用水平和垂直线向前划,每碰到一个数字格就转 90°,直到回到起始空格,找一条闭回路。该闭回路除了起点是非基变量,其余顶点都是基变量(对应着有数字的格子)。可以证明,如果对闭回路的方向不加区别,对任一非基变量而言,以空格为起点,数字格为顶点的闭回路都存在且唯一。

例如,对于例 3.1 的初始调运方案表 3.6,空格(A_1,B_1)与(A_1,B_2)、(A_3,B_2)、(A_3,B_1) 3 个有数字的格子构成了闭回路,且是唯一的闭回路。

闭回路计算检验数的经济解释是:在已经给出初始解的表 3.6 中,可以从任一空格出发,如从(A_1,B_1)出发,如让 A_1 的产品调 1 t 给 B_1,为了保持产销平衡,就要依次作调整:在(A_1,B_2)处减少 1 t,在(A_3,B_2)处增加 1 t,在(A_3,B_1)处减少 1 t,即构成了以空格(A_1,B_1)为起点,其他有数字格子为顶点的闭回路,见表 3.16。

表 3.16

产地 \ 销地	B_1	B_2	B_3	B_4	a_i
A_1	(+) ⌐7	20 (−) ⌐2	⌐8	⌐3	20
A_2	⌐9	⌐6	20 ⌐4	20 ⌐5	30
A_3	25 (−) ⌐13	5 (+) ⌐7	⌐5	10 ⌐6	40
b_j	25	25	20	20	

可见这一调整方案使运费增加了 $7-2+7-13=-1$（万元）。这表明如果这一调整运输方案将减少运费，将这个"-1"填入空格（A_1，B_1），就是这个空格（即非基变量）的检验数。

按照以上方法可以计算出所有空格处的检验数，答案与用位势法计算的结果一样。

3.2.3 调运方案的调整

定理 3.4 设 y 为现有调运方案（基本可行解）的一个非基变量，则由 y 出发必能找到若干个适当的基变量构成唯一的闭回路，此闭回路的定点之一是 y 而其余定点皆为基变量。

由定理 3.3 及前述最优性检验所提供的信息，可以从相应检验数为负的非基变量中挑选一个出来，以此作为调入变量并作出唯一的闭回路，然后在此闭回路上决定调入变量的取值及确定调出变量。这就是方案调整的闭回路法，具体步骤如下所述。

①从所有 $\lambda_{ij}<0$ 中，选择最小检验数所对应的非基变量作为调入变量，称这种选法为最陡下降法。为叙述方便，设选中的调入变量为 x_{rs}，其检验数为 λ_{rs}。

②从调入变量 x_{rs} 所对应的空格出发，沿水平或竖直方向前进。若遇一适当的有数字的格子则垂直转向前进，必遇另一适当的有数字的格子，再垂直转向前进，……，最后回到 x_{rs} 所对应的空格而形成闭回路。这里应当注意，闭回路的概念并不排斥封闭折线穿过某些数字格的现象。

③对闭回路各顶点处的运量进行调整。调整量为从 x_{rs} 出发的第奇数次转角点上的最小的运量，记此运量为 θ。相应的变量即为调出变量。调整方法是在奇数次转角点都减小运量 θ，偶数次转角点都增加运量 θ。通过以上调整，必能保证调入变量取得正值 θ 而上升为基变量，调出变量变为空格下降为非基变量。

显然，新的调运方案必能满足行列约束且基变量必不构成闭回路，因此新的调运方案仍为一个基本可行解。用前后两个调运方案相比较，目标函数的改进值为 $\theta \cdot \lambda_{rs}$。

注意，在由调入变量 x_{rs} 形成闭回路时，若在奇数次转角点上同时有两个以上的数字格运量最小，则采用以上的调运整法将造成两个以上的数字格同时变为空格，这是迭代（调整）过程中出现了退化现象。为了使新方案的 $m+n-1$ 个基变量容易辨认。则应在新出现的空格中挑选运价最大者作为调出变量。而将其余新出现的空格皆填上 0，即仍作为基变量。

新的调运方案确定后，仍须重新经过最优性检验。注意对新的调运方案应根据位势方程重新确定其位势 u_i 和 v_j。对于平衡运输问题的一个初始调运方案，经过反复检验—调整—检验，必能确定问题的一个基本最优解。与单纯形法迭代的情况相似。若在最优调运方案中某个非基变量的检验数为零，则问题会有不止一个的基本最优解。相应地，由问题的两个或多个基本最优解的线性组合，可以求得问题的无穷多个最优解。

下面继续寻求例 3.1 的最优调运方案。由表 3.15 找出由最小检验数所在格子决定的闭回路，见表 3.17。

表 3.17

		13	7	5	6	
	销地 产地	B_1	B_2	B_3	B_4	a_i
-5	A_1	[7] (−1)	[2] 20	[8] (+8)	[3] (+2)	20
-1	A_2	[9] (−3)	[6] (0)	[4] 20	[5] 10	30
0	A_3	[13] 25	[7] 5	[5] (0)	[6] 10	40
	b_j	25	25	20	20	

调入变量为 x_{21}，由 x_{21} 所决定的闭回路上奇数次转角点运量最小的是 $x_{24}=10$，所以 x_{24} 为调出变量，调整量为 $\theta=10$。按闭回路法进行调整，调整后的新方案见表 3.18。

表 3.18

		8	2	3	1	
	销地 产地	B_1	B_2	B_3	B_4	a_i
0	A_1	[7] (−1)	[2] 20	[8] (+5)	[3] (+2)	20
1	A_2	[9] 10	[6] (+3)	[4] 20	[5] (+3)	30
5	A_3	[13] 15	[7] 5	[5] (−3)	[6] 20	40
	b_j	25	25	20	20	

对新的调运方案进行最优性检验，可见新方案仍未达到最优，不过新方案与初始调运方案相比已有改进，初始调运方案的目标函数值为：$Z^{(1)}=2\times20+4\times20+5\times10+13\times25+7\times5+6\times10=590$，新方案的目标函数值为 $Z^{(2)}=2\times20+9\times10+4\times20+13\times15+7\times5+6\times20=560$，相比较，目标函数改进值为 30。显然，这个改进值可以由 $\theta\cdot\lambda_{rs}=10\times(-3)=-30$ 直接算得。对新的调运方案表 3.18，找出由最小检验数 $\lambda_{33}=-3$ 所在格子决定的闭回路，可见调入变量为 x_{33}，奇数次转角点的最小运量 $x_{31}=15$，所以调出变量应为 x_{31}，调整量 $\theta=15$。此时已经可以预计，进一步调整后的方案其目标函数值为 $Z^{(3)}=Z^{(2)}+\theta\lambda_{33}=560-15\times3=515$。运用闭回路法对方案二作进一步调整，所得的新方案见表 3.19。

表 3.19

	销地 / 产地	5	2	0	1	
		B₁	B₂	B₃	B₄	a_i
0	A₁	[7] (+2)	[2] 20	[8] (+8)	[3] (+2)	20
4	A₂	[9] 25	[6] (0)	[4] 5	[5] (0)	30
5	A₃	[13] (+3)	[7] 5	[5] 15	[6] 20	40
	b_j	25	25	20	20	

对表 3.19 所示的方案三进行最优性检验,由于非基变量的检验数皆大于等于零,所以方案三已为最优调运方案,相应的目标函数最优值为 $Z^{(*)} = Z^{(3)} = 2 \times 20 + 9 \times 25 + 4 \times 5 + 7 \times 5 + 5 \times 15 + 6 \times 20 = 515$。

由于最优调运方案的非基变量检验数有两个为零,所以问题的基本最优解不止一个。例如可以取 x_{24} 为调入变量,求出另一个基本最优解来,见表 3.20。

表 3.20

	销地 / 产地	5	2	0	1	
		B₁	B₂	B₃	B₄	a_i
0	A₁	[7] (+2)	[2] 20	[8] (+8)	[3] (+2)	20
4	A₂	[9] 25	[6] (0)	[4] (0)	[5] 5	30
5	A₃	[13] (+3)	[7] 5	[5] 20	[6] 15	40
	b_j	25	25	20	20	

通过最优性检验,可见表 3.20 所示仍为问题的一个基本最优解。相应的 $Z^{(4)} = 515$ 仍为目标函数最优值,如果用 $X^{(3)}$ 和 $X^{(4)}$ 表示这两个基本最优解,则由 $X^{(3)}$ 和 $X^{(4)}$ 的线性组合,$X = aX^{(3)} + (1-a)X^{(4)} (0 < a < 1)$,当 a 取不同值时,可以求出问题的无穷多组最优解。

【例 3.3】 求解下列平衡运输问题,其中产销平衡表中小方框内的数字表示单位运价。

表 3.21

产地\销地	B₁	B₂	B₃	B₄	a_i
A₁	8	6	5	11	12
A₂	3	7	11	4	12
A₃	1	10	3	8	5
b_j	5	12	4	8	

解:用最小元素法编制初始调运方案,见表3.22,其中某变量$x_{33} = 0$,问题产生了退化现象。

表 3.22

产地\销地	B₁	B₂	B₃	B₄	a_i
A₁	╱ 8	8 6	4 5	╱ 11	12
A₂	╱ 3	4 7	╱ 11	8 4	12
A₃	5 1	╱ 10	0 3	╱ 8	5
b_j	5	12	4	8	

相应的目标函数值:
$$Z^{(1)} = 6 \times 8 + 5 \times 4 + 7 \times 4 + 4 \times 8 + 1 \times 5 + 3 \times 0 = 133$$

用位势法对初始调运方案进行检验,可见未达最优。找出由最小检验数格决定的闭回路,见表3.23。

表 3.23

		1	4	3	2	
	产地\销地	B₁	B₂	B₃	B₄	a_i
2	A₁	8 (+5)	6 8	5 4	11 (+8)	12
3	A₂	3 (-1)	7 4	11 (+5)	4 8	12
0	A₃	1 5	10 (6)	3 0	8 (+7)	5
	b_j	5	12	4	8	

由于 $\lambda_{21} = -1$ 为最小检验数,奇数次转角点上的最小运量为 $\theta = 4$,所以可以预计调整后目标函数改进值为4。

由于闭回路上奇数次转角点的最小运量为 $\theta = x_{13} = x_{22}$,所以在调整过程中必然出现退化。现选择相应运价较小的 x_{13} 保持为基变量,在相应的格子里填上0,调整后的调运方案见表3.24。

经检验可见改进后的方案已达最优,相应的目标函数最优值为:

$$Z^{(*)} = Z^{(2)} = 6 \times 12 + 5 \times 0 + 3 \times 4 + 4 \times 8 + 1 \times 1 + 3 \times 4 = 129$$

表 3.24

		1	4	3	2	
	销地 产地	B_1	B_2	B_3	B_4	a_i
2	A_1	8 (+5)	6 12	5 0	11 (+7)	12
2	A_2	3 4	7 (+1)	11 (+6)	4 8	12
0	A_3	1 1	10 (+6)	3 4	8 (+6)	5
	b_j	5	12	4	8	

解毕。

将上面所讲内容归纳一下,用表上作业法求解运输问题的步骤可以用如图3.1所示框图的形式表示。

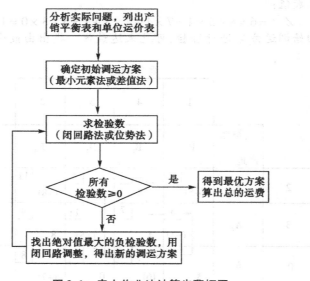

图3.1 表上作业法计算步骤框图

3.3 产销不平衡运输问题

前面以产销平衡问题作为运输问题的标准形式进行了讨论。在这里将讨论不平衡运输问题。

3.3.1 产大于销的不平衡运输问题

考虑产大于销的数学模型:

$$\min Z = \sum_{i=1}^{m} \sum_{j=1}^{n} c_{ij} x_{ij}$$

$$\begin{cases} \sum_{j=1}^{n} x_{ij} \leqslant a_i (i = 1,2,\cdots,m) \\ \sum_{i=1}^{m} x_{ij} = b_j (j = 1,2,\cdots,n) \\ x_{ij} \geqslant 0 \end{cases}$$

其中 x_{ij} 为从 i 地调往 j 地的运量,对于前面的 m 个不等式约束,可以分别引进一个独立的松弛变量 $x_{i,n+1} \geqslant 0 (i = 1,2,\cdots,m)$,将其化为等式约束。相应地,目标函数里增加了 $(c_{i,n+1} x_{i,n+1})$ 共 m 个项,取 $c_{i,n+1} = 0 (i = 1,2,\cdots,m)$。于是产大于销的运输问题化为其等价形式:

$$\min Z = \sum_{i=1}^{m} \sum_{j=1}^{n+1} c_{ij} x_{ij} = \sum_{i=1}^{m} \sum_{j=1}^{n} c_{ij} x_{ij} + \sum_{i=1}^{m} c_{i,n+1} x_{i,n+1}$$

$$\begin{cases} \sum_{j=1}^{n+1} x_{ij} = a_i (i = 1,2,\cdots,m) \\ \sum_{i=1}^{m} x_{ij} = b_j (j = 1,2,\cdots,n,n+1) \\ x_{ij} \geqslant 0 \end{cases}$$

由于在这个模型中 $\sum_{i=1}^{m} a_i = \sum_{j=1}^{n+1} b_j = \sum_{j=1}^{n} b_j + b_{n+1}$,所以它是一个产销平衡的运输问题,可以用产销平衡问题的方法求解。注意其产销平衡表应有 $m \times (n+1)$ 个格子,其中第 $n+1$ 列格子里单位运价皆为零,列的约束系数为 $b_{n+1} = \sum_{i=1}^{m} a_i - \sum_{j=1}^{n} b_j$,是虚拟的销量。

【例 3.4】 求解下列产大于销的运输问题,见表 3.25。

表 3.25

产地\销地	B_1	B_2	B_3	a_i
A_1	7	2	8	20
A_2	9	6	4	30
A_3	13	7	5	40
b_j	25	25	20	

解: 由于产大于销, $\sum_{i=1}^{m} a_i - \sum_{j=1}^{n} b_j = 90 - 70 = 20$, ,所以应增加一虚拟的销地 B_4 ,虚拟销量 20。产销平衡表应有 3×4 个格子,其中第四列为虚拟列,格内的运价皆应为零,见表3.26。

表 3.26

产地\销地	B_1	B_2	B_3	B_4	a_i
A_1	7	20　2	8	0	20
A_2	5　9	5　6	20　4	0	30
A_3	20　13	7	5	20　0	40
b_j	25	25	20	20	

用最小元素法编制初始调运方案,其结果仍填在表3.26内。注意:为了使运价小的优先安排运输,总是最后填写虚拟列的数字,因为虚拟列的任何一个格子的运价都为零。从问题的实际意义上看,虚拟列内填写的运量实质是留在产地不作运输的过剩产量,当然要优先安排实际的调运量以求得总运费最小,最后才决定何处的产量留在产地作为过剩的产量。

用位势法对初始调运方案进行最优性检验,其结果见表3.27。由于非基变量 x_{32} 及 x_{33} 的检验数都是 -3 ,所以两者都可以作为调入变量。进一步的分析表明,选 x_{33} 作为调入变量更为简捷,因为按照闭回路法,以 x_{33} 作为调入变量的调整量 $\theta = 20$,相应的目标函数改进值为 $\theta\lambda_{33} = -60$,比选 x_{32} 作调入变量更为理想。

表 3.27

产地＼销地		13 B₁	10 B₂	8 B₃	0 B₄	a_i
−8	A₁	(+2) 7	20 2	(+8) 8	(+8) 0	20
−4	A₂	5 9	5 6	20 4	(+4) 0	30
0	A₃	20 13	(−3) 7	(−3) 5	20 0	40
	b_j	25	25	20	20	

以 x_{33} 作为调入变量。用闭回路法进行方案调整,计算结果见表 3.28。

经过最优性检验,可知新方案已为基本最优解,相应的目标函数最优值为

$$Z^{(*)} = 2 \times 20 + 9 \times 25 + 6 \times 5 + 4 \times 0 + 5 \times 20 + 0 \times 20 = 395。$$

表 3.28

产地＼销地		9 B₁	6 B₂	4 B₃	−1 B₄	a_i
−4	A₁	(+2) 7	20 2	(+8) 8	(+5) 0	20
0	A₂	25 9	5 6	0 4	(+1) 0	30
1	A₃	(+3) 13	(0) 7	20 5	20 0	40
	b_j	25	25	20	20	

由最优方案的非基变量检验数 $\lambda_{32} = 0$,可见问题有一个以上的基本最优解,解毕。

3.3.2　销大于产的不平衡运输问题

同理,对于销大于产的不平衡运量问题:

$$\min Z = \sum_{i=1}^{m} \sum_{j=1}^{n} c_{ij} x_{ij}$$

$$\begin{cases} \sum_{j=1}^{n} x_{ij} = a_i (i = 1,2,\cdots,m) \\ \sum_{i=1}^{m} x_{ij} \leqslant b_j (j = 1,2,\cdots,n,n+1) \\ x_{ij} \geqslant 0 \end{cases}$$

也可以采用引入松弛变量的方法将其化为平衡运输问题求解。其产销平衡表应有 $(m+1) \times n$ 个格子,其中第 $m+1$ 行格子的单位运价皆为零,行的约束系数为 $a_{m+1} = \sum_{j=1}^{n} b_j - \sum_{i=1}^{m} a_i$,是虚拟的产量。

【例 3.5】 求解下列销大于产的运输问题,见表 3.29。

表 3.29

销地\产地	B_1	B_2	B_3	a_i
A_1	6	2	4	20
A_2	4	7	3	45
A_3	6	5	2	65
b_j	30	60	50	

解:由于销量大于产量,$\sum\limits_{j=1}^{n} b_j - \sum\limits_{i=1}^{m} a_i = 140 - 130 = 10$,所以增设虚拟产地,虚拟产量 $a_4 = 10$,虚拟行内所有格子的运价皆为零,由此构成产销平衡表,对此产销平衡表编制初始调运方案见表 3.30,注意计算时同样应后填虚拟行的数字。

对表 3.30 的初始调运方案进行最优性检验,易见未达最优。由于仅有 $\lambda_{23} = -1 < 0$,所以取 x_{23} 为调入变量,并作出闭回路,见表 3.31。

用闭回路法对初始调运方案进行调整,得出新的调运方案见表 3.32。

经位势法检验,新的调运方案已为基本最优解,相应的目标函数最优值为:

$$Z^{(*)} = 2 \times 20 + 4 \times 30 + 3 \times 15 + 5 \times 30 + 2 \times 35 + 0 \times 10 = 425$$

解毕。

表 3.30

销地\产地	B_1	B_2	B_3	a_i
A_1	6 20	2	4	20
A_2	4 30	7 15	3	45
A_3	6 15	5 50	2	65
A_4	0 10	0	0	10
b_j	30	60	50	

表 3.31

	销地 产地	2 B₁	5 B₂	2 B₃	a_i
-3	A₁	6 (+7)	2 20	4 (+5)	20
2	A₂	4 30	7 15	3 (−1)	45
0	A₃	6 (+4)	5 15	2 50	65
-5	A₄	0 (+3)	0 10	0 (+3)	10
	b_j	30	60	50	

表 3.32

	销地 产地	4 B₁	6 B₂	3 B₃	a_i
-4	A₁	6 (+6)	2 20	4 (+5)	20
0	A₂	4 30	7 (+1)	3 15	45
-1	A₃	6 (+3)	5 30	2 35	65
-6	A₄	0 (+2)	0 10	0 (+3)	10
	b_j	30	60	50	

3.4　利用 Excel 求解运输模型

3.4.1　利用 Excel 求解产销平衡的运输问题

【例 3.6】　某公司经销甲产品,其下设 3 个加工厂。每日的产量分别是:A₁ 为 7 t,A₂ 为 4 t,A₃ 为 9 t。该公司将这些产品分别运往 4 个销售点。各销售点每日销量为:B₁ 为 3 t,B₂

为 6 t,B_3 为 5 t,B_4 为 6 t。已知从各工厂到各销售点的单位产品运价见表 3.33,问该公司应该如何调用产品,在满足各销售点需要的前提下,使总运费最少。利用 Excel 求解该产销平衡的运输问题。

表 3.33　产销平衡表

产　地	销　地				产量/t
	B_1	B_2	B_3	B_4	
A_1	3	11	3	10	7
A_2	1	9	2	8	4
A_3	7	4	10	5	9
销量	3	6	5	6	

设从第 i 个加工厂运往第 j 个销售点的产品量为 $x_{ij}(i=1,2,3;j=1,2,3,4)$,总运费为 z,则该问题的数学模型为:

$$\min Z=3x_{11}+11x_{12}+3x_{13}+10x_{14}+x_{21}+9x_{22}+2x_{23}+8x_{24}+7x_{31}+4x_{32}+10x_{33}+5x_{34}$$

$$\begin{cases}x_{11}+x_{12}+x_{13}+x_{14}=7\\x_{21}+x_{22}+x_{23}+x_{24}=4\\x_{31}+x_{32}+x_{33}+x_{34}=9\\x_{11}+x_{21}+x_{31}=3\\x_{12}+x_{22}+x_{32}=6\\x_{13}+x_{23}+x_{33}=5\\x_{14}+x_{24}+x_{34}=6\\x_{ij}\geqslant 0,i=1,2,3;j=1,2,3,4\end{cases}$$

利用 Excel 求解该产销平衡问题。

第一步:将运输问题模型反映在 Excel 表格中,如图 3.2 所示。

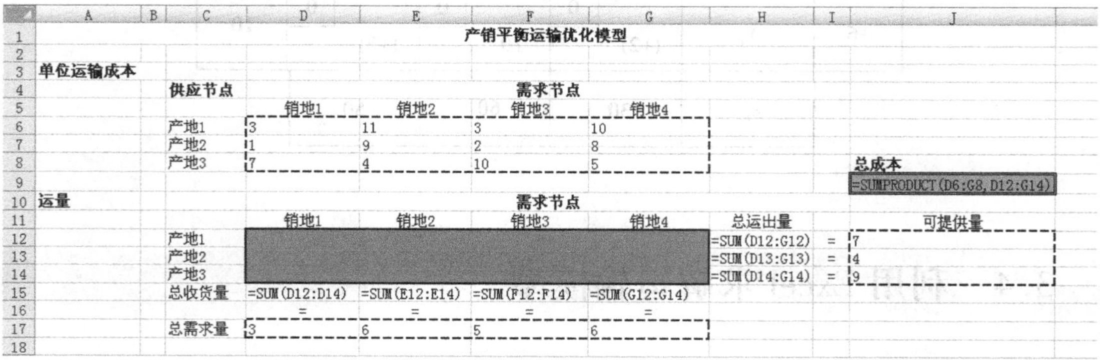

	A	B	C	D	E	F	G	H	I	J
1					产销平衡运输优化模型					
2										
3	单位运输成本									
4			供应节点			需求节点				
5				销地1	销地2	销地3	销地4			
6			产地1	3	11	3	10			
7			产地2	1	9	2	8			
8			产地3	7	4	10	5			总成本
9										=SUMPRODUCT(D6:G8,D12:G14)
10	运量					需求节点				
11				销地1	销地2	销地3	销地4	总运出量		可提供量
12			产地1					=SUM(D12:G12)	=	7
13			产地2					=SUM(D13:G13)	=	4
14			产地3					=SUM(D14:G14)	=	9
15			总收货量	=SUM(D12:D14)	=SUM(E12:E14)	=SUM(F12:F14)	=SUM(G12:G14)			
16				=	=	=	=			
17			总需求量	3	6	5	6			
18										

图 3.2

第二步:设置规划求解参数。打开求解规划参数对话框,进行相应的参数设置,如图 3.3 所示。

第三步:求解。设置完毕后,单击“求解”按钮,出现如图 3.4 所示对话框。

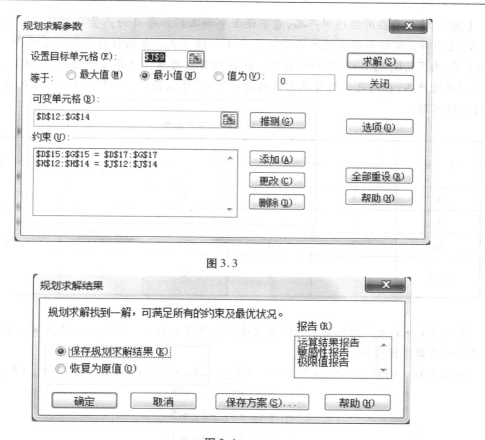

图 3.3

图 3.4

规划求解找到了一个最优解，最低成本和运量如图 3.5 阴影部分所示。

产销平衡运输优化模型

单位运输成本

	供应节点	销地1	销地2	销地3	销地4			
				需求节点				
	产地1	3	11	3	10			
	产地2	1	9	2	8			
	产地3	7	4	10	5			总成本
								85

运量

		销地1	销地2	销地3	销地4	总运出量		可提供量
				需求节点				
	产地1	2	0	5	0	7	=	7
	产地2	1	0	0	3	4	=	4
	产地3	0	6	0	3	9	=	9
	总收货量	3	6	5	6			
		=	=	=	=			
	总需求量	3	6	5	6			

图 3.5

3.4.2 利用 Excel 求解产销不平衡的运输问题

用 Excel 表求解产销不平衡问题时，不需要增加虚拟的产地或者虚拟的销地，只要能够按照产销不平衡的数学模型将销量与产量的不平衡关系体现出来即可。

【例 3.7】 某公司经销甲产品,它下设 3 个加工厂。每日的产量分别是:A_1 为 8 t,A_2 为 5 t,A_3 为 10 t。该公司将这些产品分别运往 4 个销售点。各销售点每日销量为:B_1 为 3 t,B_2 为 6 t,B_3 为 5 t,B_4 为 6 t。已知从各工厂到各销售点的单位产品运价见表 3.34,问该公司应该如何调用产品,在满足各销售点需要的前提下,使总运费最少。利用 Excel 求解该产销不平衡的运输问题。

表 3.34 产销不平衡表

产 地	销 地				产 量
	B_1	B_2	B_3	B_4	
A_1	3	11	3	7	8
A_2	1	9	2	8	5
A_3	7	4	10	5	10
销量	3	6	5	6	20 \ 23

设从第 i 个加工厂运往第 j 个销售点的产品量为 $x_{ij}(i=1,2,3;j=1,2,3,4)$,总运费为 z,则该问题的数学模型为:

$$\min z = 3x_{11} + 11x_{12} + 3x_{13} + 7x_{14} + x_{21} + 9x_{22} + 2x_{23} + 8x_{24} + 7x_{31} + 4x_{32} + 10x_{33} + 5x_{34}$$

$$\text{s.t} \begin{cases} x_{11} + x_{12} + x_{13} + x_{14} \leq 8 \\ x_{21} + x_{22} + x_{23} + x_{24} \leq 5 \\ x_{31} + x_{32} + x_{33} + x_{34} \leq 10 \\ x_{11} + x_{21} + x_{31} = 3 \\ x_{12} + x_{22} + x_{32} = 6 \\ x_{13} + x_{23} + x_{33} = 5 \\ x_{14} + x_{24} + x_{34} = 6 \\ x_{ij} \geq 0 (i = 1,2,3; j = 1,2,3,4) \end{cases}$$

本例是一个产大于销的问题,因为产量不能全部销售出去,体现在约束条件上就是各个产地运出去的运量之和小于等于其产量。在图 3.7 中的例 3.6 中约束条件改为"≤"。

利用 Excel 求解该产量大于销量的产销不平衡问题。

第一步:将运输问题模型反映在 Excel 表格中,如图 3.6 所示。

第二步:设置规划求解参数。打开求解规划参数对话框,进行相应的参数设置,如图 3.7 所示。

第三步:求解。设置完毕后,单击"求解"按钮,出现如图 3.8 所示对话框。

规划求解找到了一个最优解,最低成本和运量如图 3.9 阴影部分所示。

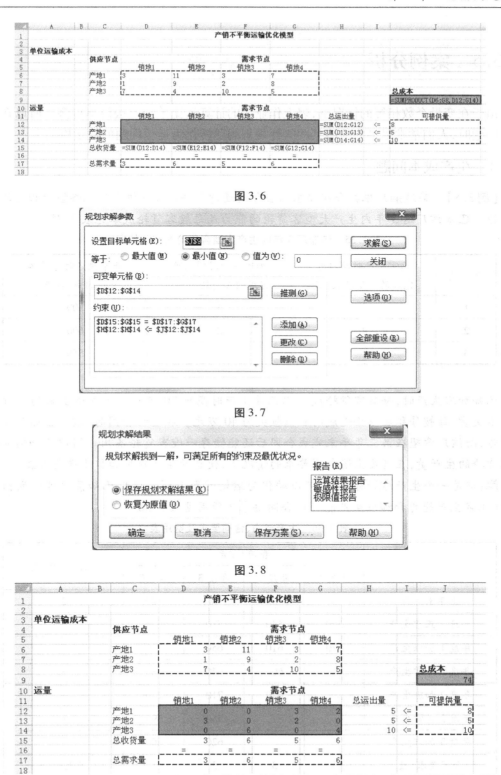

图 3.6

图 3.7

图 3.8

图 3.9

3.5 案例分析

由于在变量个数相等的情况下,表上作业法的计算远比单纯形法简单得多。所以在解决实际问题时,人们常常尽可能地将某些线性规划问题转化为运输问题的数学模型。

3.5.1 生产成本问题

【例3.8】 某造船厂根据合同要求从当年起连续3年末各提供3艘规格型号相同的大型客货轮。已知该厂这3年内生产大型客货轮的能力及每艘客货轮成本见表3.35。

表3.35 造船厂3年内生产大型客货轮的有关数据

年　度	正常生产时间内可完成的客货轮数/艘	加班生产时间内可完成的客货轮数/艘	正常生产每艘客货轮的成本/万元
1	2	3	500
2	4	2	600
3	1	3	550

已知加班生产时,每艘客货轮成本比正常生产时高出70万元。又知造出来的客货轮如当年不交货,每艘每积压一年造成的积压损失为40万元。在签订合同时,该厂已储存了两艘客货轮,而该厂希望在第三年末完成合同后还能储存一艘客货轮备用。问该厂如何安排每年客货轮的生产量,在满足上述各项要求的情况下,使总的生产费用加积压损失为最少?

解:这是一个生产与储存问题,可以转化为运输问题来解。根据已知条件可以列出生产能力(正常生产能力和加班生产能力)、合同要求及费用见表3.36。

表3.36 生产能力、合同要求及费用表

	费用/万元				生产能力/艘
	年度1	年度2	年度3	库　存	
上年末库存	0	40	80	120	2
年度1正常生产	500	540	580	620	2
年度1加班生产	570	610	650	720	3
年度2正常生产		600	640	680	4
年度2加班生产		670	710	750	2
年度3正常生产			550	590	1
年度3加班生产			620	660	3
合同要求/艘	3	3	3	1	产大于销

①年度1至年度3总的生产能力(包括上年末储存)为17艘,合同要求总量为10艘(包

括第三年年末储存),为产大于销。

②上年末库存2艘,只考虑每艘积压一年造成的积压损失40万元,把它列在第1行。

③当年生产当年交货,则只计算生产成本;如果当年生产出来的客货轮当年不交货,则计算生产成本及按每艘积压一年40万元计算所造成的积压损失。

④对于第3年年末的留出库存则考虑生产成本及每年的积压损失,则它单独列成一列。

⑤生产分成正常生产和加班生产。

运用Excel可得最优生产方案,见表3.37。

表3.37 最优生产方案

单位:艘

	年度1	年度2	年度3	年产量	生产能力
上年末库存	2			2	2
年度1正常生产	1	1		2	2
年度1加班生产				0	3
年度2正常生产		2		2	4
年度2加班生产				0	2
年度3正常生产			1	1	1
年度3加班生产			3	3	3
实际交货	3	3	3		

即第1年正常生产2艘,第2年正常生产2艘,第3年正常生产1艘,第3年加班生产3艘,总费用34 690万元。

3.5.2 白云乡土地合理利用问题

【例3.9】 据查,白云乡共有可耕地2 000亩(1亩≈667 m²),其中沙质土地400亩,黏质土地600亩,中性土地1 000亩,主要种植3类作物:第一类是以水稻为主的粮食作物;第二类是蔬菜类;第三类是经济作物,以本地特产茉莉花为代表作物。乡政府希望能够制订一个使全乡总收益最大的作物种植计划,据此指导各作业小组和农户安排具体生产布局。

(1)面临的困难

由于缺乏历史统计资料及定量数据,只能靠实地调研及与有经验的老农交谈而获得。因此建立的模型及计算结果只能作为乡政府作决策的参考,但整个思路及运作过程无疑为科学决策起到了良好的示范作用。

(2)为简化问题的必要的假设

本问题只考虑水稻,茉莉花作为粮食作物和经济作物的代表,蔬菜则以当地出产的主要品种为基础测算出每亩的收益及成本的平均值。

每亩土地的费用主要统计和测算外购化肥,劳力工时,灌溉用水及用电等可以计算的部分,每亩的收益也是根据可能收集到的数据,如收购茉莉花以及在农贸市场上出售蔬菜所得销售收入的平均值,且均为近似值。

(3)问题条件

种植各类作物所需费用及收益表见表3.38。

表3.38　种植各类作物所需费用及收益表

作物种类	费用(元/亩)			收益(元/亩)
	沙质土地	黏质土地	中性土地	
水稻	200	160	150	300
蔬菜	300	290	280	500
茉莉花	260	260	240	450

将产地对应作物品种,销地对应不同类型土质的土地,调运量对应为在各种土质土地上计划种植各类作物的亩数,单位运价对应为纯收益。根据已知数据,设置决策变量见表3.39。

表3.39

种植亩数　土地类别　作物种类	沙质土地	黏质土地	中性土地	各种作物种植面积最高限额
水稻	x_{11}	x_{12}	x_{13}	1 000
蔬菜	x_{21}	x_{22}	x_{23}	500
茉莉花	x_{31}	x_{32}	x_{33}	500
各类土地总面积	400	600	1 000	

根据不同种类土地种植各类作物得到的单位面积纯收益,列出对应于运输问题的"运价表"的收益表,见表3.40。

表3.40　单位土地面积收益表

单位收益(元/亩)　土地类别　作物种类	沙质土地	黏质土地	中性土地	各种作物种植面积最高限额
水稻	100	140	150	1 000
蔬菜	200	210	220	500
茉莉花	190	190	210	500
各类土地总面积	400	600	1 000	

为防止作物的单一种植倾向,在保障全乡拥有足够口粮的基础上,各种作物种植的协调发展,根据前些年的种植情况及取得的效益,乡政府认为水稻、蔬菜、茉莉花3种作物的播种面积比例大致以2∶1∶1为宜。按全乡2 000亩种植面积计算,可设定3种作物种植面积的最高限额分别为1 000,500,500亩。目标函数Z取总的纯收益,要求极大化。

利用运筹学求解软件可得计算结果,最优种植计划是:$x_{12}=600$,$x_{13}=400$,$x_{21}=400$,$x_{23}=100$,$x_{33}=500$,即在黏质土地和中性土地上各种 600 亩和 400 亩水稻,合计 1 000 亩;在沙质土地和中性土地上各种蔬菜 400 亩和 100 亩,合计 500 亩;在中性土地上种植茉莉花 500 亩。如此,可获得最大纯收益 351 000 元。

习题 3

1. 分别根据下列单位运价表求解如下运输问题。

(1)

表 3.41

单位运价 产地＼销地	甲	乙	丙	产　量
A	7	5	4	30
B	3	2	1	45
C	2	8	5	45
D	6	4	3	30
销　量	50	50	40	

(2)

表 3.42

单位运价 产地＼销地	甲	乙	丙	丁	产　量
A	3	8	2	4	50
B	5	7	6	5	40
C	4	4	2	7	30
D	1	3	6	5	20
销　量	50	40	45	55	

(3)

表 3.43

单位运价 产地＼销地	甲	乙	丙	产　量
A	12	M	8	20
B	5	4	7	30
C	6	2	4	60
D	9	10	12	40
销　量	50	35	25	

注:表中字母 M 为一任意大的正数,表示不允许将 A 地的产品运往乙地。

2. 某工厂按照合同需要连续 3 年向客户提供某种大型设备。规定第一年底交付 4 台,第二年底交付 3 台,第三年底交付 4 台。由于客观条件限制,该厂每年的生产成本及生产能力均不相同,见表 3.44。而工厂生产的设备数量超过了交货数量将造成积压,每台设备每积压一年将损失 30 万元。问该厂应如何制订这种设备的生产计划,方能既满足客户需要,又使总的生产费用达最小?

表 3.44

年　度	正常生产能力	正常生产成本	加班生产能力	加班生产成本
1	3 台/每年	400 万元/台	2/每年	450 万元/台
2	2/每年	500 万元/台	3 台/每年	550 万元/台
3	2/每年	550 万元/台	0/每年	620 万元/台

提示:令 i 年正常生产 j 年交货的设备台数为 x_{ij},其单台生产成本与积压损失费用之和为 c_{ij}。又令 i 年加班生产 j 年交货的设备台数为 $x_{i+3,j}$,其单台生产成本与积压损失费用之和为 $c_{i+3,j}(i=1,2,3;j=1,2,3)$。将生产能力视为产量,将交货数量视为销量,则可构成 6 个产地,3 个销地的不平衡运输问题。

3. 3 个混凝土搅拌站 A,B,C 供应 4 个工地甲、乙、丙、丁的混凝土,已知各混凝土搅拌站的月产量,各工地的月需求量及各混凝土搅拌站到各工地的单元运价见表 3.45,试给出最优的调运方案。

表 3.45

运价:百元/t

搅拌站 工地	甲	乙	丙	丁	产　　量
A	3	11	3	10	80
B	1	9	2	8	60
C	7	4	10	5	70
需求量	30	70	30	70	

4. 甲、乙、丙 3 个建筑项目所需钢材由 A、B 两个钢厂供应,有关数据见表 3.46,其中单位运费为万元/万 t,产量与销量的单位为万吨。由于需大于供,经研究决定,甲项目供应量可减少 0~30 万 t,乙项目需求量应该全部满足,丙项目供应量不少于 290 万 t,试求将供应量全部分完又使总运费最低的调运方案。

表 3.46　各项目需求量以及钢厂产量和单位运价

项目 钢厂	甲	乙	丙	产　　量
A	15	18	22	400
B	21	25	16	450
销　量	320	250	350	

第<big>**4**</big>章
整数规划

　　整数规划(integer programming)也称整数线性规划,其实质是在线性规划的基础上,给一些或全部决策变量附加取整约束得到的。在许多情况下,都可以把规划问题的决策变量看成连续的变量;但在某些情况下,规划问题的决策变量却被要求一定是整数。例如,完成某项工作所需要的人数或设备台数,进入市场销售的商品件数,以及某一机械设备维修的次数等。为了满足整数解的要求,最容易想到的办法就是将求得的非整数解进行四舍五入处理以得到整数解,但这往往是行不通的。舍入处理会出现两方面的问题:一是化整后的解根本不是可行解;二是化整后的解虽是可行解,但并非是最优解。因此,有必要另行研究整数规划的求解问题。在线性规划的基础上,要求所有变量都取整的规划问题称为纯整数规划问题(pure integer programming);如果仅仅是要求一部分变量取整,则称为混合整数规划问题(mixed integer programming)。

4.1　整数规划的数学模型

4.1.1　整数规划的几个典型问题

【例4.1】　合理下料问题
　　某工程中钢筋下料时某种型号的钢筋下料 $A_1, A_2, \cdots, A_m$,在一根钢筋上,下料的不同方式有 $B_1, B_2, \cdots, B_n$ 种,每种下料方式可以得到钢筋及每种长度的钢筋的需要量见表4.1。问应怎样安排下料方式,使得既满足工程需要,又使所用原材料最少?

表4.1

方式 零件个数 零件	B_1	B_2	$\cdots$	B_n	零件需要量
A_1	a_{11}	a_{12}	$\cdots$	a_{1n}	b_1
A_2	a_{21}	a_{22}	$\cdots$	a_{2n}	b_2
$\vdots$	$\vdots$	$\vdots$	$\vdots$	$\vdots$	$\vdots$
A_m	a_{m1}	a_{m2}	$\cdots$	a_{mn}	b_m

设 x_j 表示用第 $B_j(j=1,2,\cdots,n)$ 种方式下料的钢筋的根数,则这一问题的数学模型为:

$$\min z = \sum_{j=1}^{n} x_j$$

$$s.t. \begin{cases} \sum_{j=1}^{n} a_{ij}x_j \geq b_i(i=1,2,3,\cdots,n) \\ x_j \geq 0 \text{ 且取整数}(i=1,2,3,\cdots,n) \end{cases} \qquad (4.1)$$

在这个例子中,所有的变量都要求是整数,这类问题称为全整数规划问题。

【例4.2】 选址问题

现准备在几个地点建厂,可供选择的地点有 $A_1,A_2,\cdots,A_n$,它们的生产能力分别是 $a_1,a_2,\cdots,a_n$ (假设生产同一种产品)。第 i 个工厂的建设费用为 $f_i(i=1,2,\cdots,m)$,并有 n 个地点 $B_1,B_2,\cdots,B_n$,需要销售这种产品,其销量分别为 $b_1,b_2,\cdots,b_n$,从工厂 A_i 运往销地 B_j 的单位运费为 c_{ij} (表4.2)。试决定在哪个地方建厂,既能满足各地的要求,又能使总建设费和总运输费用最省?

表4.2

销地 单位运价 厂址	B_1	B_2	$\cdots$	B_n	零件需要量	建设费用
A_1	c_{11}	c_{12}	$\cdots$	c_{1n}	a_1	f_1
A_2	c_{21}	c_{22}	$\cdots$	c_{2n}	a_2	f_2
$\vdots$	$\vdots$	$\vdots$	$\vdots$	$\vdots$	$\vdots$	$\vdots$
A_m	c_{m1}	c_{m2}	$\cdots$	c_{mn}	a_m	f_m
销量	b_1	b_2	$\cdots$	b_n		

设 x_{ij} 表示从工厂 A_i 运往销地 B_j 的运量 $(i=1,2,\cdots,m;j=1,2,\cdots,n)$

$$y_i = \begin{cases} 1, \text{在} A_i \text{建厂} \\ 0, \text{不在} A_i \text{建厂} \end{cases} \qquad (i=1,2,\cdots,m)$$

则该问题可归结为求 x_{ij} 和 $y_i(i=1,2,\cdots,m;j=1,2,\cdots,n)$,则有

$$\min z = \sum_{i=1}^{m} \sum_{j=1}^{n} c_{ij} x_{ij} + \sum_{i=1}^{m} f_i y_i$$

$$\text{s. t.} \begin{cases} \sum_{j=1}^{n} x_{ij} \leqslant a_i y_i \, (i = 1, 2, \cdots, m) \\ \sum_{i=1}^{m} x_{ij} \geqslant b_j \, (j = 1, 2, \cdots, n) \\ x_{ij} \geqslant 0, y_i = 0 \text{ 或 } 1 \, (i = 1, 2, \cdots, m; j = 1, 2, \cdots, n) \end{cases} \tag{4.2}$$

在例 4.2 中, x_{ij} 可以取非负实数,而 y_j 只能取 0 或 1,这类问题称为混合整数规划问题。

【例 4.3】　投资决策问题

设有 n 个投资项目,其中第 j 个项目需要资金 a_j 万元,将来可获利润 c_j 万元。若现有资金总额为 b 万元,则应选择哪些投资项目,才能获利最大?

设　　　　　$x_j = \begin{cases} 1, \text{对第 } j \text{ 个项目投资} \\ 0, \text{不对第 } j \text{ 个项目投资} \end{cases} \quad (j = 1, 2, \cdots, n)$

设 z 为可获得的总利润(万元),则该问题的数学模型为:

$$\max z = \sum_{j=1}^{n} c_j x_j$$

$$\text{s. t.} \begin{cases} \sum_{j=1}^{n} a_j x_j \leqslant b \\ x_j = 0 \text{ 或 } 1 \, (j = 1, 2, \cdots, n) \end{cases} \tag{4.3}$$

由于决策变量 $x_j (j = 1, 2, \cdots, n)$ 只能取 0 或 1 值,可以称该类问题为 0-1 规划。模型 (4.3) 一般称为"0-1 背包问题",因为它开始是用以描述一个旅行者在旅途中携带哪些物品的问题。式(4.3)中 c_j 表示第 j 种物品的价值和效用, a_j 表示其质量,而 b 则表示旅行者所能承受的最大负重。若允许所携带的同一种物品多于一件,则只需将约束条件" $x_j = 0$ 或 1"改换成" $x_j \geqslant 0$ 且为整数"即可。这时模型(4.3)就是一个纯整数规划,同时也称为"一般背包问题"。

4.1.2　整数规划的数学模型

由于变量的取整要求,使得整数规划的求解不能直接利用相应线性规划的求解结果,整数规划的求解要比解线性规划的求解复杂得多。事实上,目前为止还没有公认的非常简洁有效的关于整数规划的求解方法。

整数规划的数学模型为:

$$\max z (\text{或 } \min z) = \sum_{j=1}^{n} c_j x_j$$

$$\text{s. t.} \begin{cases} \sum_{j=1}^{n} a_{ij} x_j \geqslant b_i \, (i = 1, 2, \cdots, m) \\ x_j \geqslant 0 \, (j = 1, 2, \cdots, n \text{ 且部分或全部为整数}) \end{cases} \tag{4.4}$$

由于决策变量取整要求的不同,整数规划可分为纯整数规划、全整数规划、混合整数规划、0-1 整数规划。

①纯整数规划:所有决策变量取非负整数(引进的松弛变量和剩余变量可以不要求取整数)。

②全整数规划:除了所有决策变量取非负整数外,而且系数 a_{ij} 和常数项 b_i 也要求是整数(引进的松弛变量和剩余变量也必须是整数)。

③混合整数规划:只有一部分的决策变量要求取非负整数,另一部分可以取非负实数。

④0-1 整数规划:所有决策变量只能取 0-1 两个整数。

4.2　分支定界法

分支定界法是求解整数规划的一种常用的有效方法,它不仅能针对纯整数规划问题求解,也能对混合整数规划问题求解。分支定界法由"分支"和"定界"两部分组成。其首先求解整数规划相应的线性规划问题,如果其最优解符合整数条件,则线性规划问题的最优解就是整数规划问题的解。如果其最优解不符合整数条件,则求出整数规划的上下界用增加约束条件的方法,并将相应的线性规划的可行域分成子区域(称为分支),再求解这些子区域上的线性规划问题,不断缩小最优目标函数值上下界的距离,当上下界的值相等时,整数规划的解就被求出,就是其目标函数值取此下界的对应线性规划的整数可行解。

下面通过一个例子来说明分支定界法的求解过程。

【例4.4】　用分支定界法求解整数规划

$$\max z = 6x_1 + 5x_2$$

$$\text{s. t.} \begin{cases} 2x_1 + x_2 \leqslant 9 \\ 5x_1 + 7x_2 \leqslant 35 \\ x_1 \geqslant 0, x_2 \geqslant 0, \text{且为整数} \end{cases} \tag{4.5}$$

解:①先求解线性规划(LP1)的解,线性规划(LP1)是整数规划(4.5)所对应的线性规划问题。

线性规划(LP1): $\max z = 6x_1 + 5x_2$

$$\text{s. t.} \begin{cases} 2x_1 + x_2 \leqslant 9 \\ 5x_1 + 7x_2 \leqslant 35 \\ x_1 \geqslant 0, x_2 \geqslant 0 \end{cases} \tag{4.5a}$$

求得其最优解为: $x_1 = 3\dfrac{1}{9}$, $x_2 = 2\dfrac{7}{9}$,最优目标函数值 $Z_1 = 32\dfrac{5}{9}$ 。显然这不是整数规划(4.5)的可行解。

②确定整数规划的最优目标函数值 z^* 初始上界 $\bar{z}$ 和下界 $\underline{z}$ 。任何求最大目标函数值的纯整数规划或混合整数规划的最大目标函数值小于或等于相应的线性规划的最大目标函数值,因此,可设整数规划(4.5)的最优函数值 z^* 的上界 $\bar{z} = 32\dfrac{5}{9}$ 。

再用观察法求出整数规划的一个可行解,并求得其目标函数值作为下界 $\underline{z}$ 。显然 $x_1 = 3$, $x_2 = 2$ 是该整数规划的可行解,则得到其目标函数值为 $6 \times 3 + 5 \times 2 = 28$ 为最优目标函数值的下界,即 $\underline{z} = 28$ 。

③将一个线性规划问题分为两支,并求解。在线性规划(LP1)的最优解的两个非整数变量 $x_1 = 3\frac{1}{9}$,$x_2 = 2\frac{7}{9}$ 中任选一个变量 $x_2 = 2\frac{7}{9}$,如果 x_2 取整数值,那么 x_2 的取值范围为 $x_2 \leqslant 2$ 或 $x_2 \geqslant 3$。这样在线性规划(1)中分别增加上面的两个约束,可以将线性规划(LP1)分解为两支:线性规划(LP2)或线性规划(LP3)。

线性规划(LP2):$\max z = 6x_1 + 5x_2$

$$\text{s. t.} \begin{cases} 2x_1 + x_2 \leqslant 9 \\ 5x_1 + x_2 \leqslant 35 \\ x_2 \leqslant 2 \\ x_1 \geqslant 0, x_2 \geqslant 0 \end{cases} \tag{4.5b}$$

解得最优解为 $x_1 = 3\frac{1}{2}$,$x_2 = 2$,最优目标函数值 $Z_2 = 31$。

线性规划(LP3):$\max z = 6x_1 + 5x_2$

$$\text{s. t.} \begin{cases} 2x_1 + x_2 \leqslant 9 \\ 5x_1 + x_2 \leqslant 35 \\ x_2 \geqslant 3 \\ x_1 \geqslant 0, x_2 \geqslant 0 \end{cases} \tag{4.5c}$$

解得最优解为 $x_1 = 2\frac{2}{5}$,$x_2 = 3$,最优目标函数值 $Z_3 = 31\frac{4}{5}$。

④修改整数规划的最优目标函数的上、下界。从步骤③中可知,当 $x_2 \leqslant 2$ 时,整数规划的最优目标函数值不大于 31,而当 $x_2 \geqslant 3$ 时则不大于 $31\frac{4}{5}$。可见无论 x_2 取什么值,该整数规划的最优目标函数值不大于 $31\frac{4}{5}$,这样可将上界 $\bar{z} = 32\frac{5}{9}$ 修改为 $31\frac{4}{5}$,取线性规划(LP2)、(LP3)的最优目标函数值的最大值。

在线性规划(LP2)中存在整数规划可行解 $x_1 = 3$,$x_2 = 2$,其目标函数值为 $6 \times 3 + 5 \times 2 = 28$,在线性规划(LP3)中存在整数规划可行解 $x_1 = 2$,$x_2 = 3$,其目标函数值为 $6 \times 2 + 5 \times 3 = 27$。取线性规划(LP2)、(LP3)中的整数可行解的目标函数最大值 28 为新的最优目标函数下界 $\underline{z} = 28$。

⑤将线性规划(LP2)分支,线性规划(LP2)的最优解为 $x_1 = 3\frac{1}{2}$,$x_2 = 2$,将 x_1 分成 $x_1 \leqslant 3$ 和 $x_1 \geqslant 2$ 两种情况,则线性规划(LP2)分解成线性规划(LP4)、(LP5)。

线性规划(LP4):$\max z = 6x_1 + 5x_2$

$$\text{s. t.} \begin{cases} 2x_1 + x_2 \leqslant 9 \\ 5x_1 + x_2 \leqslant 35 \\ x_2 \leqslant 2 \\ x_1 \leqslant 3 \\ x_1 \geqslant 0, x_2 \geqslant 0 \end{cases} \tag{4.5d}$$

求得最优解 $x_1 = 3$,$x_2 = 2$,最优目标函数值 $Z_4 = 28$。

线性规划（LP5）：max $z = 6x_1 + 5x_2$。

$$\text{s. t.} \begin{cases} 2x_1 + x_2 \leqslant 9 \\ 5x_1 + x_2 \leqslant 35 \\ x_2 \leqslant 2 \\ x_1 \geqslant 4 \\ x_1 \geqslant 0, x_2 \geqslant 0 \end{cases} \quad (4.5e)$$

求解（LP5）得整数最优解 $x_1 = 4, x_2 = 1, z_5 = 29$。

将线性规划（LP3）分支，线性规划（LP3）的最优解为 $x_1 = 2\frac{4}{5}, x_2 = 3$，将 x_1 分成 $x_1 \leqslant 2$，$x_1 \geqslant 3$ 两种情况，则线性规划（LP3）分解成线性规划（LP6）、（LP7）。

线性规划（LP6）：max $z = 6x_1 + 5x_2$

$$\text{s. t.} \begin{cases} 2x_1 + x_2 \leqslant 9 \\ 5x_1 + x_2 \leqslant 35 \\ x_2 \geqslant 3 \\ x_1 \leqslant 2 \\ x_1 \geqslant 0, x_2 \geqslant 0 \end{cases} \quad (4.5f)$$

解得最优解 $x_1 = 2$，$x_2 = 3\frac{4}{7}$，最优目标函数值 $z_6 = 29\frac{6}{7}$。

线性规划（LP7）：max $z = 6x_1 + 5x_2$

$$\text{s. t.} \begin{cases} 2x_1 + x_2 \leqslant 9 \\ 5x_1 + x_2 \leqslant 35 \\ x_2 \geqslant 3 \\ x_1 \geqslant 3 \\ x_1 \geqslant 0, x_2 \geqslant 0 \end{cases} \quad (4.5g)$$

经求解，线性规划（LP7）无可行解。

⑥进一步修改整数规划最优目标函数值 z^* 的上、下界。

取线性规划（LP4）、（LP5）、（LP6）、（LP7）的最优目标函数的最大值（即）为整数规划最优目标函数值的上界。

⑦由于线性规划（LP4）的最优目标函数值 $Z_4 = 28$，小于 $\bar{z} = 29$，则剪掉该支以后不再考虑。线性规划（LP5）已得整数解，不再分支。线性规划（LP6）的 $z_6 = 29\frac{6}{7}$ 大于 $\underline{z} = 29$，且其解不为整数，故将进一步对线性规划（LP6）分支。

⑧将线性规划（LP6）分支，线性规划（LP6）的最优解为，$x_2 = 3\frac{4}{7}$，将 x_2 分成 $x_2 \leqslant 3$ 和 $x_2 \geqslant 4$ 两种情况，则线性规划（LP6）分解成线性规划（LP8）、（LP9）。

线性规划（LP8）：max $z = 6x_1 + 5x_2$

$$\text{s. t.} \begin{cases} 2x_1 + x_2 \leqslant 9 \\ 5x_1 + x_2 \leqslant 35 \\ x_2 \geqslant 3 \\ x_1 \leqslant 2 \\ x_2 \leqslant 3 \\ x_1 \geqslant 0, x_2 \geqslant 0 \end{cases} \tag{4.5h}$$

求得最优解 $x_1 = 2, x_2 = 3$，最优目标函数 $z_8 = 27$。

线性规划(9)：$\max z = 6x_1 + 5x_2$

$$\text{s. t.} \begin{cases} 2x_1 + x_2 \leqslant 9 \\ 5x_1 + x_2 \leqslant 35 \\ x_2 \geqslant 3 \\ x_1 \leqslant 2 \\ x_2 \geqslant 4 \\ x_1 \geqslant 0, x_2 \geqslant 0 \end{cases} \tag{4.5i}$$

求得最优解 $x_1 = 1\dfrac{2}{5}, x_2 = 4$，最优目标函数值 $z_9 = 28\dfrac{2}{5}$。

⑨进一步修改整数规划最优目标函数值 z^* 的上、下界。

取线性规划(LP5)、(LP8)、(LP9)的最优目标函数的最大值($z_5 = 29$)为整数规划最优目标函数值的上界 $\bar{z} = 29$。

线性规划(LP5)有整数可行解 $x_1 = 4, x_2 = 1$，其目标函数值为 29，线性规划(LP8)有整数可行解 $x_1 = 2, x_2 = 3$，其目标函数值为 27，线性规划(LP9)有整数可行解 $x_1 = 1, x_2 = 4$，其目标函数值为 21。用线性规划(LP5)、(LP8)、(LP9)中的整数可行解的目标函数的最大值修改下界 $\underline{z} = 29$。

⑩由于 $\bar{z} = \underline{z} = 29$，故求出整数规划的最优解，最优解为 $x_1 = 4, x_2 = 1$。

根据以上的解题过程，可得分支定界法求解目标函数值最大的整数规划步骤。

上述解题过程，用树状图(图 4.1)可以清楚地表示出来。

通过上面对解题过程的说明，下面将给出用分支定界法求解目标函数值最大的整数规划步骤。

将求解的整数规划问题称为问题 P，将与 P 对应的线性规划问题称为 Q。

求解步骤如下所述：

①求解问题 Q 可得以下情况之一：

a. 若 Q 无可行解，则 LP 也没有可行解，求解过程停止。

b. 若 Q 有最优解，且满足问题 LP 的整数条件，则 Q 的最优解即为 LP 的最优解，求解过程停止。

c. 若 Q 有最优解，但不满足问题 LP 的整数条件，记其目标函数值为 z_1。

②确定 x 的最优目标函数值 z^* 的上下界，其上界即为 z_1，记 $\bar{z} = z_1$，再用观察法找到 LP 的一个整数可行解，求其目标函数值作为 z^* 的下界，记作 $\underline{z}$。

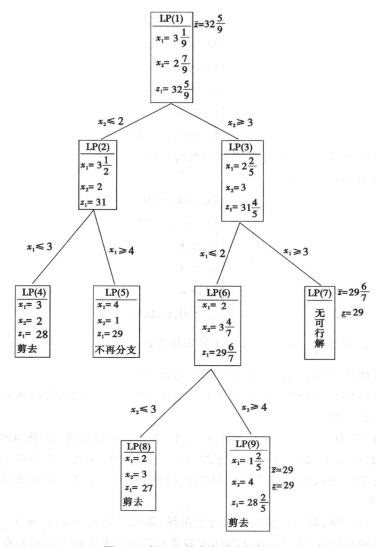

图 4.1 例 4.4 分支定界法树状图

③判断 $\bar{z}$ 是否等于 $\underline{z}$。如果 $\bar{z} = \underline{z}$，则整数规划的最优解即为其目标函数值等于 $\underline{z}$ 的整数规划 LP 的整数可行解。

如果 $\bar{z} \neq \underline{z}$，则进入下一步。

④在 Q 的最优解中任选一个变量，设该变量为 $x_j = q_j$，用 $[q_j]$ 表示小于 q_j 的最大整数，则构造两个约束条件：$x_j \leqslant [q_j]$ 和 $x_j \geqslant [q_j] + 1$。

将这两个约束分别加入线性规划 Q 中，则得到 Q 的两个分支 Q_1 和 Q_2。

⑤求解分支问题 Q_1 和 Q_2。修改 LP 的最优目标函数值的上下界 $\bar{z}$ 和 $\underline{z}$。

取 Q_1、Q_2 的最优目标函数值的最大值为新的上界的值。用观察法各取 Q_1、Q_2 的一个整数可行解，并选择其中一个较大的目标函数值作为新的下界 $\underline{z}$ 的值。

⑥比较与剪枝。各分支的最优目标函数中若有小于 $\underline{z}$ 者，则剪掉该支，以后不再考虑。若大于 $\underline{z}$ 者，且不满足整数条件，则重复第③至第⑥步，直到 $\bar{z} = \underline{z}$，求出最优解为止。

求解目标函数值最小的整数规划的步骤与上述相似，只是上界的设定有所不同。将线性

规划 Q 的最优解作为整数规划最优目标函数值 z^* 的下界 $\underline{z}$。将 Q 的一个整数可行解的目标函数值作为 z^* 的上界 $\bar{z}$。第⑤步中，取 Q_1、Q_2 的最优目标函数值的最优值作为新的下界 $\underline{z}$ 的值，取 Q_1、Q_2 中的各一个整数可行解，并选一个较大的目标函数值作为新的上界 $\bar{z}$ 的值。

分支定界法同样适用于混合整数规划的求解。只是分支过程只对有整数约束的变量进行。

4.3　割平面算法

考虑纯整数规划问题：

$$\max z = \sum_{j=1}^{n} c_j x_j \tag{4.6a}$$

$$\text{s. t.} \begin{cases} \sum_{j=1}^{n} a_{ij} x_j = b_i (i = 1, 2, \cdots, m) & \text{(4.6b)} \\ x_j \geqslant 0 (j = 1, 2, \cdots, n) & \text{(4.6c)} \\ x_i \text{ 取整数} (j = 1, 2, \cdots, n) & \text{(4.6d)} \end{cases}$$

设其中 $a_{ij}(i = 1, 2, \cdots, m; j = 1, 2, \cdots, n)$ 和 $b_i(i = 1, 2, \cdots, m)$ 皆为整数（若不为整数时，可乘上一个倍数化为整数）。

纯整数规划的松弛问题由式（4.6a）、式（4.6b）、式（4.6c）构成，是一个线性规划问题，可以用单纯形法求解。在松弛问题的最优单纯形表中，记 $\mathbf{Q}$ 为 m 个基变量的下标集合，K 为 $n-m$ 个非基变量的下标集合，则 m 个约束方程可表示为：

$$x_i + \sum_{j \in K} \bar{a}_{ij} x_i = \bar{b}_i (i \in \mathbf{Q}) \tag{4.7}$$

而对应的最优解 $X^* = (x_1^*, x_2^*, \cdots, x_3^*)^{\mathrm{T}}$，其中

$$x_j^* = \begin{cases} \bar{b}_j (j \in \mathbf{Q}) \\ 0 (j \in K) \end{cases} \tag{4.8}$$

若各 $\bar{b}_j(j \in \mathbf{Q})$ 皆为整数，则 X^* 满足式（4.6d），因而是纯整数规划的最优解；若各 $\bar{b}j(j \in \mathbf{Q})$ 不全为整数，则 X^* 不满足式（4.6d），因而不是纯整数规划的可行解，自然也不是原整数规划的最优解。

用割平面法解整数规划时，若其松弛问题的最优解 X^* 不满足式（4.6d），则从 X^* 的非整分量中选取一个，用以构成一个线性约束条件，将其加入原松弛问题中，形成一个新的线性规划问题，然后求解之。若新的最优解满足整数要求，则它就是整数规划的最优解；否则，重复上述步骤，直到获得整数最优解为止。

为最终获得整数最优解，每次增加的线性约束条件应具备两个基本性质：其一是已获得的不符合整数要求的线性规划最优解不满足该线性约束条件，从而不可能在以后的解中再出现；其二是凡整数可行解均满足该线性条件，因而整数最优解始终被保留在每次形成的线性规划可行域中。

为此，若 $\bar{b}_{i_0}(i_0 \in \mathbf{Q})$ 不是整数，在式（4.7）中对应的约束方程为

$$x_{i0} + \sum_{j \in K} \bar{a}_{i_0, j} x_j = \bar{b}_{i0} \tag{4.9}$$

其中, x_{i_0} 和 $x_j(j \in K)$ 按式(4.6d)应为整数; $\bar{b}_{i_0}(i_0 \in \mathbf{Q})$ 按假设不是整数; $\bar{a}_{i_0,j}$ 可能是整数, 也可能不是整数。

分解 $\bar{a}_{i_0,j}$ 和 $\bar{b}_{i_0}$ 成两个部分。一部分是不超过该数的最大整数,另一部分是余下的小数,即

$$\bar{a}_{i_0,j} = N_{i_0,j} + f_{i_0,j}, N_{i_0,j} \leq \bar{a}_{i_0,j} \text{ 且为整数}, 0 \leq f_{i_0,j} < 1(j \in K) \tag{4.10}$$

$$\bar{b}_{i_0} = N_{i_0} + f_{i_0}, N_{i_0} < \bar{b}_{i_0} \text{ 且为整数}, 0 < f_{i_0} < 1 \tag{4.11}$$

把式(4.10)和式(4.11)代入式(4.9)中,移项后得

$$x_{i_0} + \sum_{j \in K} N_{i_0,j} x_j - N_{i_0} = f_{i_0} - \sum_{j \in K} f_{i_0,j} x_j \tag{4.12}$$

在式(4.12)中,左边是一个整数,右边是一个小于 1 的数字,因此有 $f_{i_0} - \sum_{j \in K} f_{i_0,j} x_j \leq 0$,即

$$\sum_{j \in K} (-f_{i_0,j}) x_j \leq -f_{i_0} \tag{4.13}$$

现在来考察线性约束条件(4.13)的性质。

一方面,由于式(4.13)中 $j \in K$,所以如将 X^* 代入,各 x_j 作为非基变量皆为 0,因而有 $0 \leq -f_{i_0}$,这和式(4.11)矛盾。由此可见, X^* 不满足式(4.13)。

另一方面,满足式(4.6b)、式(4.6c)、式(4.6d)的任何一个整数可行解 X 一定也满足式(4.7)。式(4.9)是式(4.7)中的一个表达式,当然也满足。因而 X 必定满足式(4.12)和式(4.13)。由此可知,任何整数可行解一定能满足式(4.13)。

综上所述,线性约束条件(4.13)具备上述两个基本性质。将式(4.13)和式(4.6a)、式(4.6b)、式(4.6c)合并,构成一个新的线性规划。记 R 为原松弛问题的可行域, R' 为新的线性规划可行域。从几何意义上看,式(4.13)实际上对 R 做了一次"切割",在留下的 R' 中,保留了整数规划的所有整数可行解,但不符合整数要求的 X^* 被"切割"掉了。随着"切割"过程的不断继续,整数规划最优解最终有机会成为某个线性规划可行域的顶点,作为该线性规划的最优解而解得。

割平面法是 1958 年由美国学者高莫利(R. E. GoMory)提出的求解全整数规划的一种比较简单的方法。在割平面法中,每次增加的用于"切割"的线性约束称为割平面约束或Gomory约束。构造割平面约束的方法很多,但式(4.13)是较为常用的一种,它可以从线性规划的最终单纯形表中直接产生。

在实际解题时,经验表明若从最优单纯形表中选择具有最大小(分)数部分的非整分量所在行构造割平面约束,往往可以提高"切割"效果,减少"切割"次数。

【例 4.5】 用割平面法求解纯整数规划

$$\max z = 3x_1 - x_2$$

$$\text{s. t.} \begin{cases} 3x_1 - 2x_2 \leq 3 \\ 5x_1 + 4x_2 \geq 10 \\ 2x_1 + x_2 \leq 5 \\ x_1, x_2 \geq 0 \\ x_1, x_2 \text{ 为整数} \end{cases} \tag{4.14}$$

解:引入松弛变量 x_3, x_4, x_5,将问题化为标准形式,用单纯形法解其松弛问题,得最优单纯形表,见表4.3。

表4.3

	c_j		3	-1	0	0	0
C_B	X_B	b	x_1	x_2	x_3	x_4	x_5
3	x_1	$\dfrac{13}{7}$	1	0	$\dfrac{1}{7}$	0	$\dfrac{2}{7}$
-1	x_2	$\dfrac{9}{7}$	0	1	$-\dfrac{2}{7}$	0	$\dfrac{3}{7}$
0	x_4	$\dfrac{31}{7}$	0	0	$-\dfrac{3}{7}$	1	$\dfrac{22}{7}$
	$c_j - z_j$		0	0	$-\dfrac{5}{7}$	0	$-\dfrac{3}{7}$

由于 b 列各分数中 $x_1 = \dfrac{13}{7}$ 有最大小数部分 $\dfrac{6}{7}$,故从表中第一行产生割平面约束。根据式(4.13),割平面约束为

$$-\frac{1}{7}x_3 - \frac{2}{7}x_5 \leqslant -\frac{6}{7} \tag{4.15a}$$

引入松弛变量 x_6,得割平面方程为

$$-\frac{1}{7}x_3 - \frac{2}{7}x_5 + x_6 = -\frac{6}{7} \tag{4.15b}$$

将式(4.15b)并入表4.3,然后用对偶单纯形法求解,得表4.4。

表4.4

	c_j		3	-1	0	0	0	0
C_B	X_B	b	x_1	x_2	x_3	x_4	x_5	x_6
3	x_1	$\dfrac{13}{7}$	1	0	$\dfrac{1}{7}$	0	$\dfrac{2}{7}$	0
-1	x_2	$\dfrac{9}{7}$	0	1	$-\dfrac{2}{7}$	0	$\dfrac{3}{7}$	0
0	x_4	$\dfrac{31}{7}$	0	0	$-\dfrac{3}{7}$	1	$\dfrac{22}{7}$	0
0	x_6	$-\dfrac{6}{7}$	0	0	$-\dfrac{1}{7}$	0	$\left[-\dfrac{2}{7}\right]$	1
	$c_j - z_j$		0	0	$-\dfrac{5}{7}$	0	$-\dfrac{3}{7}$	0
					⋮			
3	x_1	1	1	0	0	0	0	1
-1	x_2	$\dfrac{5}{4}$	0	1	0	$-\dfrac{1}{4}$	0	$-\dfrac{5}{4}$

续表

	c_j		3	-1	0	0	0	0
C_B	X_B	b	x_1	x_2	x_3	x_4	x_5	x_6
0	x_3	$\dfrac{5}{2}$	0	0	1	$-\dfrac{1}{2}$	0	$-\dfrac{11}{2}$
0	x_6	$\dfrac{7}{4}$	0	0	0	$\dfrac{1}{4}$	1	$-\dfrac{3}{4}$
	c_j-z_j		0	0	0	$-\dfrac{1}{4}$	0	$-\dfrac{17}{4}$

类似地,从表4.4中最后一个单纯形表的第四行产生割平面约束

$$-\frac{1}{4}x_4 - \frac{1}{4}x_6 \leqslant -\frac{3}{4} \tag{4.15c}$$

引入松弛变量 x_7 ,得割平面方程

$$-\frac{1}{4}x_4 - \frac{1}{4}x_6 + x_7 = -\frac{3}{4} \tag{4.15d}$$

将式(4.15d)并入表4.4中最后一个单纯形表,然后用对偶单纯形法解之,得表4.5。

表 4.5

	c_j		3	-1	0	0	0	0	0
C_B	X_B	b	x_1	x_2	x_3	x_4	x_5	x_6	x_7
3	x_1	1	1	0	0	0	0	1	0
-1	x_2	2	0	1	0	0	0	-1	-1
0	x_3	4	0	0	1	0	0	-5	-2
0	x_5	1	0	0	0	0	1	-1	1
0	x_4	3	0	0	0	1	0	1	-4
	c_j-z_j		-1	0	0	0	0	0	-4	-1

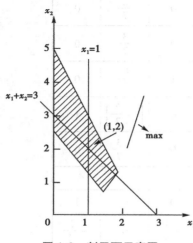

图 4.2　割平面示意图

表 4.5 给出的最优解 $(x_1,x_2,x_3,x_4,x_5,x_6)^{\mathrm{T}}=(1,2,4,3,1,0,0)^{\mathrm{T}}$ 已满足整数要求,因而,原整数规划问题的最优解为 $x_1=1,x_2=2,\max z=1$ 。如果,在先后构造的割平面约束式(4.15a)和式(4.13c)中,将各变量用原整数规划的决策变量 x_1 和 x_2 来表示,则式(4.15a)和式(4.13c)成为 $x_1\leqslant 1$ 和 $x_1+x_2\geqslant 3$ 。在这种形式下,"切割"的几何意义是显而易见的,如图4.2所示。

在用割平面法解释整数规划时,常会遇到收敛很慢的情形。因此,在实际使用时,有时往往和分支定界法配合使用。

4.4 指派问题

4.4.1 数学模型

指派问题是一类更特殊的线性规划问题。对于此类问题,可以作出一般描述:设有 n 项工作任务需要指派 n 个人去完成。要求每个人均应领受到任务,每项任务都只能分配给单独的一个人。若不同的人完成不同任务的费用(或效益)均为已知,问应该如何分派任务,方能使完成所有任务的总费用达到最低(或效益达到最高)?

以追求总费用最低作为指派问题的标准形式,首先研究这类问题的数学模型。为此定义 0-1变量 $x_{ij}(i = 1,2,\cdots,m;j = 1,2,\cdots,n)$,令其只能在 0 或 1 两者之间选择取值,并将它的每种取值赋予实际意义。其中:

$$x_{ij} = \begin{cases} 1, 指派第 i 个人去完成第 j 项任务 \\ 0, 第 i 个人未被指派去完成第 j 项任务 \end{cases}$$

又以系数 c_{ij} 代表第 i 个人去完成第 j 项任务所需的费用($c_{ij} \geq 0, i = 1,2,\cdots,n, j = 1, 2,\cdots,n$)。通常此费用以表格或矩阵的形式给出,称其为价值系数矩阵或效率矩阵。

$$(c_{ij})_{n\times n} = \begin{bmatrix} c_{11} & c_{12} & \cdots & c_{1n} \\ c_{21} & c_{22} & \cdots & c_{2n} \\ \vdots & \vdots & & \vdots \\ c_{n1} & c_{n2} & \cdots & c_{nn} \end{bmatrix}$$

则问题的数学模型可表达为:

$$\min f(x) = \sum_{i=1}^{n} \sum_{j=1}^{n} c_{ij} x_{ij}$$

$$\text{s. t.} \begin{cases} \sum_{i=1}^{n} x_{ij} = 1(j = 1,2,\cdots,n) \\ \sum_{j=1}^{n} x_{ij} = 1(i = 1,2,\cdots,n) \\ x_{ij} = 0 \text{ 或 } 1(i = 1,2,\cdots,n, j = 1,2,\cdots,n) \end{cases}$$

显然这类问题又可以看成平衡运输问题的特例($m = n$, $a_i = b_j = 1$)。由观察可直接写出此类问题的任意一个可行解矩阵(不一定为最优解),例如:

$$(x_{ij}^0)_{n\times n} = \begin{bmatrix} x_{11}^0 & x_{12}^0 & x_{13}^0 & \cdots & x_{1n}^0 \\ x_{21}^0 & x_{22}^0 & x_{23}^0 & \cdots & x_{2n}^0 \\ \vdots & \vdots & \vdots & & \vdots \\ x_{n1}^0 & x_{n2}^0 & x_{n3}^0 & \cdots & x_{nn}^0 \end{bmatrix} = \begin{bmatrix} 1 & 0 & 0 & \cdots & 0 \\ 0 & 1 & 0 & \cdots & 0 \\ \vdots & \vdots & \vdots & & \vdots \\ 0 & 0 & 0 & \cdots & 1 \end{bmatrix}$$

就是一个可行解。不难看出,由于解的高度退化(基变量的个数为 $2n - 1$,而不为 0 的正分量仅为 n 个),因此运输问题的表上作业法求解此类问题并不合算。为此将介绍由匈牙利数学家柯尼格(Konig)提出的一种简捷算法,通常称为匈牙利算法。

4.4.2 指派问题最优解的性质

在指派问题的价值系数矩阵 $(c_{ij})_{n\times n}$ 中,以某行(或某列)的各元素分别减去或加上一个常数 k 得到新矩阵 $(c'_{ij})_{n\times n}$,则以 $(c'_{ij})_{n\times n}$ 为价值系数矩阵的指派问题与原问题具有相同的最优解。

这个性质显然是成立的。因为价值系数矩阵的变动并未涉及问题的约束条件。对目标函数来说,由于满足约束条件的可行解矩阵的每行每列仅有一个元素为 1 而其余元素皆为零。如果从 $(c_{ij})_{n\times n}$ 的某行(或某列)的各元素中同时减去一个常数 k ,则目标函数就由 $f(X)$ 变为 $f'(X)=f(X)-1\cdot k$ 。在约束条件不发生变化的条件下,目标函数 $f(X)$ 与 $f'(X)=f(X)-k$ 当然具有相同的最优解矩阵。

4.4.3 求解方法及迭代步骤

对匈牙利算法的解题思路可作如下一个直接的表述:首先利用最优解的性质变换原问题的价值系数矩阵 $(c_{ij})_{n\times n}$,在某些行或列上反复地加减适当的常数且保持各元素皆大于等于零,直至变换后的价值系数矩阵 $(c'_{ij})_{n\times n}$ 出现了 n 个位于不同行且不同列的 0 元素为止。对于用新矩阵 $(c'_{ij})_{n\times n}$ 所构成的指派问题,取这 n 个位于不同行且不同列的 0 元素所对应的变量 $x^*_{ij}=1$,而令其余的变量 $x^*_{ij}=0$,就得到新问题的一个可行解 $X^*=(x^*_{ij})_{n\times n}$,且必为最优解,因为其目标函数 $f'(X^*)=0$ 已达到下界。此最优解 X^* 即原问题的最优解。

为熟悉这种思路,首先应计算下面一个简单例题。

【例4.6】 有4个施工作业需要指派4个施工队去承担,每个施工队承担一个施工作业。因各施工队人数和专长不同,他们承担各施工作业所需要的时间(天数)也不相同,见表4.6。问应该如何分派任务,方可使总的施工时间达到最少?

表4.6

时间 工作 施工队	砌 墙	门 窗	抹 灰	腻 子
甲	50	15	60	55
乙	20	80	70	60
丙	40	30	10	40
丁	60	50	50	15

解:变换问题的价值系数矩阵直至新矩阵中出现 n 个不同行且不同列的 0 元素:

$$(c_{ij})=\begin{bmatrix}50&15&60&55\\20&80&70&60\\40&30&10&40\\60&50&50&15\end{bmatrix}\begin{matrix}-15\\-20\\-10\\-15\end{matrix}\rightarrow\begin{bmatrix}35&0&45&40\\0&60&50&40\\30&20&0&30\\45&35&35&0\end{bmatrix}=(c'_{ij})$$

价值系数矩阵 $(c'_{ij})_{n \times n}$ 中出现了 4 个位于不同行且不同列的 0 元素,取 $x^*_{12} = x^*_{21} = x^*_{33} = x^*_{44} = 1$,令其余 $x^*_{ij} = 0$,则已得到问题的最优解矩阵。

$$(x^*_{ij})_{n \times n} = \begin{bmatrix} 0 & 1 & 0 & 0 \\ 1 & 0 & 0 & 0 \\ 0 & 0 & 1 & 0 \\ 0 & 0 & 0 & 1 \end{bmatrix}$$

相应的目标函数最优值为:

$$\min f'(X) = \sum_{i=1}^{n} \sum_{j=1}^{n} c'_{ij} x^*_{ij} = 0$$

$$\min f(X) = \sum_{i=1}^{n} \sum_{j=1}^{n} c_{ij} x_{ij} = 15 \times 1 + 20 \times 1 + 10 \times 1 + 15 \times 1 = 60(\text{天})$$

其具体意义是指派施工队甲承担门窗工程,施工队乙承担砌墙工程,施工队丙承担抹灰工程,施工队丁承担刮腻子工程,总工期为 60 天。

注意原问题的目标函数最优值可由矩阵变换过程中,各行(列)所减去的常数直接求和而得到,读者可自行验证这个一般性的结论。

一般来说,为简捷地变换价值系数矩阵并便于在计算机上进行计算,给出匈牙利算法的一般迭代步骤:

①变换价值系数矩阵使各行各列都出现 0,为此:

a. 从系数矩阵的各行减去该行的最小元素。

b. 再从系数矩阵的各列减去该列的最小元素。

当然,若某行(某列)已有 0 元素了,则不再减。

②试求最优解。从 0 元素最少的行开始,圈出一个 0 元素,用 ◎ 表示,然后划去与之同行同列的其余 0 元素,用 ∅ 表示。重复上述作法直到无 0 元素可圈为止(注意在每一轮圈 0 元素的过程中,元素 ◎ 及 ∅ 都不能再圈)。显然这样圈出的 0 元素 ◎ 皆位于不同的列和行上。

若圈出的 0 元素 ◎ 已有 n 个,则问题已达最优,停止迭代,取 ◎ 元素所对应的变量 $x^*_{ij} = 1$,令其余变量 $x^*_{ij} = 0$,计算原问题的目标函数最优值 $f(X^*) = \sum_{i=1}^{n} \sum_{j=1}^{n} c_{ij} x^*_{ij} = 0$,若圈出的 0 元素 ◎ 的个数 $< n$,则问题未达到最优。此时需要继续变换矩阵使 0 元素的位置移动或生成更多的 0 元素。为此进行步骤③、步骤④。

③用最少的直线将矩阵的 0 元素覆盖,具体做法如下:

a. 对没有 ◎ 的行打"√"号,(此行将减去某个常数 k)。

b. 对打"√"号行上的所有 0 元素所在的列打"√"号(此列将加上某个常数 k)。

c. 再对打"√"号的列上有 ◎ 的行打"√"号(此行将减去某个常数 k)。

d. 重复 b、c 直至无法继续打"√"号为止。

e. 对没有打"√"号的行画横线覆盖,对打"√"号的列纵线覆盖。这些纵横直线就构成了覆盖所有 0 元素的最少直线的集合,转步骤④。

④继续变换价值系数矩阵以求出现新的 0 元素。在未被直线覆盖的元素中找出其数值最小者,设为 k。对没画直线的行的各元素均减去 k,对画有直线的列的各元素均加上 k。返回步骤②。

显然,步骤③、步骤④必使未被直线覆盖的位置中的最小元素处出现新的 0 元素。而在被直线所覆盖的部分中,除纵横直线的交叉处增加了数值 k 以外,其余元素均保持了原来的数值。由于已被圈住的 0 元素◎决不会位于纵横直线的交叉处,因而步骤③、步骤④保护了全部被圈住的 0 元素◎,并尽可能多地保存了未被圈住的 0 元素∅,从而使问题向最优解更加靠近。现用例题来说明匈牙利算法的全部步骤。

【例4.7】 有 4 台不同型号的牵引机 A,B,C,D 需与 4 台不同型号的铲运机甲、乙、丙、丁匹配,表4.7给出了不同匹配所需的单位时间费用。问应该如何决定牵引机与铲运机的匹配关系,方能使匹配的单位时间总费用达到最低?

表4.7

单位时间费用 铲运机 牵引机	甲	乙	丙	丁
A	8	5	1	3
B	3	3	6	15
C	1	5	7	18
D	1	5	2	11

解:这是一个典型的指派问题。表4.8给出了问题的价值系数矩阵。按照匈牙利算法,首先变换问题的价值系数矩阵并试求最优解。

$$(c_{ij})_{4\times4} = \begin{bmatrix} 8 & 5 & 1 & 3 \\ 3 & 3 & 6 & 15 \\ 1 & 5 & 7 & 18 \\ 1 & 5 & 2 & 11 \end{bmatrix} \begin{matrix} -1 \\ -3 \\ -1 \\ -1 \end{matrix} \rightarrow \begin{bmatrix} 7 & 4 & 0 & 2 \\ 0 & 0 & 3 & 12 \\ 0 & 4 & 6 & 17 \\ 0 & 4 & 1 & 10 \end{bmatrix} \rightarrow \begin{bmatrix} 7 & 4 & ◎ & ∅ \\ ∅ & ◎ & 3 & 10 \\ ◎ & 4 & 6 & 15 \\ ∅ & 4 & 1 & 8 \end{bmatrix}$$
$$-2$$

被圈出的 0 元素仅有 3 个,问题未达最优。为此按照步骤③、步骤④继续变换价值系数矩阵。

$$\begin{bmatrix} 7 & 4 & ◎ & ∅ \\ ∅ & ◎ & 3 & 10 \\ ◎ & 4 & 6 & 15 \\ ∅ & 4 & 1 & 8 \end{bmatrix} \begin{matrix} \\ \\ \sqrt{}-1 \\ \sqrt{}-1 \end{matrix} \rightarrow \begin{bmatrix} 8 & 4 & ∅ & ◎ \\ 1 & ◎ & 3 & 10 \\ ◎ & 3 & 5 & 14 \\ ∅ & 3 & ◎ & 7 \end{bmatrix} = (c'_{ij})_{4\times4}$$
$$\sqrt{}$$
$$+1$$

在进一步变换后的价值系数矩阵 $(c'_{ij})_{4\times4}$ 上试求最优解。由于被圈出的 0 元素◎已达 4 个,所以已得最优解。最佳匹配为 A-丁、B-乙、C-甲、D-丙。匹配的单位时间最小总费用为

$$\min f(X) = 3 \times 1 + 3 \times 1 + 1 \times 1 + 2 \times 1 = 9$$

解毕。

现在来讨论追求效益达到最大的指派问题。对于此类问题,由于匈牙利算法要求价值系

数矩阵中所有元素皆大于零,因此不能简单套用单纯形法的处理方法,将目标函数取负号化为极小化求解,而应按照下述办法进行。

设原问题的目标函数为 $\max f(X) = \sum\limits_{i=1}^{n}\sum\limits_{j=1}^{n} c_{ij}x_{ij}$,其效率矩阵为 $C = (c_{ij})_{n\times n}$,则取一正常数 M,要求 M 大于等于 C 的所有元素 c_{ij}。作一新的价值系数矩阵 $B = (b_{ij})_{n\times n}$,使 $b_{ij} = M - c_{ij}(i = 1, ,2,\cdots,n, j = 1,2,\cdots,n)$。由于 $b_{ij} \geq 0$ 合于匈牙利算法要求的条件且与 c_{ij} 有着一一对应的关系(较大的 c_{ij} 对应较小的 b_{ij},反之亦然),因此对新问题

$$\min z = \sum\limits_{i=1}^{n}\sum\limits_{j=1}^{n} b_{ij}x_{ij}$$

$$\text{s. t.} \begin{cases} \sum\limits_{i=1}^{n} x_{ij} = 1, (j = 1,2,\cdots,n) \\ \sum\limits_{j=1}^{n} x_{ij} = 1, (i = 1,2,\cdots,n) \\ x_{ij} = 0 \text{ 或 } 1 \end{cases}$$

按照匈牙利算法求出其最优解 $X^* = (x_{ij}^*)_{n\times n}$,则原问题的最优解已经求出,它就是 X^*。相应地,原问题的目标函数最优值即为

$$\max f(X) = \sum\limits_{i=1}^{n}\sum\limits_{j=1}^{n} c_{ij}x_{ij}^*$$

下列式子给出了新问题的目标函数与原问题的目标函数值之间的关系:

$$Z = \sum\limits_{i=1}^{n}\sum\limits_{j=1}^{n} b_{ij}x_{ij} = \sum\limits_{i=1}^{n}\sum\limits_{j=1}^{n}(M - c_{ij})x_{ij} = \sum\limits_{i=1}^{n}\sum\limits_{j=1}^{n} Mx_{ij} - \sum\limits_{i=1}^{n}\sum\limits_{j=1}^{n} c_{ij}x_{ij}$$

$$= nM - \sum\limits_{i=1}^{n}\sum\limits_{j=1}^{n} c_{ij}x_{ij} = nM - f(X)$$

显然当目标函数 Z 达到极小时,其最优解必使目标函数 $f(X)$ 达到极大。

最后以例题的形式介绍 n 项任务 m 个人的指派问题($n > m$ 或 $n < m$)。

【例 4.8】 有 4 项工作任务需从 6 台不同型号的机床中挑选 4 台去完成。每项任务只能由一台机床独立承担,每台机床只能承担一项任务。设不同机床完成不同任务所需用的费用均为已知,见表 4.8。问应怎样指派任务,方能使完成所有任务花费的总费用最少?

表 4.8

机床 \ 费用 \ 任务	甲	乙	丙	丁
A	9	4	8	2
B	7	3	7	9
C	6	5	3	8
D	5	3	1	5
E	2	1	4	9
F	6	4	6	4

解:匈牙利算法要求问题的价值系数矩阵的行数与列数相等。为此虚拟戊、已两项任务，令各台机床完成虚拟任务所需的费用皆为零，从而使问题的价值系数矩阵变为方阵，然后用匈牙利算法求解。

虚拟列

↓ ↓

$$(c_{ij})_{6\times6} = \begin{bmatrix} 9 & 4 & 8 & 2 & 0 & 0 \\ 7 & 3 & 7 & 9 & 0 & 0 \\ 6 & 5 & 3 & 8 & 0 & 0 \\ 5 & 3 & 1 & 5 & 0 & 0 \\ 2 & 1 & 4 & 9 & 0 & 0 \\ 6 & 4 & 6 & 4 & 0 & 0 \end{bmatrix} \rightarrow \begin{bmatrix} 7 & 3 & 7 & ◎ & ∅ & ∅ \\ 5 & 2 & 6 & 7 & ◎ & ∅ \\ 4 & 4 & 2 & 6 & ∅ & ∅ \\ 3 & 2 & ◎ & 3 & ∅ & ∅ \\ ∅ & ◎ & 3 & 7 & ∅ & ∅ \\ 4 & 3 & 5 & 2 & ∅ & ∅ \end{bmatrix} \begin{matrix} \\ ∨ & -2 \\ ∨ & -2 \\ \\ \\ ∨ & -2 \end{matrix} \rightarrow$$

$$-2 \ -1 \ -1 \ -2$$

$$∨ \quad ∨$$
$$+2 \quad +2$$

$$\begin{bmatrix} 7 & 3 & 7 & ◎ & 2 & 2 \\ 3 & ◎ & 4 & 5 & ∅ & ∅ \\ 2 & 2 & ∅ & 4 & ◎ & ∅ \\ 3 & 2 & ◎ & 3 & 2 & 2 \\ ◎ & ∅ & 3 & 7 & 2 & 2 \\ 2 & 1 & 3 & ∅ & ∅ & ◎ \end{bmatrix} = (c'_{ij})_{6\times6}$$

变换后的价值系数矩阵 $(c'_{ij})_{6\times6}$ 中已圈出了 6 个 0 元素 ◎，故问题已得最优解。最佳方案为指派 A-丁，B-乙，C-戊，D-丙，E-甲，F-己。其中 C，F 被指派承担虚拟的任务，即闲置。在这样的安排下，完成所有任务的最小费用为:

$$\min f(X) = \sum_{i=1}^{n}\sum_{j=1}^{n} c_{ij}x_{ij} = 2\times1+3\times1+0\times1+1\times1+2\times1+0\times1 = 8$$

解毕。

同理，对于 $n>m$ 的情况，也可以采用添加虚拟 0 行的办法，将价值系数矩阵变为方阵，然后用匈牙利算法求解。

4.5 利用 Excel 求解整数规划问题

【**例 4.9**】 邮局一年 365 天都要有人上班，每天需要的职工数因业务忙闲而异，据统计邮局每天需要的人数按周期变化，一周内每天需要的人数见表 4.9，排班需要符合每周连续工作 5 天，休息两天的规定，如何排班可使用人最少。利用 Excel 求解该整数规划问题。

表 4.9

周一	周二	周三	周四	周五	周六	周日
17	13	15	19	14	16	11

解：设 x_i 为第 i 天开始上班的人数，则该问题的数学模型为：

$$\min z = x_1 + x_2 + x_3 + x_4 + x_5 + x_6 + x_7$$

$$\text{s. t.} \begin{cases} x_1 + x_4 + x_5 + x_6 + x_7 \geqslant 17 \\ x_1 + x_2 + x_5 + x_6 + x_7 \geqslant 13 \\ x_1 + x_2 + x_3 + x_6 + x_7 \geqslant 15 \\ x_1 + x_2 + x_3 + x_4 + x_7 \geqslant 19 \\ x_1 + x_2 + x_3 + x_4 + x_5 \geqslant 14 \\ x_2 + x_3 + x_4 + x_5 + x_6 \geqslant 16 \\ x_3 + x_4 + x_5 + x_6 + x_7 \geqslant 11 \\ x_i \geqslant 0，且为整数(i = 1,2,\cdots,7) \end{cases}$$

第一步：将整数规划模型反映在 Excel 表格中，如图 4.3 所示。

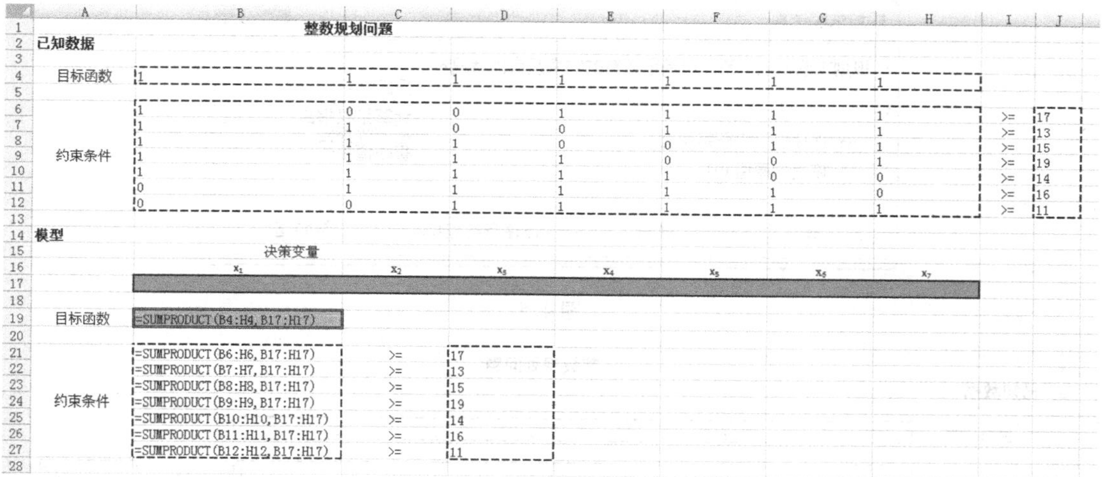

	A	B	C	D	E	F	G	H	I	J
1		整数规划问题								
2	已知数据									
3										
4	目标函数	1	1	1	1	1	1	1		
5										
6	约束条件	1	0	0	1	1	1	1	>=	17
7		1	1	0	0	1	1	1	>=	13
8		1	1	1	0	0	1	1	>=	15
9		1	1	1	1	0	0	1	>=	19
10		1	1	1	1	1	0	0	>=	14
11		0	1	1	1	1	1	0	>=	16
12		0	0	1	1	1	1	1	>=	11
13										
14	模型									
15		决策变量								
16		x1	x2	x3	x4	x5	x6	x7		
17										
18										
19	目标函数	=SUMPRODUCT(B4:H4,B17:H17)								
20										
21	约束条件	=SUMPRODUCT(B6:H6,B17:H17)	>=	17						
22		=SUMPRODUCT(B7:H7,B17:H17)	>=	13						
23		=SUMPRODUCT(B8:H8,B17:H17)	>=	15						
24		=SUMPRODUCT(B9:H9,B17:H17)	>=	19						
25		=SUMPRODUCT(B10:H10,B17:H17)	>=	14						
26		=SUMPRODUCT(B11:H11,B17:H17)	>=	16						
27		=SUMPRODUCT(B12:H12,B17:H17)	>=	11						
28										

图 4.3

第二步：设置规划求解参数。打开求解规划参数对话框，进行相应的参数设置，如图 4.4 所示。

第三步：求解。设置完毕后，单击"求解"按钮，出现如图 4.5 所示对话框。

规划求解找到了一个最优解，答案如图 4.6 所示，阴影区域即为该整数规划问题找到的最小排班人数 23 人时，周一至周日的排班情况。

由以上的求解过程不难发现，整数规划的求解过程与线性规划几乎完全一致，唯一的区别是在设置约束条件时，需要将变量设定为整数，如图 4.7 所示。

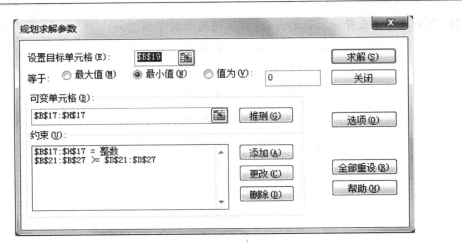

图 4.4

图 4.5

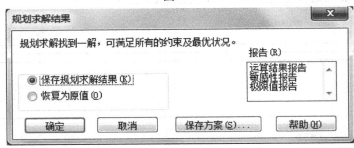

图 4.6

图 4.7

4.6 案例分析

4.6.1 分销中心选址问题

【例 4.10】　A 公司在 D_1 处经营一家年产量为 30 万件的工厂,产品被运输到位于 M_1,M_2,M_3 的地区分销中心。由于预期将有需求增长,该公司计划在 D_2,D_3,D_4,D_5 中的一个或多个城市建新工厂,根据调查,被提议的 4 个城市中建立工厂的固定成本和年产能力见表 4.10。

表 4.10

目标工厂	年固定成本/万元	年生产能力/万件
D_2	17.5	10
D_3	30.0	20
D_4	37.5	30
D_5	50.0	40

该公司对 3 个地区分销中心的年需求量作了如下预测,见表 4.11。

表 4.11

分销中心	年需求量/万件
M_1	30
M_2	20
M_3	20

根据估计,每件产品从每个工厂到各分销中心的运费见表 4.12。

表 4.12

单位:万元

	M_1	M_2	M_3
D_1	5	2	3
D_2	4	3	4
D_3	9	7	5
D_4	10	4	2
D_5	8	4	3

请问:公司是否需要在 4 个地区中建厂,若建厂后,各工厂到各分销中心如何配送调运?

解:引入 0-1 变量表示在 D_i 处是否建立工厂:

$$y_i = \begin{cases} 1, D_i \text{ 处建立工厂} \\ 0, D_i \text{ 处不建立工厂} \end{cases} (i = 2,3,4,5)$$

设 $x_{ij}(i = 1,2,3,4,5, j = 1,2,3)$ 表示从每个工厂到分销中心的运输量。年运输成本和经营新厂的固定成本之和为 $17.5y_2 + 30y_3 + 37.5y_4 + 50y_5 \sum\limits_{j=1}^{3} \sum\limits_{i=1}^{5} c_{ij}x_{ij}y$($c_{ij}$ 表示从工厂 i 到分销中心 j 的单位运距);考虑被提议工厂的生产能力约束条件,以 D_2 为例,有 $\sum\limits_{j=1}^{3} x_{2j} \leqslant 10y_2$,其余类似;考虑分销中心的需求量约束条件,以 M_1 为例,有 $\sum\limits_{i=1}^{5} x_{i1} = 30$,其余类似。因此,有整数规划模型:

$$\min z = 17.5y_2 + 30y_3 + 37.5y_4 + 50y_5 + \sum_{j=1}^{3} \sum_{i=1}^{5} c_{ij}x_{ij}$$

$$\text{s.t.} \begin{cases} \sum\limits_{j=1}^{3} x_{2j} \leqslant 10y_2, \sum\limits_{j=1}^{3} x_{2j} \leqslant 20y_3, \sum\limits_{j=1}^{3} x_{2j} \leqslant 30y_4 \\ \sum\limits_{j=1}^{3} x_{2j} \leqslant 40y_5, \sum\limits_{i=1}^{5} x_{i1} = 30 \\ \sum\limits_{i=1}^{5} x_{i2} = 20, \sum\limits_{i=1}^{5} x_{i3} = 20 \\ y_i = 0 \text{ 或 } 1(i = 2,3,4,5) \\ x_{ij} \geqslant 0(i = 1,2,3,4,5, j = 1,2,3) \end{cases}$$

利用 Excel 求解得到:$y_2 = 1, y_4 = 1; x_{11} = 20; x_{12} = 10; x_{21} = 10, x_{42} = 10, x_{43} = 20$,总费用为 295 万元。结果表明,在 D_2 和 D_4 处建立分厂,从 D_1 处运输给 M_1 为 20 万件,从 D_1 处运给 M_2 的数量为 10 万件;从 D_2 处运输给 M_1 为 10 万件;从 D_4 处运输给 M_3 为 20 万件。实际上,这一模型可以应用于含有工厂和仓库间,工厂与零售店之间的直接运输和产品分配系统。利用 0-1 变量的性质,还可以满足多种厂址的配置约束,比如,由于 D_1 和 D_4 两地距离较近,公司不愿意同时在这两地建厂等。

4.6.2　航线的优化安排问题

【**例 4.11**】　总部设在 H 市的 A 航空公司拥有 J1 型飞机 3 架,J2 型飞机 8 架和 J3 型飞机 2 架,飞往 A,B,C,D 4 个城市,如图 4.8 所示。

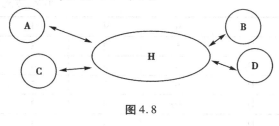

图 4.8

通过收集相关数据,得到不同类型飞机由 H 市飞往各个城市的往返费用,往返飞行时间等数据见表4.13。

表4.13

飞机类型	飞往城市	飞行总费用/万元	飞行时间/h
J1	A	6	2
	B	7	4
	C	8	5
	D	10	10
J2	A	1	1
	B	2	4
	C	4	8
	D	—	20
J3	A	2	2
	B	3.5	2
	C	6	2
	D	10	12

假定每架飞机每天的最大飞行时间为18 h,城市 A 为每天8 班,城市 B 为每天11 班,城市 C 为每天10 班,城市 D 为每天6 班,管理层希望合理安排飞行使得总费用最低。

解:用 $i = 1,2,3$ 分别表示3 种类型飞机,$j = 1,2,3,4$ 分别代表 A,B,C,D 4 个城市,引入决策变量 x_{ij} 表示安排第 i 种飞机飞往城市 j 的次数($i = 1,2,3;j = 1,2,3,4$),有如下约束:

(1)城市飞行班次约束

城市 A　　　　$x_{11} + x_{21} + x_{31} = 8$

城市 B　　　　$x_{12} + x_{22} + x_{32} = 11$

城市 C　　　　$x_{13} + x_{23} + x_{33} = 10$

城市 D　　　　$x_{14} + x_{34} = 6$

注意:由于J2 型飞机飞往城市 D 需要20 min,超过18 h 最低要求,所以 $x_{24} = 0$。

(2)每种飞机飞行时间约束

　　　　J1 型　　　$2x_{11} + 4x_{12} + 5x_{13} + 10x_{14} \leqslant 3 \times 18$

　　　　J2 型　　　$x_{21} + 4x_{22} + 8x_{23} \leqslant 8 \times 18$

　　　　J3 型　　　$2x_{31} + 2x_{32} + 6x_{33} + 12x_{34} \leqslant 2 \times 18$

变量非负约束 $x_{ij} \geqslant 0$,取整数 $i = 1,2,3;j = 1,2,3,4$。

目标函数为飞行总费用最小化:

$z = 6x_{11} + 7x_{12} + 8x_{13} + 10x_{14} + x_{21} + 2x_{22} + 4x_{23} + 2x_{31} + 3.5x_{32} + 6x_{33} + 10x_{34}$

因此,该线性规划规模为:

$\min z = 6x_{11} + 7x_{12} + 8x_{13} + 10x_{14} + x_{21} + 2x_{22} + 4x_{23} + 2x_{31} + 3.5x_{32} + 6x_{33} + 10x_{34}$

$$\text{s. t.} \begin{cases} x_{11} + x_{21} + x_{31} = 8 \\ x_{12} + x_{22} + x_{32} = 11 \\ x_{13} + x_{23} + x_{33} = 10 \\ x_{14} + x_{34} = 6 \\ 2x_{11} + 4x_{12} + 5x_{13} + 10x_{14} \leqslant 54 \\ x_{21} + 4x_{22} + 8x_{23} \leqslant 144 \\ 2x_{31} + 2x_{32} + 6x_{33} + 12x_{34} \leqslant 36 \\ x_{ij} \geqslant 0 (i = 1,2,3; j = 1,2,3,4; x_{ij} \text{ 为整数}) \end{cases}$$

利用 Excel 求解得到：$x_{14} = 5, x_{21} = 8, x_{22} = 11, x_{23} = 10, x_{34} = 1$，即 J1 型飞机飞往城市 D 共 5 班，J2 型飞机飞往城市 A 共 8 班，城市 B 共 11 班，城市 C 共 10 班。J3 型飞机飞往城市 D 共 1 班，最低的飞行费用为 130 万元。

习题 4

1. 某地准备投资 D 元建民用住宅。可以建住宅的地点有 n 处：$A_1, A_2, \cdots, A_n$。在 A_j 处每栋住宅的造价为 d_j，最多可造 a_j 栋。问应当在哪几处建住宅，分别建几栋，才能使建造的住宅总数最多，试建立问题的数学模型。

2. 要在长度为 L 的一根圆钢上截取不同长度的零件毛坯，毛坯长度有 n 种，分别为 $a_j(j = 1, 2, \cdots, n)$。问每种毛坯应当各截取多少根，才能使圆钢残料最少，试建立本问题的数学模型。

3. 篮球队需要选择 5 名队员组成出场阵容参加比赛。8 名队员的身高及擅长位置见表 4.14。

表 4.14

队　员	1	2	3	4	5	6	7	8
身高/cm	192	190	188	186	185	183	180	178
擅　长	中锋	中锋	前锋	前锋	前锋	后卫	后卫	后卫

出场阵容应满足以下条件：

①只能有一名中锋上场。

②至少有一名后卫。

③如 1 号和 4 号均上场，则 6 号不上场。

④2 号和 8 号至少有一个不出场。

问应当选择哪 5 位队员上场，才能使出场队员平均身高最高，试建立数学模型。

4. 用割平面法求解下列整数规划。

（1）$\max z = x_1 + x_2$ 　　　　　　　　　　（2）$\min z = 5x_1 + x_2$

$$\text{s. t.} \begin{cases} 2x_1 + x_2 \leqslant 6 \\ 4x_1 + 5x_2 \leqslant 20 \\ x_1, x_2 \geqslant 0, \text{且为整数} \end{cases}$$

$$\text{s. t.} \begin{cases} 3x_1 + x_2 \geqslant 9 \\ x_1 + x_2 \geqslant 5 \\ x_1 + 8x_2 \geqslant 8 \\ x_1, x_2 \geqslant 0, \text{且为整数} \end{cases}$$

5. 用分支定界法解下列整数规划。

（1）$\max z = 2x_1 + x_2$

$$\text{s. t.} \begin{cases} x_1 + x_2 \leqslant 5 \\ -x_1 + x_2 \leqslant 0 \\ 6x_1 + 2x_2 \leqslant 21 \\ x_1, x_2 \geqslant 0, \text{且为整数} \end{cases}$$

（2）$\min z = 5x_1 - x_2 + 2x_3$

$$\text{s. t.} \begin{cases} 3x_1 + 10x_2 \leqslant 50 \\ 7x_1 - 2x_2 \leqslant 28 \\ x_1, x_2 \geqslant 0 \\ x_2 \text{ 为整数} \end{cases}$$

6. 利用 0-1 变量将以下问题分别表示成一般线性约束条件。

① $x_1 + 2x_2 \leqslant 8, 4x_1 + x_2 \geqslant 10$ 及 $2x_1 + 6x_2 \leqslant 18$ 3 个约束中至少两个满足。

② 若 $x_1 \geqslant 5$，则 x_2，否则 $x_2 \leqslant 8$。

③ x_1 取值 2, 4, 6, 8 中的一个。

第 **5** 章
动态规划

在经济管理和科学研究工作中,存在着一类随时间的流动而变化的活动过程。为了使这类活动过程能收到最佳的活动效果,人们往往按时间的顺序将其划分为若干相互联系、相互影响的发展阶段,在每个阶段分别作出关于该阶段活动的决策以控制活动的效果。这就是所谓的多阶段决策问题。显然,如同一个长跑运动员必须合理地控制自己在各路段上的速度才能创造好的运动成绩一样,在多阶段决策问题的最优化中,每个阶段最优决策的选择不能只是孤立地考虑本阶段取得的效果如何,而必须将各阶段的决策效果联系起来统筹考虑,要求这一连串的决策能够使整个活动过程达到最佳的总效果。而解决此类问题就需使用一种有效的最优化技术——动态规划。

动态规划是运筹学的一个重要分支,它产生于 20 世纪 50 年代初期。1951 年,美国数学家贝尔曼(R. Bellman)在对多阶段决策问题的研究中,提出了解决这类问题的"最优化原理",即动态规划解题方法的核心。在以后的大量研究课题中,贝尔曼和其他一些人的共同工作使动态规划的理论及其方法趋于成熟,从而开创了最优化问题的一个新的研究领域。贝尔曼的专著《动态规划》于 1957 年问世,该书是动态规划的第一本系统著作。

动态规划自问世以来,在实际工作中得到了广泛的应用。在企业经营管理方面,人们通常采用动态规划方法来制订生产计划,选定价格策略,决定资源分配方案,确定设备的更新时机。在现代控制工程中,在经济、军事等各个领域里,动态规划方法也日益广泛地被使用,并取得了显著成果。

采用动态规划方法,常可以使一些较复杂的最优化问题的求解得到简化。例如某些复杂系统的非线性规划问题,由于变量的个数较多,目标函数的形态过于复杂,以致无法选择某些较好的算法求解,造成计算工作量过大。此时若能采用动态规划的方法,将问题分解为存在递推关系的若干子问题,将其变为一个多阶段决策过程,在每个子过程中需要一种有效的算法予以解决,则有可能大大减少工作量;另一方面,对于离散系统的最优化问题,由于其他的数学规划方法无所施其技,故动态规划称为解决此问题的一个非常有用的工具。

下面就几个典型案例的动态规划模型来介绍这一有效的最优化方法。

5.1　多阶段决策过程与实例

动态规划是解决多阶段决策问题最优化的有力工具,先熟悉一下几个多阶段决策问题的例子。

【例 5.1】　最短路线问题

如图 5.1 所示,从国外某厂经海路进口设备到国内某用户,有若干条路线可供选择。图中线段上的数字代表该条支路的长度。问应选择哪条路线,才能使走过的总行程最短?

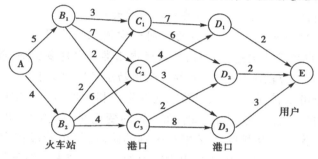

图 5.1

这个问题的多阶段特性十分明显,可以依据地理位置将这个问题的求解分为 4 个阶段。第一阶段,从外方工程 A 到火车站 $B_i(i = 1$ 或 2$)$,可供选择的方案全体为允许决策集合,称 A 为第一阶段的初始状态。若已选定走火车站 B_1,则"决定走 B_1"就是第一阶段的决策,而"到达 B_1"就是第一阶段中已选决策的结果。第二阶段,初始状态为 B_1,其是由第一阶段的已选决策所定的。第二阶段从 B_1 出发也同样面临着可供选择的允许决策集合 $\{C_1, C_2, C_3\}$,需要作出第二阶段的决策……以此类推,人们可以从每一个阶段的允许决策集合里分别选择一个决策,所有阶段选定的决策序列,例如 $A \rightarrow B_1 \rightarrow C_3 \rightarrow D_2 \rightarrow E$,就构成了求解整个问题的一个策略。显然,对于图 5.1 来说,共有 $2 \times 3 \times 2 \times 1 = 12$ 条可行的路线,或者说有 12 种可行的策略。题目的要求是找出最短的路线,如果使用穷举法(即列举每一种可行的策略并加以比较)来求解最优策略(最短路线),则要作 12 次累加求和,36 次加法运算和 11 次比较运算。若要进一步找出图中任一中间点到终点 E 的最短路线,则运算工作量更大。因此在实际工作中,穷举法几乎不能采用。在后面的讨论中可以看到,对于这类多阶段决策问题,使用动态规划的方法可以有效地找到最优方案,大大节约工作量。

【例 5.2】　可回收资源的分配问题

甲、乙两方合资经营一个工厂。根据合同,建厂初期乙方应提供全部机器共 1 000 台,甲方承担其余义务,生产的产品双方共享。5 年后合同期满,届时整个工厂将全部归甲方所有。假定这种机器可以在高低两种不同负荷下进行生产。在高负荷下生产时,产品的年产量 s_1 与投入高负荷生产的机器台数 u_1 的关系为 $s_1 = 8u_1$,此时机器折损后的年完好率为 $\alpha = 0.7$;

在低负荷下生产时,产品的年生产量 s_2 与投入低负荷生产的机器台数 u_2 的关系为 $s_2 = 5u_2$,此时机器折损后的年完好率 $b = 0.9$。在排除其他因素的前提下,问乙方应提出怎样的 5 年生产方案,即决定每年初分别投入高、低两种不同负荷下生产的机器数量,使 5 年内产品的总产量达到最高? 若甲方希望在 5 年合同期满时还能得到 500 台完好的机器,则应提出怎样的 5 年生产方案,在确保得到 500 台完好机器的前提下,使五年内产品的总产量也达到最高?

这类问题在实际生产中广泛存在,显然,这是一个多阶段决策问题,按时间先后顺序,可将整个活动过程划分为 5 个阶段求解。注意到每年初所拥有的完好机器的数量,唯一依赖于上一年拥有的完好机器数量和上一年的决策。

【例 5.3】 资源分配问题

某住宅建筑公司拟建造甲、乙、丙 3 类住宅出售。甲类住宅每栋耗资 100 万元,售价 200 万元。乙类住宅每栋耗资 60 万元,售价 110 万元。丙类住宅每栋耗资 30 万元,售价 70 万元。由于市政当局的限制,建造每类住宅不得多于 3 栋。该公司共有可利用的资金 350 万元,问应如何安排修建计划,方可使该公司的售房收入为最大?

此例是一个整数规划问题,并无明显的时间和空间上的阶段性。但若人为地赋予它以"时段"概念,首先考虑甲类住宅建多少栋;其次考虑乙类住宅建多少栋;最后再考虑丙类住宅建多少栋,则问题变为三阶段决策过程,同样可利用动态规划方法求解。

从以上 3 个例子可以看到,多阶段决策问题在生产和管理的实践中广泛存在。所谓多阶段决策过程,实质是指一类随时间顺序和空间位置的变化而变化的活动过程,它可以按照时间或空间的顺序划分为若干互相联系又相互区别的阶段,每个阶段都有各自的允许决策集合,都需要从各自的允许决策集合中挑选出本阶段的一个决策来。但是每个阶段的最佳决策不能只是孤立地考虑本阶段活动所取得的效果如何,而必须将整个过程的各个阶段联系起来统筹考虑。因为一个阶段的决策结果,就决定了下一个阶段的初始状态,因而影响到下一阶段的决策及活动效果,当各个阶段决策确定后,就组成了一个决策序列,因而也就决定了整个决策过程的一条活动路线,这样一个前后关联具有链状结构的多阶段决策过程就称为多阶段决策过程,也称为多阶段决策问题。在后面的讨论中可以看到,动态规划即是将眼前的一段与未来的各段分开,又将眼前的效益与未来的效益结合起来考虑的一种最优化方法。

5.2 动态规划的基本概念和递推方程

为了对动态规划方式进行深入的讨论,现定义下列有关的名词术语。

(1)阶段(Stage)

对于一给定的多阶段决策过程,可以根据问题的特点将整个过程划分为若干相互联系的阶段,阶段的序号通常用 k 表示。如例 5.1 的求解,划分为 4 个阶段,第一阶段含两条支路,第二阶段含 6 条支路,等等。应该指出,对有的问题,例如可回收资源的分配问题,分段的多少将会影响最优策略的精确程度。大致来说,对这类问题,分段越细,譬如以天数分段,则得到的最优解就越精确,反映活动效果的指标会更好,但计算工作量会随之而增加。反之,若分段过少,则计算工作量虽会减少,但得到的最优解会过于粗糙。在实际工作中,阶段划分的多少应根据问题的特点,求解精度要求和计算机的运算速度综合考虑。

(2)状态(State)

状态表示某阶段的出发位置,它既是阶段过程演变的起点,又是前一阶段某种决策的结果。它应能描述过程的特征并且无后效性,无后效性又称为马尔科夫性,是指系统从某个阶段往后的发展完全由本阶段所处的状态及其以后的决策所确定,与系统以前的状态及决策无关,通常要求状态是直接或间接可知的。如在例 5.1 中,状态就是某阶段的出发位置,它既是该阶段的某条线路的起点,又是前一阶段某条线路的终点,第一阶段只有一种状态,即 A 点;第二阶段有两种状态,即 B_1、B_2 等。

描述过程状态的变量,称为状态变量,每一阶段所有状态的集合,称为此阶段的允许状态集合,也即每一阶段状态变量允许取值的范围。第 k 阶段的状态变量通常记为 x_k。一般来说,过程第 k 阶段的允许状态集合可表示为 X_k,则有 $x_k \in X_k$。根据过程演变的具体情况,状态变量可以是离散的或连续的,为了计算的方便有时将连续变量离散化,为了分析的方便有时将离散变量视为连续的。

(3)决策(Decision)

决策就是某阶段状态给定以后,从该状态演变到下一阶段某状态的选择。描述决策的变量,称为决策变量。若 k 阶段的状态用变量 x_k 给出,则用 $u_k(x_k)$ 表示第 k 阶段处于 x_k 时的决策变量。在不发生混淆的情况下,常简记为 u_k。在实际问题中,决策变量的取值往往被限制在某一范围内,称此范围为允许决策集合,记为 $D_k(x_k)$。显然有

$$u_k(x_k) \in D_k(x_k)$$

如在例 5.1 的第三阶段,从外方港口 C_2 出发,允许决策为 $D_3(C_2) = \{D_1, D_3\}$。若决定走中方港口 D_1,则 $u_3(C_2) = D_1$,$u_3(C_2) \in D_3(C_2)$。若从外方港口 C_1 出发,则允许决策为 $D_3(C_1) = \{D_1, D_2\}$。决定走中方港口 D_2,则 $u_3(C_1) = D_2$,$u_3(C_1) \in D_3(C_1)$。

(4)策略(Policy)

由过程的第一阶段开始到终点为止的演变过程,称为问题的全过程。由每段的决策 $u_i(i=1,2,\cdots k,\cdots,n)$ 组成的决策函数序列就称为全过程策略,简称策略,记为 $P_{1,n}(x_1)$,即

$$P_{1,n}(x_1) = \{u_1(x_1), u_2(x_2), \cdots, u_k(x_k), \cdots, u_n(x_n)\}$$

由第 k 段开始到终点的演变过程为原过程的后部子过程,或称为 k 子过程。其决策函数序列称为 k 子过程策略,记为 $P_{k,n}(x_k)$。

$$P_{k,n}(x_k) = \{u_k(x_k), \cdots, u_n(x_n)\} (k = 1, 2, \cdots, n-1)$$

在实际问题中,可供选择的策略有一定的范围,此范围称为允许策略集合,用 P 表示,从允许策略集合找出的,使过程的活动效果达到最佳的策略称为最优策略,记为 P^*。

(5)状态转移方程

状态转移方程式确定过程由一个状态到另一个状态的演变过程。在确定性决策过程中,一旦某阶段的状态和决策为已知,下阶段的状态便完全确定,这个过程称为状态转移。适用于动态规划方法求解的是一类具有无后效性的多阶段决策过程,即系统从某个阶段往后的发展完全由本阶段所处的状态及其以后的决策所确定,与系统以前的状态及决策无关。若给定第 k 阶段状态变量 x_k 的值,如果该阶段的决策变量 $u_k(x_k)$ 一经确定,第 $k+1$ 阶段的状态变量

x_{k+1} 的值也就完全确定,即 x_{k+1} 的值随 x_k 和 u_k 的值变化而变化,即 x_{k+1} 只与 x_k 和 u_k 有关,与这之前的状态无关。这种关系可以用状态转移方程表示:

$$x_{k+1} = T_k(x_k, u_k)(k = 1, 2, \cdots, n) \tag{5.1}$$

(6)指标函数和最优指标函数

在多阶段决策问题的最优化过程中,指标函数是用来衡量所实现过程的决策效果优劣的一种数量指标,它是一个定义在全过程和所有后部子过程上的确定的数量函数。指标函数是衡量全过程策略或 k 子过程策略优劣的数量指标,用 $V_{1,n}$ 或 $V_{k,n}$ 表示,即

$$V_{1,n} = V_{1,n}(x_1, u_1, x_2, u_2, \cdots, x_n, u_n, x_{n+1})$$

$$V_{k,n} = V_{k,n}(x_k, u_k, x_{k+1}, u_{k+1}, \cdots, x_{n+1})(k = 1, 2, 3, \cdots, n)$$

在不同的问题中,指标的含义也不同,可能是距离、利润、成本、产品的产量或资源消耗等。例如在例5.1中,指标函数 $V_{k,n}$ 就表示在第 k 阶段由点 x_k 至终点的距离。与此相区别,定义阶段指标(又称阶段效益)$v_k(x_k, u_k)(k = 1, 2, \cdots, n)$,表示在第 k 阶段处于 x_k 状态下执行决策 u_k 后产生的效果,即第 k 阶段活动所产生的效益,通常简记为 v_k。在例5.1中,v_k 就是 k 阶段中某一支路的距离。整体指标函数是由阶段指标 $v_k(k = 1, 2, \cdots, n)$ 组成,在实际问题中,常用的指标函数有两种形式,如下所述。

①过程或任一子过程指标是其所包含的各阶段指标之和。

$$V_{k,n} = \sum_{j=k}^{n} v_j(x_j, u_j)(k = 1, 2, \cdots, n)$$

②过程或任一子过程指标是其所含的各阶段指标之积。

$$V_{k,n} = \prod_{j=k}^{n} v_j(x_j, u_j)(k = 1, 2, \cdots, n)$$

指标函数 $V_{k,n}$ 的最优值,称为相应 k 子过程的最优指标函数,记为 $f_k(x_k)$。$f_1(x_1)$ 表示全过程的最优指标函数,$f_k(x_k)$ 为 k 子过程的最优指标函数。在例5.1中,$f_k(x_k)$ 表示从第 k 阶段的 x_k 点到最终点的最短距离。例如 $f_3(C_1)$ 就表示第三段中 C_1 到终点 E 的最短距离。

(7)递归方程

$$\begin{cases} f_k(x_k) = \underset{u_k \in D_k}{opt} \{V_k(x_k, u_k) \otimes f_{k+1}(x_{k+1})\}(k = n, n-1, \cdots, 1) \\ f_{n+1}(x_{n+1}) = 0 \text{ 或 } 1 \end{cases} \tag{5.2}$$

称为递归方程,$f_{n+1}(x_{n+1})$ 称为边界条件。在方程中,当 $\otimes$ 为加法时,$f_{n+1}(x_{n+1}) = 0$;当 $\otimes$ 为乘法时,$f_{n+1}(x_{n+1}) = 1$。其中"opt"是英文"最优化"一词(optimization)的缩写,可根据具体的问题取为 min 或 max。

5.3 最优化原理与动态规划模型的建立

5.3.1 最优化原理

动态规划解题方法的核心是贝尔曼提出的最优化原理。最优化原理指出:"作为整个过程的最优策略具有这样的性质,即无论过去的状态和决策如何,对前面的决策所形成的状态

而言,余下的诸决策必须构成最优策略。"这是判别多阶段决策过程的最优策略的必要性条件。然而正是由于这个必要性条件的启迪,使人们可以从众多的可行策略中,有效地找出整个活动过程的最优策略来。

作为对最优化原理的理解,先考虑例 5.1 提出的最优路径问题。用穷举法找出其最短路线,即图 5.2 中用粗实线标明的路线 $A \to B_1 \to C_3 \to D_2 \to E$,总行程为 11。

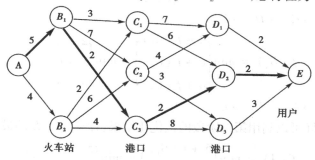

图 5.2

结合此例,对贝尔曼的最优化原理可以作出如下的表述:"如果粗实线是从工厂到用户的最短路线,则粗实线上的任意一点,如 C_3 ,不论你在前面经历了什么,选择了哪条支线而到的 C_3 ,粗实线上以 C_3 为起点的到 E 的剩余部分,必须是从 C_3 到 E 的最短路线。"这是一个简单而透彻的道理,因为剩余部分如果不是从 C_3 到 E 的最短路线,那么粗实线就一定绕了弯路,因而不是全过程的最短路线。

现在运用贝尔曼原理,采用动态规划的方法来求解此题。首先将问题按支路的段数划分为 4 个阶段。根据贝尔曼的要求,作为最短路线上的任何一点,它以后的路线必须是由该点向终点前进的最短路线。而由直观判断,只能找出最后一站到终点的最短路线,所以,应当首先考虑问题的最后一阶段。由于全程的最短路线未知,同一阶段上的各个点都有可能是最短路线上的点,因而应将最后一阶段 D_1 , D_2 , D_3 到 E 的最短路线都计算出来。用 $f_k(i)$ 表示第 k 阶段从 i 点到终点 E 的最短距离。

当 $k = 4$ 时:

从 D_1 到 E 的最短距离为 $f_4(D_1) = 2$;

从 D_2 到 E 的最短距离为 $f_4(D_2) = 2$;

从 D_3 到 E 的最短距离为 $f_4(D_3) = 3$ 。

同理,再计算第三阶段各点到 E 的最短距离,这里利用了第四阶段的最优化结果。

当 $k = 3$ 时:

$$f_3(C_1) = \min \begin{Bmatrix} 7 + f_4(D_1) \\ 6 + f_4(D_2) \end{Bmatrix} = \min \begin{Bmatrix} 7 + 2 \\ 6 + 2 \end{Bmatrix} = 8;$$

最短路线 $C_1 \to D_2 \to E$ 。

$$f_3(C_2) = \min \begin{Bmatrix} 4 + f_4(D_1) \\ 3 + f_4(D_3) \end{Bmatrix} = \min \begin{Bmatrix} 4 + 2 \\ 3 + 3 \end{Bmatrix} = 6;$$

最短路线 $C_2 \to D_1 \to E$ 和 $C_2 \to D_3 \to E$ 。

$$f_3(C_3) = \min \begin{Bmatrix} 2 + f_4(D_2) \\ 8 + f_4(D_3) \end{Bmatrix} = \min \begin{Bmatrix} 2 + 2 \\ 8 + 3 \end{Bmatrix} = 4;$$

最短路线 $C_3 \rightarrow D_2 \rightarrow E$。

当 $k = 2$ 时,利用第三阶段到 E 的最优化结果,计算第二阶段各点到 E 的最短距离。

$$f_2(B_1) = \min \left\{ \begin{array}{c} 3 + f_3(C_1) \\ 7 + f_3(C_2) \\ 2 + f_3(C_3) \end{array} \right\} = \min \left\{ \begin{array}{c} 3 + 8 \\ 7 + 6 \\ 2 + 4 \end{array} \right\} = 6$$

最短路线为 $B_1 \rightarrow C_3 \rightarrow D_2 \rightarrow E$。

$$f_2(B_2) = \min \left\{ \begin{array}{c} 2 + f_3(C_1) \\ 6 + f_3(C_2) \\ 4 + f_3(C_3) \end{array} \right\} = \min \left\{ \begin{array}{c} 2 + 8 \\ 6 + 6 \\ 4 + 4 \end{array} \right\} = 8$$

最短路线为 $B_2 \rightarrow C_3 \rightarrow D_2 \rightarrow E$。

当 $k = 1$ 时,同样可以利用第二阶段的最优化结果,计算 A 到 E 的最短距离。

$$f_1(A) = \min \left\{ \begin{array}{c} 5 + f_2(B_1) \\ 4 + f_2(B_2) \end{array} \right\} = \min \left\{ \begin{array}{c} 5 + 6 \\ 4 + 8 \end{array} \right\} = 11$$

最短路线为 $A \rightarrow B_1 \rightarrow C_3 \rightarrow D_2 \rightarrow E$。

可以看到以上求解最短路线的过程,实质是一种分段最优化的过程。为了逐步满足策略的最优性必要条件,可以从事物发展顺序的反方向做起,穷举每一个阶段里所有可能状态下到终点 E 最短路线,一直逆推到整个过程的初始状态 A,就得到了工厂 A 到用户 E 的最短路线。由于分段最优化的过程恰恰与多阶段决策问题的时序相反,所以称动态规划解题方法为逆序决定过程。在逆序决定的过程中,图 5.2 的若干条支线不断被淘汰,这就节省了不少工作量。另一方面,在分段穷举的同时,一个附带的成果是图上所有各点到终点的最短距离都被计算出来。此题的计算工作量为 14 次加法,8 次比较运算,比穷举法大为节省。

5.3.2　动态规划模型的建立

建立动态规划的模型,常常比其计算更难。成功地应用动态规划方法的关键,在于识别问题的重复性或多阶段特征,将庞大的问题分解成为可用递推关系式联系起来的若干子问题,或者说,将整个活动过程分解为若干满足递推关系式的子过程。而要确切描述这些子过程的演变,又必须正确选择状态变量 x_k,且保证各阶段的状态变量具有递推关系 $x_{k+1} = T_k(x_k, u_k)$,这是建立动态规划数学模型的两个难点。

在实际问题中,用动态规划求解多阶段决策问题时,先要利用最优化原理建立动态规划模型,然后再有递归方程求出最优决策。其要点如下所述:

①首先对题意进行分析,识别问题的多阶段特征,按时间或空间的先后顺序将问题适当地划分为满足递推关系的若干阶段,段数的多少由题意或精度的要求结合计算机的运算能力综合考虑。对一些与时间或空间变化无关的题目,则需要人为地赋予"时段"的概念,找出其递推关系。

②正确选择状态变量,是其具备必需的两个特征。

a. 可知性。即过程演变的各阶段状态变量的取值,都能直接或间接地确定。

b. 能够确切地描述问题的演变过程且满足无后效性。无后效性是动态规划的一个重要概念。它是指过程某段的状态变量被确定后,则从这段开始,过程的演变不受这段以前的各阶段状态和决策的影响。因而可以不顾及以前的发展历史而独立地决定后部子过程的最优子策略。譬如在例 5.1 的求解过程中，如果从已确定的状态 C_3 出发，则只需确定从 C_3 怎样才能最优地到达终点 E，而无须顾及前面是从何处经何条支路走到 C_3 来的。在例 5.2 里，如果已知第三年拥有 700 台完好的机器，则前两年的生产状况与后三年的生产安排无关，决策人员可以独立地决定后三年的最优生产方案。

在建立模型时，一般总是从限制系统运筹的条件中，或者是从问题的约束条件中去寻找状态变量。通常是选择随递推过程累计的量或按某种规律变化的量作为状态变量。如例 5.2 就应该选择每年初所拥有的完好机器数量作为状态变量，它是随着过程的递推而呈规律性变化的量。在例 5.3 的资源分配问题中，则选取可供利用的资源限量为状态变量，它是一个随递推过程逐步累积的量。

③写出状态转移方程式，状态转移方程式通常由约束导出，本质上是本阶段状态变量与前一阶段状态变量及决策变量的函数关系式，其表现形式为递推关系式 $x_{k+1} = T_k(x_k, u_k)$。

④列出指标函数 $V_{k,n}$ 的表达式状态转移方程式，状态转移方程式通常由约束导出，本质上是本阶段状态变量与前一阶段状态变量及决策变量的函数关系式。指标函数是定义在活动的整个全过程和所有后部子过程上的数量函数，其嵌套关系为：

$$V_{k,n} = V_{k,n}(x_k, u_k, x_{k+1}, \cdots, x_{n+1})$$
$$= \varphi[x_k, u_k, V_{k+1,n}]$$

显然，这是一个递推关系式。注意 $V_{k,n} = \varphi[x_k, u_k, V_{k+1,n}]$ 对其变元 $V_{k+1,n}$ 来说，应该是严格单调。

常见的指标函数是取各段指标和的形式，即

$$V_{k,n} = \sum_{j=k}^{n} V_j(x_j, u_j)$$

其中 $V_j(x_j, u_j)$ 表示第 j 段的指标。将其写成递推关系式，则

$$V_{k,n} = V_{k,n}(x_k, u_k) + V_{k+1,n}[x_{k+1}, u_{k+1}, \cdots, x_{n+1}]$$

显然函数 $V_{k,n}$ 对其变元 $V_{k+1,n}$ 来说是严格单调的。

掌握了以上 4 个要点，即可写出最优指标函数的递推关系式：

$$\begin{cases} f_k(x_k) = \underset{u_k \in D_k}{opt} \{V_k(x_k, u_k) \otimes f_{k+1}(x_{k+1})\} \ (k = n, n-1, \cdots, 1) \\ f_{n+1}(x_{n+1}) = 0 \ 或 \ 1 \end{cases}$$

在实际问题中，最常见的指标函数为各段指标和的形式时，

$$f_k(x_k) = \underset{u_k \in D_k(x_k)}{opt} \{V_k(x_k, u_k) + f_{k+1}(x_{k+1})\}$$

此时应取边界条件 $f_{n+1}(x_{n+1}) = 0$，这是由于 f_{n+1} 的取值多少与 n 阶段决策问题的指标函数最优值无关，0 为加法恒量的缘故。

以上是建立动态规划数学模型的要领。原则上说，一般的问题总是可以找到适当的变量作为状态变量的。但若状态变量实在难以找出，或找出的变量太复杂，则不宜用动态规划方法求解此最优化问题，而应改用线性规划、非线性规划或图论等方法求解。现在将动态规划的基本思想总结如下所述。

①动态规划方法的关键在于正确地写出基本的递推关系式和恰当的边界条件。要做到这一点，必须先将问题的过程分为几个相互联系的阶段，恰当地选取状态变量和决策变量以

及定义最优指标函数,从而将一个大问题化成一族同类型的小问题,然后逐个求解。

②在多阶段决策过程中,动态规划是既将当前一段和未来一段分开,又将当前效益和未来效益结合起来考虑的一种最优化方法,每段决策的选取是从全局来考虑的,与该阶段的最优选择答案一般是不同的。

③在求解整个问题的最优策略时,由于初始状态是已知的,而每段的决策都是该段状态的函数,故最优策略所经过的各段状态便可逐次变换得到,从而确定最优线路。

5.4 动态规划的应用举例

5.4.1 资源分配问题

这里以两个例题介绍对具有不同特点问题的不同处理技巧。

【例5.4】 利用动态规划方法求解资源分配问题(将例5.2的问题重新给出)

甲、乙两方合资经营一个工厂。根据合同,建厂初期乙方应提供全部机器共 1 000 台,甲方承担其余义务,生产的产品双方共享。5 年以后合同期满,届时整个工厂将全部归甲方所有。假定这种机器可在高低两种不同负荷下进行生产。在高负荷下生产时,产品的年产量 s_1 与投入高负荷生产的机器台数 u_1 的关系为 $s_1 = 8u_1$,此时机器折损后的年完好率 $a = 0.7$;在低负荷下生产时,产品的年生产量 s_2 与投入低负荷生产的机器台数 u_2 的关系为 $s_2 = 5u_2$,此时机器折损后的年完好率 $b = 0.9$。在排除其他因素的前提下,问乙方应提出怎样的 5 年生产方案,即决定每年初分别投入高、低两种不同负荷下生产的机器数量,使 5 年内产品的总产量达到最高?若甲方希望在 5 年合同期满时还能得到 500 台完好的机器,则应提出怎样的 5 年生产方案,在确保得到 500 台完好机器的前提下,使 5 年内产品的总产量也达到最高?

先考虑乙方的最佳方案。为使建立动态规划数学模型的思路清晰起见,先列出这个问题的线性整数规划模型。用 x_{i1} 表示第 i 年投入高负荷生产的机器台数,用 x_{i2} 表示第 i 年投入低负荷生产的机器台数,则可得求解乙方最佳方案的线性整数规划模型:

$$\max f(x) = \sum_{i=1}^{5} (8x_{i1} + 5x_{i2})$$

$$\begin{cases} x_{11} + x_{12} = 1\ 000 \\ x_{21} + x_{22} = 0.7x_{11} + 0.9x_{12} \\ x_{31} + x_{32} = 0.7x_{21} + 0.9x_{22} \\ x_{41} + x_{42} = 0.7x_{31} + 0.9x_{32} \\ x_{51} + x_{52} = 0.7x_{41} + 0.9x_{42} \\ x_{ij} \geq 0 \text{ 为整数} \\ i = 1,2,\cdots,5 \\ j = 1,2 \end{cases}$$

在上述约束组中,第 i 个方程的等式右边项代表第 i 年初拥有的完好机器的数量,其依赖于前一个方程中变量的取值。显然,像这类型的问题,用线性规划方法求解是很复杂的。因此,应考虑用动态规划方法求解。

解:此问题的多阶段特征是非常明显的,它可以按年度的顺序划分为 5 个阶段求解。问题的目标是极大化五年的产量总和。

$$\max f(x) = (8x_{11} + 5x_{12}) + (8x_{21} + 5x_{22}) + (8x_{31} + 5x_{32}) +$$
$$(8x_{41} + 5x_{42}) + (8x_{51} + 5x_{52})$$

贝尔曼对此有个说法,称为"不变嵌入"原理,即是说,从一个过程的开始到终结,每一个子过程的寻优可以嵌入(即利用)一个后部子过程的最优化结果。只有做到了这一点,才能保证寻优过程具有递推性。按照不变嵌入原理和递序决定原则,首先对第五子过程进行最优化,即计算第五年的最大产量。然后,将第五年产量的最优化结果"嵌入"最后两年的总产量中去,进行第四子过程的最优化。再将最后两年的最优化结果"嵌入"最后三年的总产量中去,进行第三子过程的最优化。……这样找到了各个子过程之间的一个递推关系。

现在从限制过程演变的约束条件中产生状态转移方程式。将每年初拥有的完好机器数作为该阶段的状态变量,记为 x_k,将每年初决定在高负荷下生产出的机器数作为决策变量,记为 u_k,则有:

$$\begin{cases} x_1 = 1\,000 \\ x_2 = 0.7u_{11} + 0.9x_1(x_1 - u_1) \\ x_3 = 0.7u_{21} + 0.9x_2(x_2 - u_2) \\ x_4 = 0.7u_{31} + 0.9x_3(x_3 - u_3) \\ x_5 = 0.7u_{41} + 0.9x_4(x_4 - u_4) \end{cases}$$

即状态转移方程式为:

$$x_{k+1} = 0.7u_k + 0.9(x_k - u_k)$$
$$x_1 = 1\,000$$

这里 $x_k - u_k$ 表示第 k 年投入低负荷下生产的机器数量。对照前面给出的线性整数规划模型,我们看到,这里状态变量的取法,正是取的等式约束的右边项,它仍然是随递推关系的变化而呈规律性变化的量。

考虑各个阶段的允许决策集合。在每年初能够投入高负荷下生产的机器数量总是受到当年初拥有完好机器数量的限制,因而各阶段的允许决策集合为

$$D_x(x_k) = \{u_k \mid 0 \leqslant u_k \leqslant x_k\}$$

动态规划最优指标函数递推公式为:

$$\begin{cases} f_k(x_k) = \max_{u_k \in D_k} \{V_k(x_k, u_k) + f_{k+1}(x_{k+1})\} \\ \quad\quad = \max_{u_k \in D_k(x_k)} \{8u_k + 5(x_k - u_k) + f_{k+1}(x_{k+1})\} (k = 1, 2, \cdots, 5) \\ f_6(x_6) = 0 \end{cases}$$

下面遵循递序决定的原则,从过程发展的反向开始求解。鉴于这个问题的具体特点,可以放弃整数约束而将变量 x_k 和 u_k 都当作连续变量看待。对于它们取得的非整数值可以这样解释,如 $x_k = 0.6$,就表示一台机器在 k 年度能正常工作的时间只占 6/10,$u_k = 0.3$ 就表示一台机器在该年度只有 3/10 的时间在高负荷下工作。

当 $k = 5$ 时,

$$f_5(x_5) = \max_{u_5 \in D_5(x_5)} \{V_5(x_5, u_5) + f_6(x_6)\}$$
$$= \max_{0 \le u_5 \le x_5} \{8u_5 + 5(x_5 - u_5) + 0\}$$
$$= \max_{0 \le u_5 \le x_5} \{3u_5 + 5x_5\}$$
$$= 8x_5$$

这里,因为 $3u_5 + 5x_5$ 是 u_5 的单调递增函数,所以第五阶段的最优决策为 $u_5^* = x_5$,即第五年应该将所有完好的机器全部投入高负荷生产。

当 $k = 4$ 时,

$$f_4(x_4) = \max_{u_4 \in D_4(x_4)} \{V_4(x_4, u_4) + f_5(x_5)\}$$
$$= \max_{u_4 \in D_4(x_4)} \{8u_4 + 5(x_4 - u_4) + 8x_5\}$$

此时利用状态转移方程式来进行代换:

$$f_4(x_4) = \max_{u_4 \in D_4(x_4)} \{8u_4 + 5(x_4 - u_4) + 8[0.7u_4 + 0.9(x_4 - u_4)]\}$$
$$= \max_{0 \le u_4 \le x_4} \{1.4u_4 + 12.2x_4\}$$
$$= 13.6x_4$$

最优决策 $u_4^* = x_4$,即第四年应将所有完好的机器全部投入高负荷生产。

当 $k = 3$ 时,同理可得:

$$f_3(x_3) = \max_{u_3 \in D_3(x_3)} \{V_3(x_3, u_3) + f_4(x_4)\}$$
$$= \max_{u_3 \in D_3(x_3)} \{8u_3 + 5(x_3 - u_3) + 13.6[0.7u_3 + 0.9(x_3 - u_3)]\}$$
$$= \max_{0 \le u_3 \le x_3} \{17.52u_3 + 17.24(x_3 - u_3)\}$$
$$= 17.52x_3$$
$$\approx 17.5x_3$$

最优决策 $u_3^* = x_3$,即第三年也应将所有完好的机器全部投入高负荷生产。

当 $k = 2$ 时,

$$f_2(x_2) = \max_{u_2 \in D_2(x_2)} \{V_2(x_2, u_2) + f_3\}$$
$$= \max_{0 \le u_2 \le x_2} \{20.75x_2 - 0.5u_2\}$$
$$= 20.75x_2$$
$$\approx 20.8x_2$$

这里因为 $20.75x_2 - 0.5u_2$ 是 u_2 的单调递减函数,所以最优决策 $u_2^* = 0$,即第二年投入高负荷生产的机器台数为 0,投入低负荷生产的机器台数为 $x_2 - u_2^* = x_2$ 。

当 $k = 1$ 时,同理可得:

$$f_1(x_1) = \max_{x_1 \in D_1(x_1)} \{V_1(x_1, u_1) + f_2\}$$
$$= \max_{0 \le u_1 \le x_1} \{23.72x_2 - 1.16u_1\}$$
$$= 23.72x_1$$
$$\approx 23.7x_1$$

最优决策为 $u_1^* = 0$,即投入高负荷生产的机器台数为 0,投入低负荷生产的机器台数为 $(x_1 - u_1^*) = x_1$ 。

因为 $x_1 = 1\,000$（台），所以 5 年的最大产量 $f_1(x_1) = 23\,700$（单位）。

由初始状态及状态转移方程式可以算出：

$x_1 = 1\,000$（台）　　　　　　　　　　　　$u_1^* = 0$（台）；

$x_2 = 0.7u_1^* + 0.9(x_1 - u_1^*) = 900$（台）　　　　$u_2^* = 900$（台）；

$x_3 = 0.7u_2^* + 0.9(x_2 - u_2^*) = 810$（台）　　　　$u_3^* = 810$（台）；

$x_4 = 0.7u_3^* + 0.9(x_3 - u_3^*) = 567$（台）　　　　$u_4^* = 567$（台）；

$x_5 = 0.7u_4^* + 0.9(x_4 - u_4^*) = 396.9 \approx 397$（台）　　$u_5^* = 397$（台）。

当 5 年合同期满时，归甲方所有的全部完好机器数为：

$$x_6 = 0.7u_5^* + 0.9(x_5 - u_5^*) = 278（台）$$

以上讨论的是乙方的最优方案。由于这里的初始状态 $x_1 = 1\,000$ 是固定的，而终端状态如何并不加以考虑，所以称此类型的题目为始端固定终端自由的问题。

对于甲方来说，要求在初始状态 $x_1 = 1\,000$ 台，且终端状态 $x_6 = 500$ 台前提下，达到 5 年的总产量最高。这类问题称为两端固定的问题。显然，对甲方的最优策略来说，5 年的最大总产量将比前述方案要低，现在来具体计算。

状态转移方程式及动态规划基本方程式同前，且 $x_1 = 1\,000$，$x_6 = 500$。

由 $x_6 = 0.7u_5 + 0.9(x_5 - u_5) = 500$，

解得 $u_5 = 4.5x_5 - 2\,500$。

可见由于终端状态有了限制，第五年的允许决策集合就仅含一个元素，决策变量只有唯一的取值，第五子过程称为非决策过程。相应地，

$$\begin{aligned} f_5(x_5) &= \max_{u_5}\{V_5(x_5, u_5) + f_6(x_5)\} \\ &= 8(4.5x_5 - 2\,500) + 5(x_5 - 4.5x_5 + 2\,500) + 0 \\ &= 18.5x_5 - 7\,500 \end{aligned}$$

$$u_5^* = 4.5x_5 - 2\,500$$

$$\begin{aligned} f_4(x_4) &= \max_{u_4 \in D_4(x_4)}\{V_4(x_4, u_4) + f_5(x_5)\} \\ &= \max_{0 \le u_4 \le x_4}\{8u_4 + 5(x_4 - u_4) + 18.5[0.7u_4 + 0.9(x_4 - u_4)] - 7\,500\} \\ &= \max_{0 \le u_4 \le x_4}\{21.65x_4 - 0.7u_4 - 7\,500\} \\ &= 21.65x_4 - 7\,500 \\ &\approx 21.7x_4 - 7\,500 \end{aligned}$$

最优决策 $u_4^* = 0$。

同理可得：

$$f_3(x_3) = 24.5x_3 - 7\,500, \qquad u_3^* = 0。$$

$$f_2(x_2) = 27.1x_2 - 7\,500, \qquad u_2^* = 0。$$

$$f_1(x_1) = 29.4x_1 - 7\,500, \qquad u_1^* = 0。$$

因为 $x_1 = 1\,000$，所以 5 年内的最大产量为：

$$f_1(x_1) = 29\,400 - 7\,500 = 21\,900$$

由此可见，附加了终端的约束，则其最高总产量比终端自由时要低一些。

【例5.5】 利用动态规划方法求解例5.3的问题(将例5.3的问题重新给出)

某住宅建筑公司拟建造甲、乙、丙3类住宅出售。甲类住宅每栋耗资100万元,售价200万元。乙类住宅每栋耗资60万元,售价110万元。丙类住宅每栋耗资30万元,售价70万元。由于市政当局的限制,建造每类住宅不得多于3栋。该公司共有可利用的资金350万元,问应如何安排修建计划,方可使该公司的售房收入为最大?

解: 将问题转化为三阶段决策过程。第一阶段决定甲类住宅的建造栋数,第二阶段决定乙类住宅的建造栋数,第三阶段决定丙类住宅的建造栋数。

取第 k 阶段开始时,公司拥有的可利用的资金数量为状态变量 y_k ,该阶段决定建造的住宅栋数为决策变量 x_k ,则有:

$$\begin{cases} y_1 = 35(10\text{万元}) \\ y_2 = y_1 - 10x_1(10\text{万元}) \\ y_3 = y_2 - 6x_2(10\text{万元}) \\ \text{允许决策集合} D_k(y_k) = \{0,1,2,3\} \\ f_k = \max_{x_k}\{V_k + f_{k+1}\} \\ f_4 = 0 \end{cases}$$

其中 $V_1 = 20x_1, V_2 = 11x_2, V_3 = 7x_3$ 。

注意此题的状态变量虽然可以连续取值,但决策变量只能取离散值0,1,2,3,所以此题仍为离散变量问题。

根据状态转移方程对各阶段状态变量的可能取值作出分析,见表5.1、表5.2、表5.3,其中在表5.3中,由于允许决策集合 $D_3(y_3)$ 仅含0,1,2,3共4个元素,所以将 y_3 的可能取值点作了合并,以求得计算工作量的减少。

表5.1 当 $k = 1$ 时

可能状态 $y_1^{(i)}$	决策 x_1	下阶段可能状态 $y_2^{(i)}$
35	0	35
	1	25
	2	15
	3	5

表5.2 当 $k = 2$ 时

可能状态 $y_2^{(i)}$	决策 x_2	下阶段可能状态 $y_3^{(i)}$
35	0	35
	1	29
	2	23
	3	17

续表

可能状态 $y_2^{(i)}$	决策 x_2	下阶段可能状态 $y_3^{(i)}$
25	0	25
	1	19
	2	13
	3	7
15	0	15
	1	9
	2	3
5	0	5

表 5.3　当 $k = 3$ 时

可能状态 $y_3^{(i)}$	决策 x_3	下阶段可能状态 $y_4^{(i)}$
3 ~ 5	0	3 ~ 5
	1	0 ~ 2
6 ~ 8	0	6 ~ 8
	1	3 ~ 5
	2	0 ~ 2
9 ~ 35	0	9 ~ 35
	1	6 ~ 32
	2	3 ~ 29
	3	0 ~ 26

　　然后按照逆序决定原则，逐步计算各后部子过程的最优子策略，直至逆推求得整个活动过程的最优策略。计算过程见表5.4、表5.5、表5.6。

表 5.4　当 $k = 3$ 时

可能状态 $y_3^{(i)}$	决策 x_3	下阶段状态 $y_4^{(i)}$	V_3	f_4	$V_3 + f_4$	f_3
3 ~ 5	0	3 ~ 5	0	0	0	
	1*	0 ~ 2	7	0	7	7*
6 ~ 8	0	6 ~ 8	0	0	0	
	1	3 ~ 5	7	0	7	
	2*	0 ~ 2	14	0	14	14*
9 ~ 35	0	9 ~ 35	0	0	0	
	1	6 ~ 32	7	0	7	
	2	3 ~ 29	14	0	14	
	3*	0 ~ 26	21	0	21	21*

表5.5 当 $k = 2$ 时

可能状态 $y_2^{(i)}$	决策 x_2	下阶段状态 $y_3^{(i)}$	V_2	f_3	$V_2 + f_3$	f_2
5	0*	5	0	7	7	7*
15	0	15	0	21	21	
	1*	9	11	21	32	32*
	2	3	22	7	29	
25	0	25	0	21	21	
	1	19	11	21	32	
	2	13	22	21	43	
	3*	7	33	14	47	47*
35	0	35	0	21	21	
	1	29	11	21	32	
	2	23	22	21	43	
	3*	17	33	21	54	54*

表5.6 当 $k = 1$ 时

可能状态 $y_1^{(i)}$	决策 x_1	下阶段状态 $y_2^{(i)}$	V_1	f_2	$V_1 + f_2$	f_1
35	0	35	0	54	54	
	1	25	20	47	67	
	2*	15	40	32	72	72*
	3	5	60	7	67	

由表5.4、表5.5、表5.6反推之,可知该公司的最优策略为 $x_1 = 2$, $x_2 = 1$, $x_3 = 3$ 。即甲类住宅建2栋,乙类住宅建1栋,丙类住宅建3栋。在这样的安排下,共耗资350万元,可得最大的售房收入720万元。

5.4.2 背包问题

背包问题是一个典型的多阶段决策问题。背包问题的一般提法是:设有 n 种物品,每一种物品数量无限。第 i 种物品质量为 w_i ,每件价值为 c_i ,现有一个可装载质量为 w 的背包,问各种物品应取多少件放入背包,才能使背包中物品的价值最高。

这类问题也可用整数规划模型来描述,设第 i 种物品取 x_i 件,则有

$$\max z = c_1 x_1 + c_2 x_2 + \cdots + c_n x_n$$

$$s.t. \begin{cases} w_1 x_1 + w_2 x_2 + \cdots + w_n x_n \leqslant w \\ x_i \geqslant 0 \text{ 且为整数}(i = 1,2,\cdots,n) \end{cases}$$

该类问题若用线性规划方法求解,将产生很大的计算困难,而用动态规划方法求解就便

利多了。背包问题实际是运输问题中的车船的最优配载问题,还可以广泛应用于解决其他的问题,或者作为其他复杂问题的子问题。

【例5.6】　旅行者带一个能装7 kg的背包,有3种物品可供选择,第一种物品每件重2 kg价值45元,第二种物品重3 kg价值70元,第三种物品重1 kg价值15元。问各种物品应各取多少件放入背包,以使背包中物品的价值最高。

解: 阶段k:第k次载第k种物品$(k=1,2,3)$。

状态变量x_k:第k次装载时背包还可以装载的质量。

决策d_k:第k次装载第k种物品的件数。

允许决策集合:

$$D_k(x_k) = \left\{ d_k \,\middle|\, 0 \leqslant d_k \leqslant \frac{x_k}{w_k}, d_k \text{ 为整数} \right\}, (k = 1,2,3)$$

状态转移方程:$x_{k+1} = x_k - w_k d_k, (k = 1,2,3)$

阶段指标:$v_k = c_k d_k$

递推方程:$f_k(x_k) = \max\{c_k d_k + f_{k+1}(x_{k+1})\} = \max\{c_k d_k + f_{k+1}(x_k - w_k d_k)\}$

终端条件:$f_{n+1}(x_{n+1}) = 0$

对$k=3$,

$$f_3(x_3) = \max_{0 \leqslant d_3 \leqslant \left[\frac{x_3}{w_3}\right]} \{c_3 d_3 + f_4(x_4)\} = \max_{0 \leqslant d_3 \leqslant \left[\frac{x_3}{w_3}\right]} \{15 d_3 + f_4(x_4)\}$$

计算结果见表5.7。

表5.7　$k=3$ 时计算结果

x_3	0	1	2	3	4	5	6	7
d_3	0	1	2	3	4	5	6	7
$f_3(x_3)$	0	15	30	45	60	75	90	105

对$k=2$时,

$$f_2(x_2) = \max_{0 \leqslant d_2 \leqslant \left[\frac{x_2}{w_2}\right]} \{c_2 d_2 + f_3(x_3)\} = \max_{0 \leqslant d_2 \leqslant \left[\frac{x_2}{w_2}\right]} \{70 d_2 + f_3(x_2 - 3 d_2)\}$$

计算过程见表5.8。

表5.8　$k=2$ 时计算过程

x_2	0	1	2	3		4		5		6			7		
d_2	0	0	0	0	1	0	1	0	1	0	1	2	0	1	2
v_2	0	0	0	0	70	0	70	0	70	0	70	140	0	70	140
$v_2 + f_3$	0	15	30	45	70	60	85	75	100	90	115	140	105	130	155
$f_2(x_2)$	0	15	30	70		85		100		140			155		
d_2^*	0	0	0	1		1		1		2			2		

计算结果见表5.9。

表5.9 $k=2$ 时计算结果

x_2	0	1	2	3	4	5	6	7
d_2^*	0	0	0	1	1	1	2	2
$f_2(x_2)$	0	15	30	70	85	100	140	155

对 $k=1$,

$$f_1(x_1) = \max_{0 \leq d_1 \leq \left[\frac{x_1}{w_1}\right]} \{c_1 d_1 + f_2(x_2)\} = \max_{0 \leq d_1 \leq \left[\frac{x_1}{w_1}\right]} \{45 d_1 + f_2(x_1 - 2d_1)\}$$

计算结果见表5.10。

表5.10 $k=1$ 时计算结果

x_1	7			
d_1	0	1	2	3
v_1	0	45	90	135
$v_1 + f_2$	155	145	160	150
$f_1(x_1)$	160			
d_1^*	2			

结论:即应取第一种物品2件,第二种物品1件,最高价值为160元,背包没有余量。

5.4.3   动态规划在非线性规划的数学问题中的应用

【例5.7】 考虑如下的静态规划问题

$$\max f(x) = x_1 x_2 x_3$$

$$\begin{cases} x_1 + x_2 + x_3 \leq C \\ x_j \geq 0 \end{cases}$$

试用动态规划方法求解。

解:人为地赋予此问题以"时段"概念,首先人为地赋予问题以时段概念,在第一阶段决定 x_1 的取值,第二阶段决定 x_2 的取值,第三阶段决定 x_3 的取值。这样,问题转为三阶段决策过程,因而整个活动过程的演变可从原来过程的后部子过程反向递推来分析。现在的关键是找出各个后部子过程间的递推关系。根据"不变嵌入"原理,即从一个过程的开始到终结,每一个子过程的寻优可以嵌入(即利用)一个后部子过程的最优化结果。只有做到了这一点,才能保证寻优过程具有递推性。于是此静态问题转化为三阶段决策过程。决策顺序为 $x_1 \longrightarrow x_2 \longrightarrow x_3$。

遵循"不变嵌入"原理,找出各子过程的递推(嵌套)关系。

选递推过程中累积的量作为状态变量 y_k,选 x_k 为决策变量 u_k,则可得各阶段状态及允许决策集合:

$$y_1 = C \qquad\qquad D_1(y_1) = \{u_1 \mid 0 \leqslant u_2 \leqslant y_2\}$$

$$y_2 = y_1 - x_1 \qquad D_2(y_2) = \{u_2 \mid 0 \leqslant u_2 \leqslant y_2\}$$

$$y_3 = y_2 - x_2 \qquad D_3(y_3) = \{u_3 \mid 0 \leqslant u_3 \leqslant y_3\}$$

指标函数为各段指标连乘积的形式。由于此题目是三阶段决策过程,第四阶段的指标是多少,是否存在,都与此无关,所以应有动态规划基本方程式及边界条件

$$\begin{cases} f_k(y_k) = \max\limits_{u_k \in D_k(y_k)} \{x_k \cdot f_{k+1}(y_{k+1})\} \\ f_4(y_4) = 1 \end{cases}$$

遵循逆序决定原则对各子过程求解。

当 $k = 3$ 时,

$$\begin{aligned} f_3(y_3) &= \max_{u_3 \in D_3(y_3)} \{x_3 \cdot f_4(y_4)\} \\ &= \max_{0 \leqslant x_3 = u_3 \leqslant y_3} \{x_3 \cdot 1\} \\ &= y_3 \end{aligned}$$

$$u_3^* = x_3^* = y_3$$

当 $k = 2$ 时,

$$\begin{aligned} f_2(y_2) &= \max_{u_2 \in D_2(y_2)} \{x_2 \cdot f_3\} \\ &= \max_{0 \leqslant x_2 = u_2 \leqslant y_2} \{x_2 \cdot f_3\} \\ &= \max_{0 \leqslant u_2 = x_2 \leqslant y_2} \{x_2 \cdot (y_2 - x_2)\} \end{aligned}$$

这是一个非线性规划问题,其中 y_2 为一待定常数。由于需极大化的函数简单且具有良好的性质,所以可采用经典的解析求导法求其极值点。

$$令 \frac{\mathrm{d}[x_2 \cdot (y_2 - x_2)]}{\mathrm{d}x_2} = y_2 - 2x_2 = 0$$

解得 $x_2 = \dfrac{y_2}{2}$ 为驻点,且为极大值点。

故

$$f_2(y_2) = \max_{0 \leqslant u_2 = x_2 \leqslant y_2} \{x_2(y_2 - x_2)\} = \frac{y_2^2}{4}$$

$$u_2^* = x_2^* = \frac{y_2}{2}$$

当 $k = 1$ 时,

$$\begin{aligned} f_1(y_1) &= \max_{u_1 \in D_1(y_1)} \{x_1 \cdot f_2(y_2)\} \\ &= \max_{0 \leqslant u_1 = x_1 \leqslant y_1} \left\{x_1 \cdot \frac{(y_2)^2}{4}\right\} \\ &= \max_{0 \leqslant u_1 = x_1 \leqslant y_1} \left\{x_1 \cdot \frac{(y_1 - x_1)^2}{4}\right\} \end{aligned}$$

同样采用经典的解析求导法求其极值点,

$$令 \frac{\mathrm{d}\left[x_1 \cdot \dfrac{(y_1 - x_1)^2}{4}\right]}{\mathrm{d}x_1} = \frac{1}{4}(y_1 - x_1)^2 + x \cdot \frac{1}{2}(y_1 - x_1)(-1) = 0,$$

解得 $x_1 = \dfrac{y_1}{3}$ 为驻点,且为极大值点。

故

$$f_1(y_1) = \max_{u_1 \in D_1(y_1)} \left\{ x_1 \cdot \frac{(y_1 - x_1)^2}{4} \right\} = \frac{y_1^3}{27}$$

$$u_1^* = x_1^* = \frac{y_1}{3}$$

整个过程的最优策略 $P_{1,3}^*$ 为

$$x_1^* = \frac{y_1}{3} = \frac{C}{3}$$

$$x_2^* = \frac{y_2}{2} = \frac{y_1 - x_1}{2} = \frac{C}{3}$$

$$x_3^* = y_3 = y_2 - x_2 = \frac{C}{3}$$

最优指标函数 $f_1(y_1) = \frac{C^3}{27}$。可自行采用其他方法来验证答案的正确性。

5.4.4　动态规划模型的分段穷举算法

　　动态规划是解决多阶段决策问题的有力工具。前面的计算实例表明,在构成动态规划模型以后,应遵循逆序决定原则,逐个地求得过程的各个后部子过程的最优子策略,直至逆推求出全过程的最优策略。然而对于一般的连续变量问题,动态规划并无一个固定的求解模式可以采用。一般总是结合各子问题的具体特点,分别在各段采用线性规划、非线性规划、经典解析法或其他的数值计算方法来求解。如果由于问题的特点使上述方法都不好采用时,则应将连续变量离散化,然后采用分段穷举法求得其满足某一精度要求的最优策略。这里应当指出:分段穷举法是求解离散变量问题的一种有效算法。所谓离散变量问题,是指问题的状态变量或决策变量被限定只能取离散值。对于一般动态规划数学模型的求解,只要计算机的容量能够承受,分段穷举法通常是可以采用的。分段穷举法本身比较简单,如例 5.1 的最短路径问题,其求解方法就是分段穷举法求解离散变量问题的典型例子。

　　【例 5.8】　某建筑总公司根据业务活动的需要,决定新购 5 台同一型号的混凝土搅拌机配置给下属 3 个混凝土搅拌站。各混凝土搅拌站新添此设备的数目与单位时间增产混凝土数量的关系见表 5.11,问新购进的 5 台搅拌机应如何配置,方可使该公司的混凝土增产总数达到最大?

表 5.11

增产数量 /m³　　搅拌站 新添设备/台	I 站	II 站	III 站
0	0	0	0
1	45	20	50
2	70	45	70
3	90	75	80
4	105	110	100
5	120	150	130

解:人为地赋予问题以时段概念。第一阶段决定分给Ⅰ站的搅拌机数量,第二阶段决定分给Ⅱ站的搅拌机数量,第三阶段决定分给Ⅲ站的搅拌机数量。

设状态变量 y_k 为第 k 阶段开始时,总公司拥有的可供分配的搅拌机数量,决策变量 x_k 为决定分配给 k 站的搅拌机数量。则

$$y_1 = 5, y_4 = 0$$

状态转移方程式为 $\qquad y_{k+1} = y_k - x_k$

阶段指标函数 $\qquad V_k(y_k, x_k)$ 由表 5.11 查出

最优指标函数 $\qquad f_k = \max_{x_k}\{V_k + f_{k+1}\}$

边界条件为 $\qquad f_4 = 0$

对各阶段的状态变量 $y_k(k = 1,2,3)$ 可能的取值作出分析:

第一阶段,总公司拥有搅拌机台数为 5 台,所以 $y_1 = 5$。

第二阶段,由于分配给Ⅰ站的搅拌机台数可能为 0,1,2,3,4,5,所以 y_2 可能有 5,4,3,2,1,0 这 6 个可能的取值点。

同理,第三阶段的状态变量 y_3 也有 5,4,3,2,1,0 这 6 个可能的取值点。

顾名思义,分段穷举法就是在每一阶段中,穷举所有可能状态下的最优决策,然后运用"不变嵌入"原理,递时态发展的顺序反向逐步向前推算,直至求得整个活动过程的最优策略。下面以表格的形式给出具体的计算过程。当 $k = 3$ 时,由于 $y_4 = y_3 - x_3 = 0$,解得 $x_3 = y_3$,即总公司还剩有多少台搅拌机没有分配,就应配置多少台给Ⅲ站。这样第三阶段退化为非决策阶段,这是由于终端状态 y_4 被固定,造成第三阶段的允许决策集合仅含一个元素的缘故。穷举第三阶段所有可能状态下的各种(这里只有一种)允许决策,并将各个可能取值点 $y_3^{(i)}$ 下的最优决策及相应的最优指标函数 $f_3(y_3^{(i)})$ 用 * 号标出,计算结果见表 5.12。

表 5.12　当 $k = 3$ 时

可能状态 $y_3^{(i)}$	决策 x_3	阶段指标 V_3	下阶段指标 y_4	f_4	$V_3 + f_4$	f_3
0	0*	0	0	0	0	0*
1	1*	50	0	0	50	50*
2	2*	70	0	0	70	70*
3	3*	80	0	0	80	80*
4	4*	100	0	0	100	100*
5	5*	130	0	0	130	130*

当 $k = 2$ 时,利用第三子过程的最优化结果,计算第二阶段所有可能状态 $y_2^{(i)}$ 下的最优决策及第二子过程的最优指标函数,计算结果见表 5.13。

表 5.13　当 $k = 2$ 时

可能状态 $y_2^{(i)}$	决策 x_2	阶段指标 V_2	下阶段指标 $y_3^{(i)}$	f_3	$V_2 + f_3$	f_2
0	0*	0	0	0	0	0*
1	0*	0	1	50	50	50*
	1	20	0	0	20	
2	0*	0	2	70	70	70*
	1*	20	1	50	70	70*
	2*	45	0	0	45	
3	0	0	3	80	80	
	1	20	2	70	90	
	2*	45	1	50	95	95*
	3	75	0	0	75	
4	0	0	4	100	100	
	1	20	3	80	100	
	2	45	2	70	115	
	3*	75	1	50	125	125*
	4	110	0	0	110	
5	0	0	5	130	130	
	1	20	4	100	120	
	2	45	3	80	125	
	3	75	2	70	145	
	4*	110	1	50	160	160*
	5	150	0	0	150	

当 $k = 1$ 时,利用第二子过程的最优化结果计算第一阶段所有可能状态 $y_1^{(i)}$(这里只有一种)下的最优决策及第一子过程(即活动的全过程)的最优指标函数,计算结果见表 5.14。

由表 5.14 可知,第一阶段的最优决策为 $x_1^* = 1$,即分配 I 站 1 台混凝土搅拌机。

在这样的安排下,可以使该公司在单位时间里获得最大的混凝土增产量, $f_1 = 170$ 。

表 5.14　当 $k = 1$ 时

可能状态 $y_1^{(i)}$	决策 x_1	阶段指标 V_1	下阶段指标 $y_2^{(i)}$	f_2	$V_1 + f_2$	f_1
5	0	0	5	160	160	
	1*	45	4	125	170	170*
	2	70	3	95	165	
	3	90	2	70	160	
	4	105	1	50	155	
	5	120	0	0	120	

由于状态转移方程式体现在计算表格里,所以应该依据各个阶段的计算表(即表5.12、表5.13、表5.14)查出全过程的最优策略及有关信息。将有关结果列成表格,见表5.15。

表 5.15

阶段 k	初始状态 y_{k1}	最优决策 x_k^*	下阶段初始状态 y_{k+1}	第 k 子过程最优指标函数 f_k
1	5	1	4	170
2	4	3	1	125
3	1	1	0	50

最优策略为分配给Ⅰ站1台搅拌机,分配给Ⅱ站3台、分配给Ⅲ站1台。

通过以上对动态规划的基本内容的介绍可以看出,作为现代化管理的一种分析手段,动态规划在企业的经营管理工作中有着广阔的应用前景。但是必须注意,动态规划方法也有其自身弱点。即存在所谓的维数灾难,当问题的变量个数(维数)太多时,由于计算工作量随着变量的增多而激增,常只能列出动态规划的计算程序而无法实际上机进行计算。其次,在列出动态规划的数字模型以后,求解各子决策过程的最优决策序列仍得结合问题的具体特征,依赖其他的数学手段,如经典解析法、线性规划、非线性规划或分段穷举法来进行处理,目前尚无一种统一的模式予以解决。因此,掌握动态规划的基本原理和方法,研究它的实际问题中应用技巧,进而用其帮助制订最佳决策方案,就成为企业管理工作者的一项重要任务。

5.5　案例分析

5.5.1　复合系统工作可靠性问题

若某种机器的工作系统由 N 个部件组成,只要有一个部件失灵,整个系统就不能正常工作。这些部件的正常工作关系为串联关系,为提高系统的可靠性,在每一个部件上均装有主要元件的备用件,并配备了备用元件自动投入装置。显然,备用元件越多,整个系统正常工作的可靠性越大。但备用元件多了,整个系统的成本、质量、体积都会加大,工作精度也会降低。因此,最优化问题是在考虑对上述指标加以限制的前提下,合理选择各部件的备用元件数,使整个系统的工作可靠性达到最大。

【例 5.9】　某种电气设备由 3 个部件串联组成。为提高这种设备在指定工作条件下的正常工作的可靠性,需在每一个部件上安装 1 个、2 个或 3 个主要元件的备用件。假设对部件 $k(k=1,2,3)$ 配备 i 个备用件后其可靠性 $R_{k,i}$ 和所需成本 $C_{k,i}$ (单位:百元),见表5.16。问在用于安装备用元件的总资金限额为 1 000 的前提下,怎样配备各部件的备用件,才能使这种设备在指定工作条件下的可靠性最大?

表 5.16

部件 k	备用件个数 $i = 1$		备用件个数 $i = 2$		备用件个数 $i = 3$	
	$C_{k,i}$	$R_{k,i}$	$C_{k,i}$	$R_{k,i}$	$C_{k,i}$	$R_{k,i}$
1	2	0.92	4	0.94	5	0.96
2	3	0.75	5	0.94	6	0.98
3	1	0.8	2	0.95	3	0.99

解:这是一个三阶段决策过程。由于这种设备是由 3 种部件串联组成,整机的可靠性应该用各个部件的可靠性指标的连乘积来衡量。设状态变量 y_k 为第 k 阶段开始时受到的可用资金的限额,决策变量 x_k 为第 k 种部件配备备用件数量,则状态转移方程式为 $y_{k+1} = y_k - C_k(x_k)$(百元)。

其中 $y_1 = 10$(百元),$C_k(x_k)$ 由表 5.16 给出。最优指标函数为 $f_k = \max\limits_{x_k}\{R_k \cdot f_{k+1}\}$,边界条件 $f_4 = 1$,允许决策集合为 $x_k = 1,2,3$。为避免不必要的计算工作,先对各阶段的可能状态取值作出分析:

在第一阶段,初始状态为 $y_1 = 10$。当决策变量 x_1 分别取 $1,2,3$ 时,由状态转移方程式可知第二阶段的初始状态可为 $y_2 = 8,6,5$。

同理,在第二阶段的初始状态 y_2 分别取 $8,6,5$ 时,由状态转移方程式可知第三阶段状态可为 $y_3 = 1,2,3,5$。

下面由逆序决定原则从第三阶段开始,逐步向前逆推求出各阶段的最优决策。

表 5.17 当 $k = 3$ 时

$y_3^{(i)}$	决策 x_3	下阶段状态 $y_4^{(i)}$	R_3	f_4	$R_3 \cdot f_4$	f_3
1	1*	0	0.8	1	0.8	0.8*
2	1	1	0.8	1	0.8	
	2*	0	0.95	1	0.95	0.95*
3	1	2	0.8	1	0.8	
	2	1	0.95	1	0.95	
	3*	0	0.99	1	0.99	0.99*
5	1	4	0.8	1	0.8	
	2	3	0.95	1	0.95	
	3*	2	0.99	1	0.99	0.99*

表 5.18 当 $k = 2$ 时

$y_2^{(i)}$	决策 x_2	下阶段状态 $y_3^{(i)}$	R_2	f_3	$R_2 \cdot f_3$	f_2
5	1*	2	0.75	0.95	0.712 5	0.712 5*
6	1	3	0.75	0.99	0.742 5	
	2*	1	0.94	0.8	0.752	0.752*

$y_2^{(i)}$	决策 x_2	下阶段状态 $y_3^{(i)}$	R_2	f_3	$R_2 \cdot f_3$	f_2
8	1	5	0.75	0.99	0.742 5	
	2	3	0.94	0.99	0.930 6	
	3*	2	0.98	0.95	0.931	0.931*

表 5.19 当 $k = 1$ 时

$y_1^{(i)}$	决策 x_1	下阶段状态 $y_2^{(i)}$	R_1	f_2	$R_1 \cdot f_2$	f_1
10	1*	8	0.92	0.931	0.856 52	0.856 52*
	2	6	0.94	0.752	0.706 88	
	3	5	0.96	0.712 5	0.684	

由计算表格推算回去,可知为使整机的可靠性最高,应为部件 1 配备 1 个备用元件,为部件 2 配备 3 个备用元件,为部件 3 配备 2 个备用元件。这时此种电器设备的可靠性为 0.856 52,配备备用元件共耗资金 1 000 元。

一般来说,若配备备用元件不但受到资金的限制,而且受到体积、质量等的限制,设整机共有 N 个部件,部件 k 上装 i 个备用件的成本为 $C_k(i)$,质量为 $w_k(i)$,体积为 $v_k(i)$,总成本的限制为 C,总质量限制为 w,总体积限制为 v,用 $R_k(i)$ 表示部件 k 装上 i 个备用元件后的可靠性指标,R 表示整机的可靠性指标,则问题的静态模型为:

$$\max R = \prod_{k=1}^{N} R_k(i)$$

$$\begin{cases} \sum_{k=1}^{N} C_k(i) \leqslant C \\ \sum_{k=1}^{N} w_k(i) \leqslant w \\ \sum_{k=1}^{N} v_k(i) \leqslant v \\ i \geqslant 0 \text{ 为整数} \end{cases}$$

这是一个非线性整数规划问题。显然,对这类问题用动态规划来求解,相对来说是比较容易的。选部件 k 上配备的备用元件个数 u_k 为决策变量,三维状态变量 $(x_k, y_k, z_k)^{\mathrm{T}}$ 为第 k 个部件到第 N 个部件所受到的费用、质量及体积限制,则问题可仿照例 5.8 求解。这里应该注意,可靠性指标 $R_k(i)$ 必须是选用备用件个数 i 的严格单调递增函数,且 $R_k(i) \leqslant 1$。

5.5.2 价格策略问题

在企业的经营管理工作中,一个重要的问题是为产品的销售制订合理的价格策略。特别是对于独家经营的产品,考虑到产品的经济寿命周期和今后一段时间内可能出现的竞争,采用恰当的浮动价格可为企业带来畅通的销路和可观的利润,而使用动态规划方法则能帮助决策人员制订效果最佳的价格策略。

【例 5.10】 某公司拟为一种新产品制订今后 5 年的售价。根据市场分析,相邻两年间的售价变化不宜超过 1 元,否则将影响产品的销路。设销售部门提出了 4 种可行的售价供选择,且预测这 4 种售价在今后各年内带来的总利润见表 5.20。试问应如何决定该产品在各年的售价,方能使这种产品在今后 5 年内带来的总利润达到最大?

表 5.20

	第一年	第二年	第三年	第四年	第五年
15.9	2	3	4	6	8
16.9	3	4	7	3	2
17.9	5	5	8	6	4
18.9	7	8	1	9	4

解:设每年的产品售价在上一年度的基础上实际浮动。浮动幅度的大小用决策变量 x_k 来表示,每年初(即上一年)的产品售价用状态变量 y_k 来表示($k = 1, 2, 3, 4, 5$)。

则 $y_1 = 0$,

$$y_{k+1} = y_k + x_k$$

最优指标函数

$$f_k = \max x_k \{ v_k + f_{k+1} \}$$
$$f_6 = 0$$

其中阶段收益指标 v_k 由表 5.20 查出。

根据题意在下列表格中对各阶段的可能状态作出分析,允许决策集合在表格中可以体现。

表 5.21 当 $k = 1$ 时

初始状态 $y_1^{(i)}$	决策 x_1	下阶段初始状态 $y_2^{(i)}$
0	15.9	15.9
	16.9	16.9
	17.9	17.9
	18.9	18.9

表 5.22 当 $k = 2$ 时

初始状态 $y_2^{(i)}$	决策 x_2	下阶段初始状态 $y_3^{(i)}$
15.9	0	15.9
	1	16.9
16.9	−1	15.9
	0	16.9
	1	17.9

初始状态 $y_2^{(i)}$	决策 x_2	下阶段初始状态 $y_3^{(i)}$
17.9	−1 0 1	16.9 17.9 18.9
18.9	−1 0	17.9 18.9

表 5.23　当 $k = 3$ 时

初始状态 $y_3^{(i)}$	决策 x_3	下阶段初始状态 $y_4^{(i)}$
15.9	0 1	15.9 16.9
16.9	−1 0 1	15.9 16.9 17.9
17.9	−1 0 1	16.9 17.9 18.9
18.9	−1 0	17.9 18.9

表 5.24　当 $k = 4$ 时

初始状态 $y_4^{(i)}$	决策 x_4	下阶段初始状态 $y_5^{(i)}$
15.9	0 1	15.9 16.9
16.9	−1 0 1	15.9 16.9 17.9
17.9	−1 0 1	16.9 17.9 18.9
18.9	−1 0	17.9 18.9

表 5.25 当 $k = 5$ 时

初始状态 $y_5^{(i)}$	决策 x_5	下阶段初始状态 $y_6^{(i)}$
15.9	0	15.9
	1	16.9
16.9	−1	15.9
	0	16.9
	1	17.9
17.9	−1	16.9
	0	17.9
	1	18.9
18.9	−1	17.9
	0	18.9

然后利用不变嵌入原理,从第五阶段逐步向前递推求出全过程的最优策略。见表 5.26 至表 5.30。

表 5.26 当 $k = 5$ 时

$y_5^{(i)}$	x_5	$y_6^{(i)}$	V_5	f_6	$V_5 + f_6$	f_5
15.9	*0	15.9	8	0	8	8*
	1	16.9	2	0	2	
16.9	* −1	15.9	8	0	8	8*
	0	16.9	2	0	2	
	1	17.9	4	0	4	
17.9	−1	16.9	2	0	2	
	*0	17.9	4	0	4	4*
	*1	18.9	4	0	4	4*
18.9	* −1	17.9	4	0	4	4*
	*0	18.9	4	0	4	4*

表 5.27 当 $k = 4$ 时

$y_4^{(i)}$	x_4	$y_5^{(i)}$	V_4	f_5	$V_4 + f_5$	f_4
15.9	*0	15.9	6	8	14	14*
	1	16.9	3	8	11	
16.9	* −1	15.9	6	8	14	14*
	0	16.9	3	8	11	
	1	17.9	6	4	10	
17.9	* −1	16.9	3	8	11	11*
	0	17.9	6	4	10	
	1	18.9	6	4	10	

续表

$y_4^{(i)}$	x_4	$y_5^{(i)}$	V_4	f_5	V_4+f_5	f_4
18.9	$^*-1$	17.9	6	4	10	10^*
	^{*0}	18.9	6	4	10	10^*

表 5.28　当 $k=3$ 时

$y_3^{(i)}$	x_3	$y_4^{(i)}$	V_3	f_4	V_3+f_4	f_3
15.9	0	15.9	4	14	18	
	^{*1}	16.9	7	14	21	21^*
16.9	-1	15.9	4	14	18	
	^{*0}	16.9	7	14	21	21^*
	1	17.9	8	11	19	
17.9	$^*-1$	16.9	7	14	21	21^*
	0	17.9	8	11	19	
	1	18.9	1	10	11	
18.9	$^*-1$	17.9	8	11	19	19^*
	0	18.9	1	10	11	

表 5.29　当 $k=2$ 时

$y_2^{(i)}$	x_2	$y_3^{(i)}$	V_2	f_3	V_2+f_3	f_2
15.9	0	15.9	3	21	24	
	^{*1}	16.9	4	21	25	25^*
16.9	-1	15.9	3	21	24	
	0	16.9	4	21	25	
	^{*1}	17.9	5	21	26	26^*
17.9	-1	16.9	4	21	25	
	0	17.9	5	21	26	
	^{*1}	18.9	8	19	27	27^*
18.9	-1	17.9	5	21	26	
	^{*0}	18.9	8	19	27	27^*

表 5.30　当 $k=1$ 时

$y_1^{(i)}$	x_1	$y_2^{(i)}$	V_1	f_2	V_1+f_2	f_1
0	15.9	15.9	2	25	27	
	16.9	16.9	3	26	29	
	17.9	17.9	5	27	32	
	$^*18.9$	18.9	7	27	34	34^*

由各计算表查得

$$y_1 = 0 \quad , \quad x_1^* = 18.9 \quad , \quad f_1 = 34;$$

$$y_2 = 18.9 \quad , \quad x_2^* = 0 \quad , \quad f_2 = 27;$$

$$y_3 = 18.9 \quad , \quad x_3^* = -1 \quad , \quad f_3 = 19;$$

$$y_4 = 17.9 \quad , \quad x_4^* = -1 \quad , \quad f_4 = 11;$$

$$y_5 = 16.9 \quad , \quad x_5^* = -19 \quad , \quad f_5 = 8。$$

故知该公司的最优价格策略为第一、二年售价皆定为18.9元,第三年售价为17.9元,第四年售价为16.9元,第五年售价为15.9元。在此价格下,公司渴望得到五年的最大总利润34万元。

5.5.3 生产与存贮问题

一个生产项目,在生产能力、生产的成本费用(或采购费用及原料进价)、市场对产品的需求情况(或对生产原料的需求状况)及存贮费用都是确定数值的条件下,需要制订一个合理的计划,使得企业在完成给定任务的前提下,花费的总成本最小或取得的利润最大。

这类问题用动态规划方法来求解,通常是以存贮量为状态变量,而以生产量、采购量或销售量作为决策变量。下面通过几个例题来介绍这类问题。

【例 5.11】 某工厂接受外贸部门的订单,要求在今后 4 个月内生产一批专供出口的产品,其交货日期和交货数量见表 5.31。假定不论在任何时期,生产每批产品的固定成本费用皆为 3 千元,若不生产,则为零。每单位产品的可变成本费用为 1 千元。同时任何一个时期生产能力所允许的最大生产批量为 6 个单位。

表 5.31

日期(k)	交货数量(D_k)
1 月底	2(单位)
2 月底	3(单位)
3 月底	2(单位)
4 月底	4(单位)

又设每时期的每个单位产品库存费用为 0.5 千元,同时这种产品在国内市场上无销路,因此第一个时期开始之初及第四个时期之末均无产品库存。

问在满足上述给定条件的前提下,该厂应如何安排各个时期的生产与库存,使所花的总成本费用最低?

解:此问题的时序性很明显,是 4 个阶段的动态规划问题。

设状态变量 y_k 为第 k 时期开始时的库存量,决策变量 x_k 为第 k 时期的生产量,则 $y_1 = 0$,$y_5 = 0$。

状态转移方程式为 $y_{k+1} = y_k + x_k - D_k$,其中 D_k 为 k 时期的交货数量,为已知常数。

阶段指标 $V_k(y_k, x_k)$ 为各个时期的产品总成本费用,其中包括生产费用和库存费用。

$$V_k(y_k, x_k) = \begin{cases} 3 + 1 \cdot x_k & \text{当 } x_k > 0 \text{ 时} \\ 0 & \text{当 } x_k = 0 \text{ 时} \end{cases} + 0.5 y_k$$

最优指标函数

$$f_k = \min_{x_k} \{V_k + f_{k+1}\}$$

$$f_5 = 0 \text{ 为边界条件}$$

对各阶段状态变量 $y_k(k = 1,2,3,4)$ 可能的取值作出分析，用 $y_k^{(i)}$ 表示 y_k 的第 i 个取值点。

第一阶段，状态变量 y_1 只有唯一的取值点，$y_1 = 0$。

第二阶段，由于第一阶段的决策变量 x_1 可在 $0 \sim 6$ 间取整数值，而一月末必须交货 $D_1 = 2$，由 $y_2 = y_1 + x_1 - D_1 = y_1 + x_1 - 2$，故 y_2 具有 5 种可能状态：

$$y_2 = \{y_2^{(1)}, y_2^{(2)}, \cdots, y_2^{(5)}\} = \{0,1,2,3,4\}$$

第三阶段，由于 $y_3 = y_2 + x_2 - D_2 = y_2 + x_2 - 3$，乍看起来，$y_2$ 的最大可能取值为 4，x_2 的最大取值可以为 6，似乎 y_3 的最大可能取值也只能为 7。但是由于第三、第四阶段共交货 $D_3 + D_4 = 6$，且第四阶段末的库存 $y_5 = 0$，即使第三、第四不安排生产，第三时期初的库存量 y_3 的取值最大也只允许 6。

故 y_3 具有 7 种可能状态：

$$y_3 = \{y_3^{(1)}, y_3^{(2)}, \cdots, y_3^{(7)}\} = \{0,1,2,3,4,5,6\}$$

第四阶段，由终端状态 $y_5 = 0$，状态转移方程式 $y_5 = y_4 + x_4 - D_4 = y_4 + x_4 - 4 = 0$，即使第四阶段不安排生产，$y_4$ 的最大可能取值也只能为 4。

故 y_4 具有 5 种可能状态：

$$y_4 = \{y_4^{(1)}, y_4^{(2)}, \cdots, y_4^{(5)}\} = \{0,1,2,3,4\}$$

下面按照逆序决定的原则，求出这个问题的最优策略。最优指标函数由 $f_k = \min\limits_{x_k}\{V_k + f_{k+1}\}$ 决定。

当 $k = 4$ 时，由 $y_5 = y_4 + x_4 - D_4 = y_4 + x_4 - 4 = 0$，解得，$x_4 = 4 - y_4$。

即第四阶段退化为非决策阶段，这是由于终端状态固定造成允许决策集合中仅含一个元素的缘故。

穷举第四阶段所有可能状态下的各种允许决策，并将各个可能取值点 $y_4^{(i)}$ 下的最优决策及最优指标函数 f_4 用 * 号标号。计算结果见表 5.32。

表 5.32

可能状态 $y_4^{(i)}$	决策 x_4	阶段指标 V_k				期末状态 y_5	f_5	$V_4 + f_5$	f_4
		固定成本	可变成本	库存费用	合计				
0	4*	3	4	0	7	0	0	7*	7
1	3*	3	3	0.5	6.5	0	0	6.5*	6.5
2	2*	3	2	1	6	0	0	6*	6
3	1*	3	1	1.5	5.5	0	0	5.5*	5.5
4	0*	0	0	2	2	0	0	2*	2

当 $k = 3$ 时，穷举第三阶段所有可能状态下的各种允许决策，并将各种取值 $y_3^{(i)}$ 下的最优决策及指标函数 $f_3(y_3)$ 用 * 号标出。计算过程中利用了第四阶段的最优化结果，见表 5.33。

表 5.33

可能状态 $y_3^{(i)}$	决策 x_3	阶段指标 V_3				期末状态 y_4	f_4	$V_3 + f_4$	f_3
		固定成本	可变成本	库存费用	合计				
0	2	3	2	0	5	0	7	12	
	3	3	3	0	6	1	6.5	12.5	
	4	3	4	0	7	2	6	13	
	5	3	5	0	8	3	5.5	13.5	
	6*	3	6	0	9	4	2	11*	11
1	1	3	1	0.5	4.5	0	7	11.5	
	2	3	2	0.5	5.5	1	6.5	12	
	3	3	3	0.5	6.5	2	6	12.5	
	4	3	4	0.5	7.5	3	5.5	13	
	5*	3	5	0.5	8.5	4	2	10.5*	10
2	0*	0	0	1	1	0	7	8*	8
	1	3	1	1	5	1	6.5	11.5	
	2	3	2	1	6	2	6	12	
	3	3	3	1	7	3	5.5	12.5	
	4	3	4	1	8	4	2	10	
3	0*	0	0	1.5	1.5	1	6.5	8*	8
	1	3	1	1.5	5.5	2	6	11.5	
	2	3	2	1.5	6.5	3	5.5	12	
	3	3	3	1.5	7.5	4	2	9.5	
4	0*	0	0	2	2	2	6	8*	8
	1	3	1	2	6	3	5.5	11.5	
	2	3	2	2	7	4	2	9	
5	0*	0	0	2.5	2.5	3	5.5	8*	8
	1	3	1	2.5	6.5	4	2	8.5	
6	0*	0	0	3	3	4	2	5*	5

计算结果表明:

当期初存货为 0 时,最佳决策是安排生产 6 个单位的产品。在这样的安排下,可得第三、四两个时期的最小费用,$f_3 = 11$。

当期初存货为 1 时,最佳决策是安排生产 5 个单位的产品。在这样的安排下,可得第三、四两个时期的最小费用,$f_3 = 10.5$。

当期初存货为 2,3,4 时,其最佳决策都是不安排生产。在这样的安排下,可得第三、四两个时期的最小费用,$f_3 = 8$。

当期初存货为 6 时,最佳决策(唯一的决策)是不安排生产。在这样的安排下,可得第三、四两个时期的最小费用,$f_3 = 5$。

同理,现穷举第二阶段及第一阶段的所有可能状态下的各种允许决策,并将各个可能取值点 $y_2^{(i)}$ 及 $y_2^{(i)}$ 下的最优指标函数用 * 号标出。计算过程中都利用了后部子过程的最优化结果,见表5.34、表5.35。

表5.34

可能状态 $y_2^{(i)}$	决策 x_2	阶段指标 V_2				期末状态 $y_3^{(i)}$	f_3	$V_2 + f_3$	f_2
		固定成本	可变成本	库存费用	合计				
0	3	3	3	0	6	0	11	17	
	4	3	4	0	7	1	10.5	17.5	
	5*	3	5	0	8	2	8	16*	16
	6	3	6	0	9	3	8	17	
1	2	3	2	0.5	5.5	0	11	16.5	
	3	3	3	0.5	6.5	1	10.5	17	
	4*	3	4	0.5	7.5	2	8	15.5*	15.5
	5	3	5	0.5	8.5	3	8	16.5	
	6	3	6	0.5	9.5	4	8	17.5	
2	1	3	1	1	5	0	11	16	
	2	3	2	1	6	1	10.5	16.5	
	3*	3	3	1	7	2	8	15*	15
	4	3	4	1	8	3	8	16	
	5	3	5	1	9	4	8	17	
	6	3	6	1	10	5	8	18	
3	0*	0	0	1.5	1.5	0	11	12.5*	12.5
	1	3	1	1.5	5.5	1	10.5	16	
	2	3	2	1.5	6.5	2	8	14.5	
	3	3	3	1.5	7.5	3	8	15.5	
	4	3	4	1.5	8.5	4	8	16.5	
	5	3	5	1.5	9.5	5	8	17.5	
	6	3	6	1.5	10.5	6	5	15.5	
4	0*	0	0	2	2	1	10.5	12.5*	12.5
	1	3	1	2	6	2	8	14	
	2	3	2	2	7	3	8	15	
	3	3	3	2	8	4	8	16	
	4	3	4	2	9	5	8	17	
	5	3	5	2	10	6	5	15	

表 5.35

| 可能状态 y_2 | 决策 x_1 | 阶段指标 V_1 | | | | 期末状态 $y_2^{(i)}$ | f_2 | V_1+f_2 | f_1 |
		固定成本	可变成本	库存费用	合计				
0	2	3	2	0	5	0	16	21	
	3	3	3	0	6	1	15.5	21.5	
	4	3	4	0	7	2	15	22	
	5*	3	5	0	8	3	12.5	20.5*	20.5
	6	3	6	0	9	4	12.5	21.5	

由表 5.34 可知,第一时期的最佳决策是安排生产 5 个单位的产品,在这样的安排下,可以得到完成整个订货任务所需的最小总费用为 $f_1 = 20.5$(千元)。

为求出在整体最优的前提下各个小时期的最佳决策及有关信息,应依据各个时期的计算表反推之,查得:

第一时期的期初存货为 $y_1 = 0$(单位)最佳生产量为 5 单位,期末存货为 3 单位,整个问题的最低总费用为 $f_1 = 20.5$(千元)。

第二时期的期初存货为 $y_2 = 3$(单位)最佳生产量为 0 单位,期末存货为 0 单位,第二、第三、四时期的最小总费用为 $f_2 = 12.5$(千元)。

第三时期的期初存货为 $y_3 = 0$(单位)最佳生产量为 6 单位,期末存货为 4 单位,第三、四两个时期的最小总费用为 $f_3 = 11$(千元)。

第四时期的期初存货为 $y_4 = 4$(单位)最佳生产量为 0 单位,期末存货为 $y_5 = 0$(单位),该时期的最小总费用为 $f_4 = 2$(千元)。

问题的最优策略 $p_{1,4}^*$ 为:

$$x_1^* = 5, x_2^* = 0, x_3^* = 6, x_4^* = 0$$

习题 5

1.某预制厂生产 A,B,C,D 4 种畅销产品,每种产品的单位利润及水泥用量见表 5.36 所示。设该厂现有水泥 1 000 t,且 A 种产品的产量不得少于 1 000 单位,问应如何安排 4 种产品的生产数量,方能使该厂获得的利润达到最大?

表 5.36

产 品	A	B	C	D
单位利润(元)	25	35	40	30
水泥用量(kg/单位)	50	100	110	60

2.用动态规划求解下列问题。

(1) max $z = x_1^2 x_2 x_3^2$

$$\text{s. t.} \begin{cases} x_1 + x_2 + x_3 \leq 10 \\ x_1, x_2, x_3 \geq 0 \end{cases}$$

（2）$\min z = -x_1 + x_1^2 + x_2^2 + x_3^2$

$$\text{s. t.} \begin{cases} x_1 + x_2 + x_3 \geq 3 \\ x_1, x_2, x_3 \geq 0 \end{cases}$$

3. 某建筑公司拟在总投资不超过 100 000 元的前提下，购买以下 3 种类型的新设备。设 A 型设备的成本为 10 000 元/台，年获利润为 1 500 元/台；B 型设备的成本为 14 000 元/台，年获利润为 1 800 元/台；C 型设备的成本为 16 000 元/台，年获利润为 2 000 元/台。若限定各型设备的购买台数最多为 4 台，最少为 1 台，问应如何确定该公司的购买策略，使其年总获利达到最大？

4. 某钢窗厂拟为一种新产品制订今后 5 年的售价。根据市场分析，相邻两年间的售价变化不宜超过 2 元，否则将影响销路。设销售部门提出 4 种可行的售价供选择，且这 4 种售价在今后各年内带来的总利润见表 5.37。试问应如何决定该产品在各年的售价，方能使这种产品在 5 年内带来的总利润达到最大？

表 5.37

售价（元/单位）＼年份　　总利润（万元）	第一年	第二年	第三年	第四年	第五年
90.5	21	31	34	26	28
91.5	23	34	37	28	24
92.5	25	35	38	26	23
93.5	27	36	40	21	24

5. 某工厂生产 3 种产品，每种产品的质量与利润关系如下。现将此 3 种产品运往市场上销售，运输能力总质量不超过 10 t，问如何运输才能使所装载的价值最大，见表 5.38。

表 5.38

产　品	1	2	3
利润(t/件)	100	140	180
质量(t/件)	2	3	4

6. 现有 80 万元用于投资 3 个项目，3 个项目的投资规模与其创造的利润见表 5.39，请用动态规划方法作出一个投资方案，使其利润最大。

表 5.39

项　目＼投资（万元）　　利润（万元）	0	20	40	60	80
A_1	0	1.5	8	9.5	10

续表

项 目	投资（万元）／利润（万元）	0	20	40	60	80
A_2		0	1.5	6	7.3	7.5
A_3		0	2.6	4.5	5.1	5.3

7. 某工厂购进 100 台机器，准备生产 A、B 两种产品。若生产产品 A，每台机器每年可收入 45 万元，损坏率为 65%；若生产产品 B，每台机器每年收入为 35 万元，但损坏只有 35%；估计 3 年后将有新的机器出现，旧的机器将全部淘汰。试问每年应该如何安排生产，使在 3 年内收入最多？

第 6 章
图论与网络计划

6.1　图与网络

　　图论是应用十分广泛的运筹学分支,其已被广泛应用于物理学、控制论、信息论、工程技术、交通运输、经济管理、电子计算机等各个领域。对于科学研究、市场和社会生活中的许多问题,可以用图论的理论和方法来加以解决。例如,各种通信线路的架设、输油管道的铺设、铁路或者公路交通网络的合理布局、组织生产中的任务工序安排等问题,都可以应用图论的方法,简单、快捷地解决问题。

　　图论中图是由点和边构成,可以反映一些对象之间的关系。一般情况下图中点的相对位置如何、点与点之间联线的长短曲直,对于反映对象之间的关系并不是重要的。从理论上来研究图中点和线之间的关系及其所具有的特性,就是图论所要研究的内容。

　　在自然界和人类的实际生活中,常用点和点与点之间的连线所构成的图,来反映某些研究对象和对象之间的某种特定的关系。

　　例如为了反映城市之间有没有航班,如图 6.1 所示。甲城与乙城、乙城与丙城有飞机到达,而甲、丙两城没有直飞航班。

　　对于工作分配问题,也可以用点表示工人与需要完成的工作,点间连线表示每个工人可以胜任哪些工作,如图 6.2 所示。

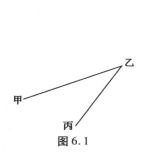

图6.1

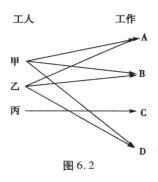

图6.2

所谓图,就是顶点(简称点)和一些点之间的连线(不带箭头或者带箭头)所组成的集合,也称为点和边的组合,记之为 $G = (V, E)$,其中 V 为点的集合, E 为边的集合。若用点表示研究的对象,则用边表示这些对象之间的联系,为区别起见,不带箭头的连线称为边,带箭头的连线称为弧。

6.1.1 无向图

如果一个图是由点和边所构成的,则称之为无向图(也简称为图),记作 $G = (V, E)$,其中 V 表示图 G 的非空的顶点集合, E 表示图 G 的边的集合。连接顶点 v_i 和 v_j 的边记为 $e = (v_i, v_j)$ 。

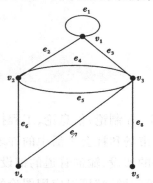

图6.3

图6.3所示为一个无向图,其中:

点集: $V = \{v_1, v_2, v_3, v_4, v_5\}$;

边集: $E = \{e_1, e_2, e_3, e_4, e_5, e_6, e_7, e_8\}$ 。

(1)端点,关联边,相邻

任一条边 $e = (v_i, v_j) \in E$,则称 v_i 、 v_j 是边 e 的端点,边 e 称为点 v_i 和点 v_j 的关联边。若点 v_i 、 v_j 与同一条边关联,称点 v_i 和 v_j 相邻;若边 e_i 和 e_j 具有公共的端点,称边 e_i 和 e_j 相邻。

(2)环,多重边,简单图

若某条边的两个端点相同,则称该边为环。图6.3中的 e_1 为一个环。若两个端点之间有多于一条的边,则称为多重边,图6.3中的 e_4 、 e_5 的端点相同,故为多重边。

简单图:一个无环、无多重边的图称为简单图。

多重图:一个无环但有多重边的图称为多重图。

(3)次,奇点,偶点,孤立点

与某一个点 v_i 相关联的边的数目称为点 v_i 的次(也称为度),记作 $d(v_i)$ 。图6.3中 $d(v_1) = 4$, $d(v_3) = 5$, $d(v_5) = 1$ 。次为奇数的点称为奇点,次为偶数的点称为偶点,次为1的点称为悬挂点,次为0的点称为孤立点。

图的次:一个图的次等于各点的次之和。

(4)链,圈,连通图

对于一个给定的图 $G = (V, E)$,若其中一点 v_{i_1} 沿边、点的交错集合 $(v_{i_1}, e_{i_1}, v_{i_2}, e_{i_2}, \cdots,$

$v_{i_{n-1}}, e_{i_{n-1}}, v_{i_n}$）到达另一点 v_{i_n}，则称其中的边集（$e_{i_1}, e_{i_2}, \cdots, e_{i_n}$）为一条连接 v_{i_1} 和 v_{i_n} 的链，常记为（$v_{i_1}, v_{i_2}, \cdots, v_{i_n}$）。

若在一条链（$v_{i_1}, v_{i_2}, \cdots, v_{i_n}$）中，$v_{i_1} = v_{i_n}$，则称为一个圈，也即起点与终点重合的链称为圈。若在该链中各 v_{i_m} 均不相同，则称之为初等链。若除了首点和末点外，其余各点均不相同，且不同于首点，则称之为初等圈。

在一个图 $G = (V, E)$ 中，若任何两点之间，至少存在一条链，则称这样的图为连通图，否则称图不连通。

对于一个不连通的图 G，其每一个连通的部分图称之为图 G 的连通分图，或简称分图。

给定一个图 G，若另一个图 $G' = (V', E')$ 满足 $V' \subseteq V, E' \subseteq E$，则称图 G' 是图 G 的子图。若有 $V' = V, E' \subseteq E$，则称 G' 是 G 的一个部分图（支撑子图）。图 6.4 即为图 6.3 的子图，图 6.5 为图 6.3 的支撑子图。

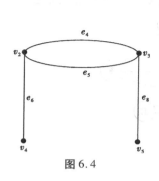

图 6.4

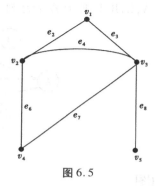

图 6.5

（5）赋权图

设图 $G = (V, E)$，对 G 的每一条边（v_i, v_j）相应赋予数量指标 w_{ij}，w_{ij} 称为边（v_i, v_j）的权，赋予权的图 G 称为赋权图，如图 6.6 所示。

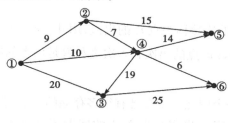

图 6.6

【例 6.1】 有甲、乙、丙、丁、戊、己 6 名运动员报名参加 A，B，C，D，E，F 6 个项目的比赛。表 6.1 中打"√"的是各运动员报名参加的比赛项目。问 6 个项目的比赛顺序应如何安排，做到每名运动员都不连续地参加两项比赛。

表 6.1

	A	B	C	D	E	F
甲	√			√		
乙	√	√		√		

续表

	A	B	C	D	E	F
丙			√		√	
丁	√				√	
戊	√	√			√	
己			√	√		√

解：用无向图来建模。将比赛项目作为研究对象，用点表示。如果两个项目有同一名运动员参加，在代表这两个项目的点之间连一条线，可得到图6.7。题目要求每名运动员都不连续地参加两项比赛，那么只要在图中找到一个点序列，使得依次排列的两点不相邻，即能满足要求。如序列 A,C,B,F,E,D 或者序列 D,E,F,B,C,A，还有其他答案这里不再赘述。

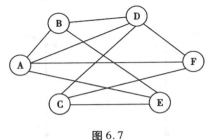

图6.7

6.1.2　有向图

如果一个图是由点和弧所构成的，则称之为有向图，记作 $D = (V, A)$，其中 V 仍表示有向图 D 的非空的顶点集合，A 表示 D 的弧集合。一条方向从 v_i 指向 v_j 的弧记为 $e = (v_i, v_j)$。

（1）出次与入次

有向图中，以 v_i 为始点的边数称为点 v_i 的出次，用 $d_+(v_i)$ 表示；以 v_i 为终点的边数称为点 v_i 的入次，用 $d_-(v_i)$ 表示；v_i 点的出次和入次之和就是该点的次。

（2）图的矩阵描述

如何在计算机中存储一个图呢？现在已有很多存储的方法，但最基本的方法就是采用矩阵来表示一个图，图的矩阵表示也根据所关心的问题不同而有邻接矩阵、关联矩阵、权矩阵等。

①邻接矩阵。对于图 $G = (V, E)$，$|V| = n$，$|E| = m$，有 $n \times n$ 阶方矩阵 $A = (a_{ij})_{n \times n}$，其中

$$a_{ij} = \begin{cases} 1 & \text{当且仅当 } v_i \text{ 与 } v_j \text{ 之间有关联边时} \\ 0 & \text{其他} \end{cases}$$

【例6.2】　将图6.8所表示的图构造为邻接矩阵。

解：图6.8所表示的图可以构造邻接矩阵 A，如图6.9所示。

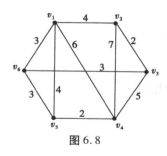

图 6.8

$$
A_{6\times6}=\begin{array}{c|cccccc} & v_1 & v_2 & v_3 & v_4 & v_5 & v_6 \\ \hline v_1 & 0 & 1 & 0 & 1 & 1 & 1 \\ v_2 & 1 & 0 & 1 & 1 & 0 & 0 \\ v_3 & 0 & 1 & 0 & 1 & 0 & 1 \\ v_4 & 1 & 1 & 1 & 0 & 1 & 0 \\ v_5 & 1 & 0 & 0 & 1 & 0 & 1 \\ v_6 & 1 & 0 & 1 & 0 & 1 & 0 \end{array}
$$

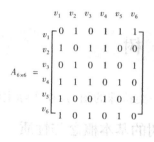

图 6.9

②关联矩阵。对于图 $G=(V,E)$，$|V|=n|$，$|E|=m$，有 $m\times n$ 阶矩阵 $M=(m_{ij})_{m\times n}$，其中

$$
m_{ij}=\begin{cases}2 & \text{当且仅当 } v_i \text{ 是边 } e_j \text{ 的两个端点} \\ 1 & \text{当且仅当 } v_i \text{ 是边 } e_j \text{ 的一个端点} \\ 0 & \text{其他}\end{cases}
$$

③权矩阵。对于赋权图 $G=(V,E)$，其中边 (v_i,v_j) 有权 w_{ij}，构造矩阵 $B=(b_{ij})_{n\times n}$，其中

$$
b_{ij}=\begin{cases}w_{ij} & (v_i,v_j)\in E \\ 0 & (v_i,v_j)\notin E\end{cases}
$$

【例 6.3】 将图 6.8 所表示的图构造为权矩阵。

解: 图 6.8 所表示的图可以构造权矩阵 B，如图 6.10 所示。

$$
B=\begin{array}{c|cccccc} & v_1 & v_2 & v_3 & v_4 & v_5 & v_6 \\ \hline v_1 & 0 & 4 & 0 & 6 & 4 & 3 \\ v_2 & 4 & 0 & 2 & 7 & 0 & 0 \\ v_3 & 0 & 2 & 0 & 5 & 0 & 3 \\ v_4 & 6 & 7 & 5 & 0 & 2 & 0 \\ v_5 & 4 & 0 & 0 & 2 & 0 & 3 \\ v_6 & 3 & 0 & 3 & 0 & 3 & 0 \end{array}
$$

图 6.10

6.1.3　网络

若图 G 为一赋权图，并在其顶点集合 V 中指定了起点(或称发点)和终点(或称收点)，其余的点为中间点，这样的赋权图称为网络图(简称网络)，如图 6.11 所示。

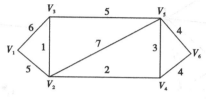

图 6.11

网络一般是连通的赋权图。权可以代表距离、费用、通过能力(容量)等。端点无序的赋权图称为无向网络，端点有序的赋权图称为有向网络。

6.2 树

树是一类特殊的图,其在实际生活中有着广泛的应用。

6.2.1 树的基本概念与性质

（1）树的概念

定义 一个无圈的连通图称为树。

例如:一个电话线路网是一棵树,任意两部电话之间是连通的,且仅有一条链;一个国家的行政组织机构图,一个企业的行政组织机构图,都是一棵树(在单一领导关系中,每个下级组织只有一个上级领导机构);在软件结构化程序设计中,扇入为 1 的模块结构层次图;在数据结构中,一种数据结构形式为树及二叉树。

（2）树的性质

性质 1:任何树中必存在次为 1 的点。

性质 2:n 个顶点的树必有 $n-1$ 条边。

性质 3:树中任意两个顶点之间,恰有且仅有一条链。

性质 4:树连通,但去掉任一条边,必变为不连通。

性质 5:树无回圈,但不相邻的两个点之间加一条边,恰得到一个圈。

（3）两个定理

定理 6.1 设 T 为 p 个顶点的一棵树,则 T 的边数为 $p-1$ 条。

定理 6.2 若图 G 是连通图,则 G 必有部分树。

6.2.2 最小支撑树及其算法

如果 G_2 是 G_1 的部分图,又是树图,则称 G_2 是 G_1 的部分树(或支撑树)。树图的各条边称为树枝,一般图 G_1 含有多个部分树,其中树枝总长最小的部分树,称为该图的最小部分树(或最小支撑树),图 6.13 所示即为图 6.12 的一个部分树。

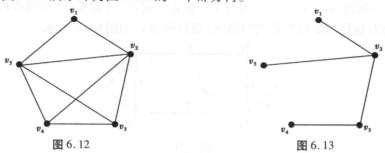

图 6.12　　　　　　　　　图 6.13

最小支撑树的求法有破圈法和避圈法两种。

①破圈法:就是"见圈破圈",即如果看到图中有一个圈,就将这个圈的边去掉一条,直至图中再无一圈为止(其中"圈"指的是回路)。

注意:对赋权图使用破圈法求最小支撑树时,需要将找到的圈中最长(权值最大)的边去掉。

【例6.4】 图6.14给出使用破圈法对一个无权图求解最小支撑树的步骤与方法。

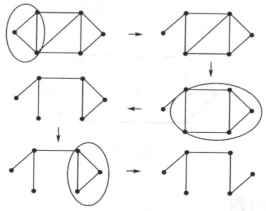

图6.14

解:使用破圈法求解赋权图的最小支撑树的步骤如下所述。

步骤:在图中任取一个圈,从圈中除去权最大的一条边(圈中存在两条以上最大权的边,可任选其中一条),在余下的支撑子图中重复这个步骤,直到得到一个不含圈的支撑子图为止,这时的图就是原赋权图的最小支撑树。

【例6.5】 使用破圈法对图6.11所示的赋权图求解最小支撑树。

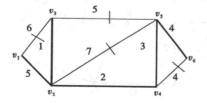

图6.15

解:在图6.15中,粗线所示的图即是图6.11的最小支撑树。

②避圈法:避圈法采取先将图中的点都取出来,然后,逐渐在点上添边,并保证后添入的边不与以前添上的边构成圈就可以了,这个过程直到将集中能加入的边(加入后不构成圈)都加完为止。

注意:对赋权图使用避圈法求最小支撑树时,每次添加的边应该是能添加进图并不构成圈的最短(权值最小)边。

使用避圈法求解最小支撑树的步骤如下所述。

a. 从赋权图 G 中任选一点 v_i,令 $S = \{v_i\}$,$\bar{S} = \{v/v \in V, v \notin S\}$;

b. 从连接 S 和 $\bar{S}$ 的边中选择权最小的边,不妨假设为 (v_i, v_j);

c. 令 $S \cup \{v_i \Rightarrow S, \bar{S} = v/v \in V, v \notin S\}$;

d. 若 $S = \phi$,则停止计算,已选出的各条边已构成最小支撑树,否则回到步骤 b。

【例6.6】 使用避圈法对图6.11所示的赋权图求解最小支撑树。

解:步骤如下所述。

首先取出图 G 的 6 个顶点，其次任选 6 个顶点中一点，比如 $S = \{v_3\}$，则 $\overline{S} = \{v_1, v_2, v_4, v_5, v_6\}$，连接 S 和 $\overline{S}$ 的一共有 3 条边，取出 3 条边中最短的边（v_2, v_3）添加进图，得到 $S = \{v_3, v_2\}$，则 $\overline{S} = \{v_1, v_4, v_5, v_6\}$，之后再寻找与点 v_2 相连的边中最短边，于是边（v_2, v_4）添加进图，以此类推，添加最短边（v_4, v_5）、（v_5, v_6）、（v_2, v_1）进图，此时 $\overline{S} = \phi$，停止计算就得到了如图 6.16（粗线部分）所示的最小支撑树。

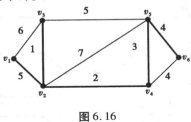

图 6.16

6.3 最短路问题

已知如图 6.17 所示的单行线交通网，每条弧旁的数字表示通过这条单行线所需要的费用。现在某人要从 v_1 出发，通过这个交通网络图到达 v_8 去，求使得某人花费最小的旅行路线。

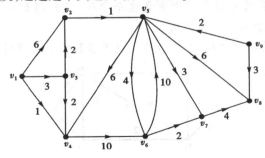

图 6.17

解：从 v_1 到 v_8 的旅行路线有很多条，例如可以从 v_1 出发，依次经过 v_2、v_5，然后到 v_8，也可以从 v_1 出发，依次经过 v_3，v_4，v_6，v_7 然后到 v_8 等。

6.3.1 基本概念

最短路问题（short-path problem）：若网络中的每条边都有一个数值（长度、成本、时间等），则找出两节点（通常是源节点和阱节点）之间总权和最小的路径就是最短路问题。

一般意义上的最短路问题是给定一个赋权网络图，即给定了一个有向图 $D = (V, A)$，对每一个弧 $e = (v_i, v_j)$，相应地赋予了权数，又给定 D 中的两个顶点 v_s、v_t。设 P 是 D 中从 v_s 到 v_t 的一条路线，定义路线 P 的权是 P 中所有弧的权之和，记为 $w(P)$。最短路问题就是要在所有从 v_s 到 v_t 的路中，求一条权最小的路，即求一条从 v_s 到 v_t 的路 P_0，使得 $w(P_0) = \min_P w(P)$。式中对 D 中所有从 v_s 到 v_t 的路 P 取最小，称 P_0 是从 v_s 到 v_t 的最短路。

最短路问题是网络理论解决的典型问题之一，也是一类重要的优化问题，它不仅可以直接应用于解决生产实际中的许多问题，如管路铺设、线路安装、厂区布局和设备更新等实际问题，还经常作为一个基本工具，用于解决其他优化问题。

6.3.2　Dijkstra 算法

Dijkstra 算法是由荷兰计算机科学家迪杰斯特拉(Dijkstra)于 1959 年提出的,因此称为迪杰斯特拉算法。该算法是典型的单源最短路径算法,用于计算一个节点到其他所有节点的最短路径。主要特点是以起始点为中心向外层层扩展,直到扩展到终点为止。Dijkstra 算法是很有代表性的最短路径算法,它适用于所有路权为正的情况。在很多专业课程中都作为基本内容有详细地介绍,如数据结构、图论、运筹学等。

迪杰斯特拉标号算法的基本思路如下所述。

首先从始点 v_1 开始,给每一个顶点记一个数(称为标号)。标号分 T 标号和 P 标号两种: T 标号表示从始点 v_1 到这一点的最短路权的上界,称为临时标号,P 标号表示从始点 v_1 到这一点的最短路权,称为固定标号。已得到 P 标号的点不再改变,凡是没有标上 P 标号的点,标上 T 标号,算法的每一步将图中某一点的 T 标号改为 P 标号。最多经过 $p-1$ 步,就可以得到从始点到每一点的最短路。

计算步骤如下所述。

①给 v_1 点标上 P 标号 $P(v_1) = 0$,其余各点标上 T 标号 $T(v_j) = \infty$。

②设 v_i 是刚刚得到 P 标号的点,考虑所有这样的点 v_j,使得 $(v_i, v_j) \in D$,所得 v_j 的标号是 T 标号,且修改 v_j 的标号为 $\min[T(v_j), P(v_i) + w_{ij}]$。

③若图中没有 T 标号,则停止;否则 $T(v_{j0}) = \min\limits_{v_j \text{是} T标号点} T(v_j)$,$v_{j0}$ 是 T 标号点,则将点 v_{j0} 的 T 标号改为 P 标号,转入步骤②。

【例 6.7】　图 6.18 所示为单行线交通网,每个弧旁边的数字表示这条单行线的长度。现在有一个人要从 v_1 出发,经过这个交通网到达 v_6,要寻求总路程最短的路线。

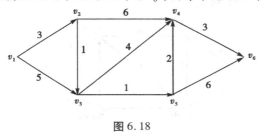

图 6.18

解:步骤如下所述。

第一步:首先给 v_1 以 P 标号,$P(v_1 = 0)$,给其余所有点 T 标号,$T(v_j) = \infty$ $(j = 2,3,\cdots,6)$ (注意,P 标号以()形式标在节点旁边,T 标号以不带()数字标在节点旁边),如图 6.19 所示。

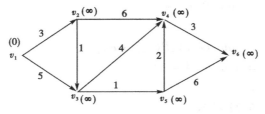

图 6.19

第二步:检查 v_1,修改 v_2、v_3 点的 T 标号值:

$$T(v_2) = \min[T(v_2), P(v_1) + e_{12}]$$
$$= \min[\infty, 0 + 3]$$
$$= 3$$
$$T(v_3) = \min[T(v_3), P(v_1) + e_{13}]$$
$$= \min[\infty, 0 + 5]$$
$$= 5$$

所以 $P(v_2) = 3$,如图 6.20 所示。

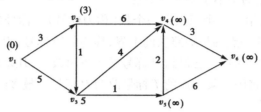

图 6.20

第三步:检查 v_2,修改 v_3、v_4 点的 T 标号值:

$$T(v_3) = \min[T(v_3), P(v_2) + e_{23}]$$
$$= \min[5, 3 + 1]$$
$$= 4$$
$$T(v_4) = \min[T(v_4), P(v_2) + e_{24}]$$
$$= \min[\infty, 3 + 6]$$
$$= 9$$

所以 $P(v_3) = 4$,如图 6.21 所示。

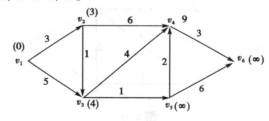

图 6.21

第四步:检查 v_3,修改 v_4、v_5 点的 T 标号值:

$$T(v_4) = \min[T(v_4), P(v_3) + e_{34}]$$
$$= \min[9, 4 + 4]$$
$$= 8$$
$$T(v_5) = \min[T(v_5), P(v_3) + e_{35}]$$
$$= \min[\infty, 4 + 1]$$
$$= 5$$

所以 $P(v_5) = 5$,如图 6.22 所示。

第五步:检查 v_5,修改 v_4、v_6 点的 T 标号值:

$$T(v_4) = \min[T(v_4), P(v_5) + e_{54}]$$

$$= \min[8, 5 + 2]$$
$$= 7$$

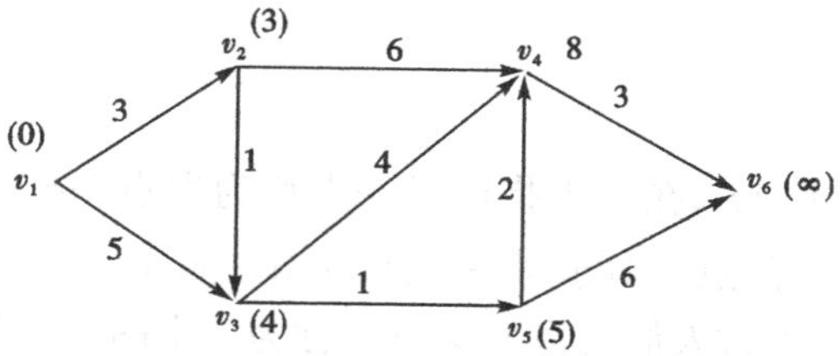

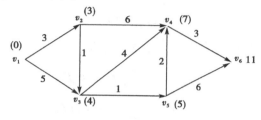

图 6.22

$$T(v_6) = \min[T(v_6), P(v_5) + e_{56}]$$
$$= \min[\infty, 5 + 6]$$
$$= 11$$

所以 $P(v_4) = 7$，如图 6.23 所示。

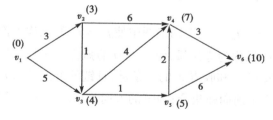

图 6.23

第六步：检查 v_4，修改 v_6 点的 T 标号值：

$$T(v_6) = \min[T(v_6), P(v_4) + e_{46}]$$
$$= \min[11, 7 + 3]$$
$$= 10$$

所以 $P(v_4) = 7$，至此所有的点都标上了 P 标号，如图 6.24 所示。

图 6.24

第七步：标出最短路，最短路径是：$v_1 \rightarrow v_2 \rightarrow v_3 \rightarrow v_5 \rightarrow v_4 \rightarrow v_6$，路长为 10，同时得到，到其余各点的最短路，即各点的永久性标号 $P(v_i)$。

6.4 网络最大流问题

在许多实际的网络系统中都存在着流量和最大流问题。例如铁路运输系统中的车辆流，城市给排水系统的水流问题，金融系统中有现金流等。而网络系统流最大流问题是图与网络流理论中十分重要的最优化问题,它对于解决生产实际问题起着十分重要的作用。

6.4.1 基本概念

(1)网络

给一个有向图 $D = (V,A)$,在 V 中指定了一点称为发点(记为 v_s),而另一点称为收点(记为 v_t),其余的点称为中间点。对于每一个弧 $(v_i,v_j) \in A$,对应有一个 $c(v_i,v_j) \geq 0$(或简写为 c_{ij}),称为弧的容量。通常人们就将主要的 D 称为一个网络,记为 $D = (V,A,C)$。

所谓网络上的流,是指定义在弧集合 A 上的一个函数 $f = \{f(v_i,v_j)\}$,并称 $f(v_i,v_j)$ 为弧 (v_i,v_j) 上的流量(有时也记为 f_{ij})。

(2)可行流与最大流

满足下列条件的流 f 称为可行流:

①容量限制条件:每一弧 $(v_i,v_j) \in A$

$$0 \leq f_{ij} \leq c_{ij}$$

②平衡条件:对于中间点 v_i,有 $\sum\limits_{v_i,v_j \in A} f_{ij} = \sum\limits_{v_j,v_i \in A} f_{ji}$

对于发点 v_s,有 $\sum\limits_{(v_s,v_j) \in A} f_{sj} - \sum\limits_{v_j,v_s \in A} f_{js} = v(f)$

对于收点 v_t,有 $\sum\limits_{(v_t,v_j) \in A} f_{tj} - \sum\limits_{v_j,v_t \in A} f_{jt} = -v(f)$

式中,$v(f)$ 称为这个可行流的流量,即发点的净输出量(或收点的净输入量)。

可行流总是存在的。比如令所有的弧的流量 $f_{ij} = 0$,就得到一个可行流(称为零流),其流量 $v(f) = 0$。

最大流问题就是求一个流 $\{f_{ij}\}$ 使其流量 $v(f)$ 达到最大,并且满足容量限制条件和平衡条件。最大流问题是一类特殊的线性规划问题。

(3)增广链

若给定一个可行流 $f = \{f_{ij}\}$,就把网络图中使 $f_{ij} = c_{ij}$ 的弧称为饱和弧,使 $f_{ij} < c_{ij}$ 的弧称为非饱和弧。使 $f_{ij} = 0$ 的弧称为零流弧,使 $f_{ij} > 0$ 的弧称为非零流弧。

若 μ 是网络中连接发点 v_s 和收点 v_t 的一条链,且链的方向是从 v_s 到 v_t 的,则与链方向一致的弧称为前向弧,μ^+ 表示前向弧集合;与链的方向相反的弧称为后向弧,μ^- 表示后向弧的集合。

设 f 是一个可行流,μ 是从 v_s 到 v_t 的一条链,若 μ 满足下列条件,则 μ 是可行流 f 的一条增广链:

①前向弧 $(v_i,v_j) \in \mu^+$ 上 $0 \leq f_{ij} < c_{ij}$,即 μ^+ 中每一弧是非饱和弧。

②后向弧 $(v_i,v_j) \in \mu^-$ 上 $0 < f_{ij} \leq c_{ij}$,即 μ^- 中每一弧是非零流弧。

(4)截流与截量

设 $S,T \subset V,S \cap T = \varnothing$,就把始点在 S,终点在 T 中的所有弧构成的集合,记为 (S,T)。

给定网络 $D = (V,A,C)$,若点集 V 被剖分成两个非空集合 V_1 和 $\overline{V_1}$,使 $v_s \in V_1,v_t \in \overline{V_1}$,则把弧集 $(V_1,\overline{V_1})$ 称为(分离 v_s 和 v_t)截集。

给定一个截集 $(V_1, \overline{V}_1)$，把截集 $(V_1, \overline{V}_1)$ 中所有弧的容量之和称为这个截集的容量（简称截量），记为 $c(V_1, \overline{V}_1) = \sum\limits_{(v_i, v_j) \in (V_1, \overline{V})} c_{ij}$。

任何一个可行流的流量都不会超过任一截量的容量，即 $v(f) \leqslant c(V_1, \overline{V}_1)$。

若对于一个可行流 f^* 流，网络中有一个截集 $(V_1^*, \overline{V}_1^*)$，使 $v(f^*) = c(V_1^*, \overline{V}_1^*)$，则 f^* 必是最大流，而 $(V_1^*, \overline{V}_1^*)$ 必定是 D 中所有截集中容量最小的一个，即最小截集。

6.4.2 Ford-Fulkerson 标号算法

寻求最大流的标号算法是从一个可行流出发（如果网络中没有给定可行流 f，则可以设 f 是零流），经过标号过程与调整过程的反复循环，逐渐增大可行流的流量，直到网络不再有增广链为止。在这个过程中，网络中的点或者是标号点（又分为未检查和已检查两种），或者是未标号点。每个标号点的标号包含两部分：第一个标号表明它的标号是从哪一点得到的，以便找出增广链；第二个标号是为确定增广链的调整量 θ 使用的。

（1）标号过程

标号过程开始，首先给 v_s 标上 $(0, +\infty)$。这时 v_s 是标号而未检查的点，其余都是未标号点。一般来说，取一个标号而未检查的点 v_i，对一切未标号点 v_j：

①若在弧 (v_i, v_j) 上，有 $f_{ij} < c_{ij}$，则给 v_j 标号 $(v_i, l(v_j))$。这里，$l(v_j) = \min\{l(v_i, c_{ij} - f_{ij})\}$。这时点 v_j 成为标号而未检查的点。

②若在弧 (v_j, v_i) 上，$f_{ji} > 0$，则给 v_j 标号 $(-v_i, l(v_j))$，这里，$l(v_j) = \min\{l(v_i, f_{ji})\}$，这时点 v_j 成为标号而未检查的点。

完成步骤①、②之后，v_i 就成为标号而已检查过的点。重复上述步骤，一旦 v_t 被标上号，则得到一条从 v_s 到 v_t 的增广链 μ，从而转入调整过程；若所有标号点都已检查过，而标号进行不下去时，则网络中不再存在从 v_s 到 v_t 的增广链，算法终止，这时可行流的流量就是该网络的最大流。

（2）调整过程

首先按各个标号点的第一个标号从 v_t 开始，"反向追踪"找出增广链 μ，以 v_t 的第二个标号值作为这个增广链的调整量 θ，即以 $\theta = l(v_t)$ 进行调整。增广链 μ 上的前向弧加上 θ，后向弧减去 θ，非增广链 μ 上的弧的流量不变，得到新的可行流 $\{f_{ij}'\} = f'$，即

$$f_{ij}' = \begin{cases} f_{ij} + \theta & (v_i, v_j) \in \mu^+ \\ f_{ij} - \theta & (v_i, v_j) \in \mu^- \\ f_{ij} & (v_i, v_j) \notin \mu \end{cases}$$

然后去掉所有标号，对新的可行流 $f' = \{f_{ij}'\}$，重新进入编号过程。

【例 6.8】 用标号法求图 6.25 所示网络图的最大流，弧旁的数是 (c_{ij}, f_{ij})。

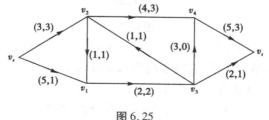

图 6.25

解:步骤分标号过程和调整过程两部分。

（1）标号过程

①首先给 v_s 标上 $(0,+\infty)$。

②检查 v_s，在弧 (v_s,v_2) 上，$f_{s2}=c_{s2}=3$，不满足标号条件。弧 (v_s,v_1) 上，$f_{s1}=1$，$c_{s1}=5$，$f_{s1}<c_{s1}$，则 v_1 的标号为 $[v_s,l(v_1)]$，其中 $l(v_1)=\min[l(v_s),(c_{s1}-f_{s1})]=\min[+\infty,5-1]=4$。

③检查 v_1，在弧 (v_1,v_3) 上，$f_{13}=2$，$c_{13}=3$，不满足标号条件。在弧 (v_2,v_1) 上，$f_{21}=1>0$，则给 v_2 记下标号为 $[-v_1,l(v_2)]$，这里 $l(v_2)=\min[l(v_1),f_{21}]=\min[4,1]=1$。

④检查 v_2，在弧 (v_2,v_4) 上，$f_{24}=3$，$c_{24}=4$，$f_{24}<c_{24}$，则给 v_4 记下标号为 $[v_2,l(v_4)]$，这里 $l(v_4)=\min[l(v_2),f_{42}]=\min[1,1]=1$。

⑤在 v_3、v_4 中任选一个检查，例如，在弧 (v_3,v_t) 上，$f_{3t}=1$，$c_{3t}=2$，$f_{3t}<c_{3t}$，给 v_t 记下标号为 $(v_3,l(v_t))$，这里 $l(v_t)=\min[l(v_3),(c_{3t}-f_{3t})]=\min[1,1]=1$。

因为 v_t 有了标号，故转入调整过程。

（2）调整过程

按点的第一个标号找到一条增广链，如图 6.26 双线表示。

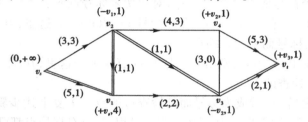

图 6.26

易见 $\mu^+=\{(v_s,v_1),(v_3,v_t)\}$，$\mu^-=\{(v_2,v_1),(v_3,v_2)\}$。

按 $\theta=1$ 在 μ 上调整 f。

μ^+ 上：$f_{s1}+\theta=1+1=2$，$f_{3t}+\theta=1+1=2$

μ^- 上：$f_{21}-\theta=1-1=0$，$f_{32}-\theta=1-1=0$

其余的 f_{ij} 不变。

调整后得到如图 6.27 所示的可行流，对这个可行流进入标号过程，寻找增广链。

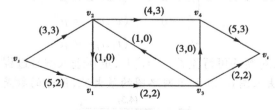

图 6.27

开始给 v_s 标以 $(0,+\infty)$，于是检查 v_s，给 v_1 标以 $v_s,3$，检查 v_1，弧 (v_1,v_3) 上 $f_{13}=c_{13}$，弧 (v_2,v_1) 上 $f_{21}=0$，均不符合条件，标号过程无法继续下去，算法结束。

这时的可行流即为所求最大流。最大流为：

$$v(f)=f_{s1}+f_{s2}=f_{4t}+f_{3t}=5$$

与此同时可找到最小截流 $(V_1,\bar{V}_1)$，其中 V_1 为标号点集合，$\bar{V}_1$ 为未标号点集合。弧集合

$(V_1,\overline{V}_1)$ 即为最小截流集。

$V_1 = \{v_1,v_2\}$，$\overline{V}_1 = \{v_2,v_3,v_4,v_t\}$，于是 $(V_1,\overline{V}_1) = \{(v_s,v_2)(v_1,v_3)\}$ 最小截集，它的容量也是 5，如图 6.28 所示。

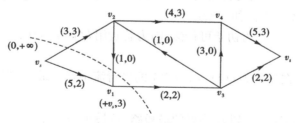

图 6.28

由此可见，用标号法找增广链以求最大流的结果，同时也得到一个最小截集。最小截集容量大小影响总输送量的提高。因此，为提高总的输送量，必须首先考虑改善最小截集中各弧的输送状况，提高它们的通过能力。另一方面，一旦最小截集中的弧的通过能力被降低，就会使总的输送量减少。

6.5 最小费用最大流

6.4 节讨论了寻求网络中的最大流问题。在实际生活中，涉及"流"的问题时，人们除了考虑流量外，还会考虑"费用"因素。本节介绍的最小费用最大流问题就是该类问题之一。

（1）最小费用最大流

最小费用最大流：设网络 $D = (V,A,C)$，对每一条弧 $(v_i,v_j) \in A$，对应有一个权 $c_{ij} \geq 0$ 以及单位流量费用费 $b_{ij} \geq 0$。

要求一个最大流 f，使得流的总费用 $b(f) = \sum\limits_{(v_i,v_j) \in A} b_{ij}f_{ij}$ 取极小值。

（2）增广链的增广费用

增广链的增广费用：设 $D = (V,A,C)$，f 为网络的可行流，μ 为可行流的增广链。以 $\theta = 1$ 调整 f，则新可行流 f' 的总费用与可行流的总费用之差 $b(f') - b(f) = \sum\limits_{\mu^+} b_{ij} - \sum\limits_{\mu^-} b_{ij}$ 称为增广链的增广费用。

增广链的增广费用是调整一个单位的流量所增加的费用，但可行流的不同增广链的增广费用是不一样的。

若 f 是流量为 $v(f)$ 的所有可行流中费用最小者，而 μ 为可行流 f 的所有增广链中增广费用最小者，那么沿 μ 调整所得可行流 f'，流量为 $v(f')$ 的所有可行流中费用最小的可行流。

（3）增广费用网络图

假设有网络设 $D = (V,A,C)$，f 为网络上的可行流，可构造一个有向赋权图 $W(f)$，使其顶点集合与原网络相同，对 $W(f)$ 中的弧作如下处理：

若 $0 < f_{ij} < c_{ij}$，则保留 (v_i,v_j)，增加向弧 (v_j,v_i)。

并令 $w_{ij} = b_{ij}$，$w_{ji} = -b_{ij}$；

若 $0 = f_{ij} < c_{ij}$,则保留 (v_i, v_j) ,令 $w_{ij} = b_{ij}$;

若 $0 < f_{ij} = c_{ij}$,则去掉 (v_i, v_j) ,用反向弧 (v_j, v_i) 代替,并令 $w_{ji} = -b_{ij}$;

这样构造的图 $W(f)$ 称为可行流的增广费用网络图。

求最小费用最大流的方法如下所述。

①设零流 $f^0 = \{f_{ij} = 0\}$ 为初始可行流,因为总费用 $b(f^0) = 0$,所以 f^0 在 $v(f) = 0$ 的可行流中费用最小。

②设已求的 $f^{(k-1)}$ 在流量为 $v(f) = v(f^{k-1})$ 的可行流中费用最小,则构造 $f^{(k-1)}$ 的增广费用网络图 $W(f^{(k-1)})$ 。

③求 $W(f^{k-1})$ 中从起点 v_s 到 v_t 终点的最短路,若最短路不存在,则 $f^{(k-1)}$ 已是最小费用最大流,停止计算,否则进入步骤④。

④最短路对应 D 中最小费用增广链 μ ,在 μ 上对 $f^{(k-1)}$ 进行调整,得到新的可行流,返回步骤②。

【例6.9】 求图6.29所示网络的最小费用最大流,弧旁的数字是 (b_{ij}, c_{ji}) 。

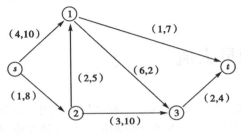

图6.29

解:第一步:取 $f^0 = 0$ 为初始可行流。

第二步:构造赋权有向图 $W(f^{(0)})$,如图6.30(a)所示,并求出从 v_s 到 v_t 的最短路 (v_s, v_2, v_1, v_t) ,如图6.30(b)所示(粗线所示为最短路)。

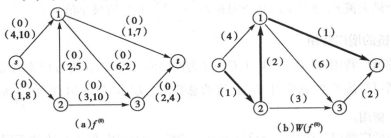

图6.30

第三步:在原网络 D 中,与这条最短路相应的增广链为 $\mu = (v_s, v_2, v_1, v_t)$ 。

第四步:在 μ 上进行调整, $\theta = 5$,得 $f^{(1)}$,按照上述算法依次得到 $f^{(1)}, f^{(2)}, f^{(3)}, f s^{(4)}$,如图6.31所示。

$W(f^{(4)})$ 中不存在从 v_s 到 v_t 的最短路,所以 $f^{(4)}$ 即为最小费用最大流。总流量为 $v(f) = 11$,总费用为 $b(f) = 55$ 。

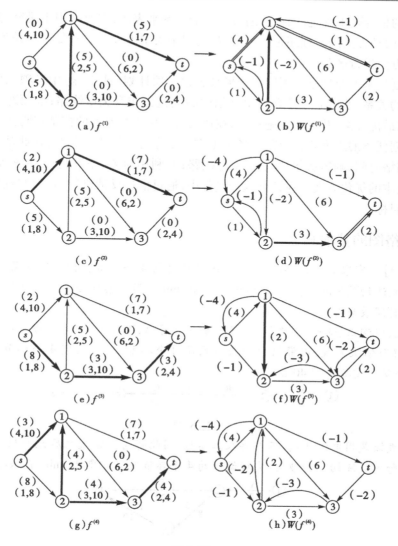

图 6.31

6.6 网络计划技术

　　网络计划技术是指用于工程项目的计划与控制的一项管理技术。其是 20 世纪 50 年代末发展起来的,依其起源有关键路径法(CPM)与计划评审法(PERT)之分。1956 年,美国杜邦公司在制订企业不同业务部门的系统规划时,制订了第一套网络计划。由数学家、工程技术人员和计算机专家组成的专门小组进行研究,提出了关键路线法。这种计划借助于网络表示各项工作与所需要的时间,以及各项工作的相互关系。通过网络分析研究工程费用与工期的相互关系,并找出在编制计划及计划执行过程中的关键路线。

　　CPM 方法与 PERT 方法主要的区别体现在:CPM 方法对工程中各工序完工时间的估计是确定的,主要应用于以往在类似工程中已取得一定经验的承包工程;PERT 方法对工程中各工序完工时间的估计是不确定的,往往通过一定的概率来表示,主要应用于研究与开发项目中。尽管有区别,两种方法的原理还是一致的,都适用于大型工程项目和复杂的任务,所以在本书中不对两种方法进行区分。

网络计划的基本原理是应用网络图形来表达一项计划(或工程)中各项工作的开展顺序及其相互间的关系;然后通过计算找出计划中的关键工作及关键线路;继而通过不断改进网络计划,寻求最优方案,并付诸实施;最后在执行过程中进行有效的控制和监督。

表达计划任务的进度安排及其中各项工作或工序之间的相互关系;在此基础上进行网络分析,计算网络时间,确定关键工序和关键线路;并利用时差,不断地改善网络计划,求得工期、资源与成本的优化方案。在计划执行过程中,通过信息反馈进行监督和控制,以保证达到预定的计划目标。

6.6.1 网络图的基本概念

【例6.10】 有家庭主妇要做午饭,做饭过程包括4个环节:淘米、洗切菜、煮饭、炒菜,其中淘米2 min、洗切菜8 min、煮饭20 min、炒菜10 min。问要怎样安排做饭的4个环节,才能使得做饭花费时间最短?

解:此处,将淘米、洗切菜、煮饭、炒菜分别用代号A,B,C,D表示,作图分析。

①4个环节依次完成,用带权的箭头线表示每个环节,用○连接4个环节,如图6.32所示,完成4个环节需要时间40 min。

①———A———②———B———③———C———④———D———⑤
     2   8   20   10

图6.32

②由于煮饭是用电饭煲煮,不需要人工参与,因此将淘米完成之后就开始煮饭环节,在煮饭的同时并行完成洗切菜和炒菜,完成做饭的4个环节就只需要22 min了,如图6.33所示。

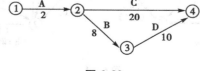

图6.33

(1)工序

工序或称作业、工作或活动。指任何消耗时间或资源的活动,如新产品设计中的初步设计、技术设计、工装制作等。工序的划分是相对的,根据需要,工序可以划分得粗一些,也可以划分得细一些。例6.10中的淘米、洗切菜、煮饭和炒菜可以看成是家庭主妇在中午需要完成的一项"工程"的各个工序。

(2)虚工序

虚工序是指虚设的工序。用来表达相邻工序之间的衔接关系,不需要时间和资源。

(3)事件

事件标志工序的开始或结束,本身不消耗时间或资源,或相对作业讲,消耗量可以小到忽略不计。某个事件的实现,标志着在它前面各项作业(紧前工序)的结束,又标志着在它之后的各项作业(紧后工序)的开始。如在机械制造业中,只有完成铸锻件毛坯后才能开始机器加工;各种零部件都完成,才能进行总装等。

网络图中的事项通常用圆圈和里面的数字表示,数字表示事项的编号,如①,②,……工序通常用实箭线来表示,箭头表示工序进行的方向,箭头和箭尾与事项相连。与箭头相连的事项表示工序的结束,称为箭头事项;与箭尾相连的事项表示工序的开始,称为箭尾事项。虚工序用虚箭线表示,没有工序名称和工序时间。

（4）网络图

网络图是指由工序、事件及工序时间构成的赋权有向图。网络图包含完成整个项目的所有工序。

网络图包括两种形式:一种是双代号网络图,用节点表示事件,用箭线表示工序;另一种是单代号网络图,用节点表示工序,用箭线表示工序之间的关系。双代号网络图由于需要加入虚工序,使图显得比较复杂。单代号网络图克服了这个缺点,工序关系比较清晰,但是由于节点就是工序,在检查工序进度时,不如双代号使用方便。本书使用的是双代号网络图。

（5）紧前工序

紧前工序是指紧接某项工序的先行工序。

（6）紧后工序

紧后工序是指紧接某项工序的后续工序。

紧前工序是前道工序,前道工序不一定是紧前工序;同理,紧后工序是后续工序,后续工序不一定是紧后工序。

在图6.34中,A 是 D、E 的紧前工序,D、E 是 A 的紧后工序,F 是 A 的后续工序但不是 A 的紧后工序;A 是 D、E、F 的前道工序但不是 F 的紧前工序。

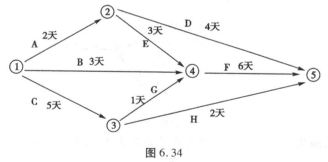

图 6.34

6.6.2　网络图的编制

绘制网络图的步骤如下所述。

（1）确定目标

网络计划的目标是多方面的综合,但按照侧重点不同,大致可分为 3 类:第一类,时间要求为主;第二类,资源要求为主;第三类,费用要求为主。

（2）编制工序明细表

收集和整理资料,将任务（或项目、工程）分解成若干道工序,确定工序的紧前和紧后关系,估计完成工序所需要的时间、劳动力、费用和资源,编制出工序明细表。

①进行任务分解时,要由网络图绘制人员和相关技术人员一起进行,以保证分解的任务既能满足完成工程任务的需要,又符合编制网络计划的要求。

②根据使用部门的不同,任务分解的详细程度不同。同一个任务可以画成几种详细程度不同的网络图:总网络图、一级网络图、二级网络图等,分别提供给总指挥部、基层部门、具体执行人员使用。

(3)绘制网络图

绘制网络图可以根据工序明细表,按照绘制网络图的规则绘制即可。

网络图的绘制规则如下所述。

①在一个网络图中只允许有一个起点节点和一个终点节点。

②网络图中不允许出现循环路线。

③网络图中不允许出现双向箭头或无箭头的连线。

④网络图中不允许出现没有箭尾节点的箭线和没有箭头节点的箭线。

⑤当起点节点有多余外向箭线或终点节点有多余内向箭线时,为使图形简洁,可以应用母线法绘图。

⑥绘制网络图应该避免交叉,不可避免时可采用过桥法、断线法、指向法表示。

【例6.11】 已知某工程的工序之间的关系见表6.2,试绘制网络图。

表6.2

作业代号	A	B	D	E	C	F	G
后续作业	BC	DE	F	G	F	G	—

解:网络图如图6.35所示。

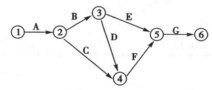

图6.35

【例6.12】 已知某工程工序之间的关系见表6.3,试绘制网络图。

表6.3

作业代号	A	B	C	D	E	F	G
后续作业	—	—	A	C	BC	D	EF

解:网络图如图6.36所示。

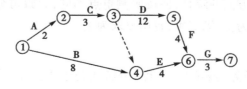

图6.36

【例6.13】 某项目由8道工序组成,工序明细表见表6.4。用箭线法绘制该项目的项目网络图。

表6.4

序 号	代 号	工序名称	紧前工序	时间/d	序 号	代 号	工序名称	紧前工序	时间/d
1	A	基础工程		40	5	E	装修工程	C	25
2	B	构件安装	A	50	6	F	地面工程	D	20
3	C	屋面工程	B	30	7	G	设备安装	B	50
4	D	专业工程	B	20	8	H	试运转	E,F,G	20

解: 网络图如图 6.37 所示。

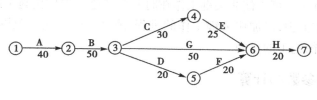

图6.37

6.6.3 路线与关键路线

(1)路线

在网络图中,顺箭线方向从起始节点到终点节点的一系列节点和箭线组成的可通路被称为路线。

(2)关键路线

任何一个网络图中至少有一条最长的路线,这种路线是如期完成工程计划的关键所在,因此被称为关键路线,除它之外的路线称为非关键路线。在关键路线上的工序被称之为关键工序。

【例6.14】 找出如图 6.38 所示的网络图中的关键路线。

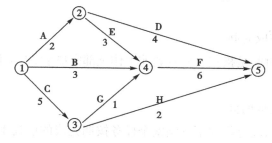

图6.38

解: 图 6.38 中有5条路线,分别为

①—②—⑤ 路长为 2 + 4 = 6;

①—②—④—⑤ 路长为 2 + 3 + 6 = 11;

①—④—⑤ 路长为 3 + 6 = 9;

①—③—④—⑤ 路长为 5 + 1 + 6 = 12;

①—③—⑤　路长为 $5+2=7$；

其中①—③—④—⑤所需时间最长，即为关键路线。

（3）关键路线与非关键路线相互转化

一般来说，一个网络图中至少有一条关键路线。关键路线也不是一成不变的，在一定条件下关键路线和非关键路线会相互转化。例如，当采取技术组织措施，缩短关键工作的持续时间，或者非关键工作持续时间延长时，就有可能使得关键路线发生转移。网络计划中，关键工作的比重往往不宜过大，网络计划越复杂，工作节点就越多，不利于抓住主要矛盾。

非关键路线都有若干机动时间（即时差），其意味着工作完成日期容许适当挪动而不影响工期。时差的意义就在于可以使非关键工作在时差允许范围内放慢施工进度，将部分人、财、物力转移到关键工作上去，以加快关键工作的进程；或许在时差允许范围内改变工作开始和结束时间，以达到均衡施工的目的。

6.6.4　网络时间参数的计算

计算网络图时间参数可以确定关键路线、计算非关键路线上的富裕时间（机动时间），还可以确定总工期。

各种事件参数的含义如下所述。

（1）工作持续时间和工期

工作持续时间：是指一项工作从开始到完成的时间，用符号 D 表示。

$$工作持续时间 = \frac{工作量}{工作定额} \times 定员人数$$

工期：泛指完成一项任务所需要的时间，用符号 T 表示，在网络图中，工期一般分为 3 种：计算工期 T_c、要求工期 T_r、计划工期 T_p。

（2）工作最早可能开始时间

工作最早可能开始时间是指在其所有紧前工作全部完成后，本工作有可能开始的最早时刻，用符号 ES 表示。

（3）工作最早可能完成时间

工作最早可能完成时间是指在其所有紧前工作全部完成后，本工作有可能完成的最早时刻，用符号 EF 表示。

（4）工作最迟必须完成时间

工作最迟必须完成时间是指在不影响整个任务按期完成的前提下，本工作必须完成的最迟时刻，用符号 LF 表示。

（5）工作最迟必须开始时间

工作最迟必须开始时间是指在不影响整个任务按期完成的前提下，本工作必须开始的最迟时间，用符号 LS 表示。

（6）工作总时差和自由时差

工作时差是指工作有机动时间，通常有两种时差，即工作总时差和工作自由时差。

工作总时差是指在不影响总工期的前提下,本工作可以利用的机动时间,用符号 TF 表示。

自由时差是指在不影响其紧后工作最早开始时间的前提下,本工作可以利用的机动时间,用符号 FF 表示。

网络计划的时间参数计算有几种类型:双代号网络计划有工作计算法和节点计算法,以下介绍工作计算法。

计算步骤如下所述。

①计算各路线的持续时间。

②按网络图的箭线方向,从起始工作开始,计算各工作的 ES 和 EF。

③从网络图的终点节点开始,按逆箭线的方向,推算出各工作的 LS 和 LF。

④确定关键路线 CP。

⑤计算 TF 和 FF。

⑥平衡资源。

(7)工作最早开始时间 ES 和工作最早完成时间 EF 的计算

利用网络计划图,从网络计划图的起始点开始,沿箭线方向依次逐项计算,第一项工作的最早开始时间为 0,记作 ES_{i-j}(起始点 $i = 1$)。第一件工作的最早完成时间 $EF_{1-j} = ES_{1-j} + D_{1-j}$。第一件工作完成后,其紧后工作才可能开始。它工作最早完成时间 EF 就是其紧后工作最早开始完成时间 ES。本工作的持续时间 D 表示为

$$EF_{i-j} = ES_{i-j} + D_{i-j}$$

计算工作的 ES 时,当有多项紧前工作的情况下,只能在这些紧前工作中都完成后才能开始。因此本工作的最早开始时间是: $ES = \max(\text{紧前工作的} EF)$,其中 $EF = ES + $ 工作持续时间 D,表示为

$$ES_{i-j} = \max_h(EF_{h-i}) = \max_h(ES_{h-i} + D_{h-i})$$

(8)工作最迟开始时间 LS 和工作最早完成时间 LF 的计算

应该从网络图的终点节点开始,采用逆序法逐项完成计算。即按逆箭线方向,依次计算各工作的最迟完成时间 LF 和最迟开始时间 LS,直到第一项工作为止。网络图中最后一项工作 $(i - n)(j = n)$ 的最迟完成时间由工程的计划工期确定。在未给定时间时,可令其等于其最早完成时间,即 $LF_{i-n} = EF_{i-n}$。

$LF = \min(\text{紧后工作的} LS)$,$LS = LF - $ 工作持续时间 D。

其他工作的最迟开始时间 $LS_{i-j} = LF_{i-j} - D_{i-j}$;当有多个紧后工作时,最迟完成时间 $LF = \min(\text{紧后工作的} LS)$,或表示为 $LF_{i-j} = \min_k(LF_{j-k} - D_{j-k})$。

(9)工作时差

工作总时差 TF_{i-j}

TF_{i-j} 按工作计算方法计算,一般 $TF_{i-j} = EF_{i-j} - ES_{i-j} - D_{i-j} = LS_{i-j} - ES_{i-j}$;或 $TF_{i-j} = LF_{i-j} - EF_{i-j}$。

工作自由时差 FF

FF 按工作计算方法计算,$FF_{i-j} = ES_{j-k} - ES_{i-j} - D_{i-j}$;或 $FF_{i-j} = ES_{j-k} - EF_{i-j}$。

6.6.5　网络优化图

绘制网络计划图,计算时间参数和确定关键路线,仅得到一个初始方案。然后根据上级要求和实际资源的配置,需要对初始方案进行调整和完善,即进行网络计划优化,目标是综合考虑进度、合理利用资源、降低费用等。

网络计划优化的目标一般包括工期目标、费用目标和资源目标。根据既定目标网络计划优化的内容分为工期优化、费用优化和资源优化 3 个方面。

(1)工期优化

若为了计划图的计算工期大于上级要求的工期时,必须根据要求计划的进度,缩短工程项目的完工工期。

工期优化就是通过压缩计算工期,以达到既定工期目标,或在一定约束条件下,使工期最短的过程。

工期优化一般是通过压缩关键路线的持续时间来满足工期要求。在优化过程中要注意不能将关键路线压缩成非关键路线,当出现多条关键路线时,必须将各条关键路线的持续时间压缩同一数值。

工期优化的步骤如下所述。

步骤一:求出网络计划中的关键线路和计算工期 T_c。

步骤二:按要求工期 T_r 先计算应缩短的工期 ΔT($\Delta T = T_c - T_r$)。

步骤三:根据实际投入资源的可能确定各工作的最短持续时间。

步骤四:确定缩短各工作持续时间的顺序,通常满足缩短时间对质量影响不大、有充足的备用资源和工作面或缩短持续时间所需增加的费用最少因素中任一一个条件的工作应优先缩短。

步骤五:将缩短的关键工作压缩至最短持续时间,并重新找出关键路线。但要注意:原来关键工作被压缩后变成非关键工作是不允许的,应将其持续时间再延长使之仍为关键工作。

步骤六:调整后,若计算工期仍大于要求工期,则重复以上步骤,直到满足工期要求为止。

步骤七:当所有关键工作持续时间都已达到最短持续时间,而工期仍不满足要求时,应对施工方案进行调整或对工期重新审定。

(2)资源优化

在编制初始网络计划图后,需要进一步考虑尽量利用现有资源的问题。即在项目的工期不变的条件下,均衡地利用资源。实际工程项目包括工作繁多,需要投入资源种类很多,均衡地利用资源是很麻烦的事,要用计算机来完成。为了简化计算,具体操作如下所述。

①优先安排关键工作所需要的资源。

②利用非关键工作的总时差,错开各工作的开始时间,避开在同一时区内集中使用同一资源,以免出现高峰。

③在确实受到资源制约,或在考虑综合经济效益的条件下,在许可时,也可以适当地推迟工程的工期,实现错开高峰的目的。

(3)费用优化(工期——成本优化)

编制网络计划时,要研究如何使完成项目的工期尽可能缩短,费用尽可能少;或在保证既定项目完成时间条件下,所需要的费用最少;或在费用限制的条件下,项目完工的时间最短。这就是时间——费用优化要解决的问题。

6.7 应用案例

6.7.1 设备更新问题

【例 6.15】 某企业使用一台旧设备,在每年年初,企业领导部门就要决定是购置新设备,还是继续使用旧设备。若购置新设备,需要支付一定的购置费用;而若继续使用旧设备,则需要支付一定的维修费用。现在的问题就是如何制订一个几年之内的设备更新计划,使得总的支付费用最少。现用一个 5 年之内要更新某种设备的计划为例,若已知该种设备在各年年初的价格见表 6.5。

表 6.5

第 1 年	第 2 年	第 3 年	第 4 年	第 5 年
11	11	12	12	13

还已知使用不同时间(年)的设备所需要的维修费用见表 6.6。

表 6.6

使用年数	0~1	1~2	2~3	3~4	4~5
	5	6	8	11	18

可以选择的设备更新方案很多,例如,每年都购置一台新设备,则其购置费用为 11 + 11 + 12 + 12 + 13 = 59,而每年支付的维修费用为 5,5 年合计为 25。于是 5 年的总支付费用为 59 + 25 = 84。

又如决定在第一、三、五年各购进一台设备,这个方案的设备购置费用为 11 + 12 + 13 = 36,维修费用为 5 + 6 + 5 + 6 + 5 = 27,5 年的总支付费用为 36 + 27 = 63。

如何制订使得总的支付费用最少的设备更新计划呢? 可以将设备更新问题转化为最短路径问题,如图 6.39 所示。

用点 v_i 代表"第 i 年年初购进一台新设备",这种状态(加设一点 v_6,可以理解为第 5 年年底)。从 v_i 到 v_{i+1},…,v_6 各画一条弧。弧 (v_i,v_j) 表示在第 i 年年初购进的设备一直使用到第 j 年年初(即第 $j-1$ 年年底)。

每条弧的权可以按已知资料计算出来,例如 (v_1,v_4) 是第 1 年年初购进一台新设备(支付购置费 11),一直使用到第 3 年年底(支付维修费 5 + 6 + 8 = 19),故 (v_1,v_4) 上的权为 30。

这样下来,指定一个最优的设备更新计划问题就等价于寻求从 v_1 到 v_6 的最短路问题。

按照求解最短路的计算方法,$\{v_1,v_3,v_6\}$ 及 $\{v_1,v_4,v_6\}$ 均为最短路,即有两种最优方案。一种方案是在第 1 年、第 3 年各购置一台新设备;另一种方案是在第 1 年、第 4 年各购置进一台新设备,5 年的支付费用均为 53。

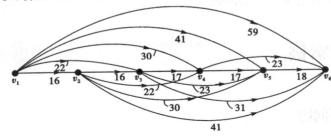

图 6.39

6.7.2 网络优化问题

【例 6.16】 已知某网络计划各工序的正常工时、极限工时及相应费用见表 6.7,设正常工时条件下工程总间接费用为 18 000 元,总直接费用为 47 800 元。工期每缩短一天,间接费用可节省 330 元,求最低成本日程。

表 6.7

工 序	正常工时		极限工时		赶工费用率/(元·d^{-1})
	时间/d	费用/元	时间/d	费用/元	
①→②	24	5 000	16	7 000	250
①→③	30	9 000	18	10 200	100
②→④	22	4 000	18	4 800	200
③→④	26	10 000	24	10 300	150
③→⑤	24	8 000	20	9 000	250
④→⑥	18	5 400	18	5 400	—
⑤→⑥	18	6 400	10	6 800	50

解:首先根据工序表,画出网络图如图 6.40 所示。

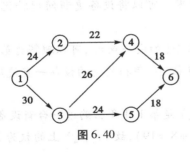

图 6.40

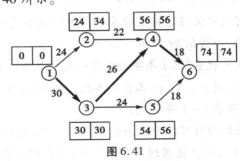

图 6.41

其次按正常工时计算出总工期 74 d,关键路线①→③→④→⑥,如图 6.41 所示。

（1）在关键路线中挑选赶工费用率最小者①→③,由于并行路径①→②→④的总时差 = $TL(4) - TE(1) - t(1,2) - t(2,4) = 56 - 0 - 24 - 22 = 10$。

所以,工序①→③最多可缩短 10 d,重新计算网络时间参数,如图 6.42 所示。

计算出总工期 64 d,关键路线,①→③→④→⑥,①→②→④→⑥。

直接费用增加 10×100 元,间接费用减少 10×330 元。

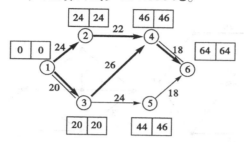

图 6.42

（2）在关键路线中挑选赶工费用率

最小者①→③,②→④,（赶工费用率之和 $= 300 < 330$）,由于①→③极限工时为 18,计算出总工期 62 d,关键路线不变,①→③→④→⑥,①→②→④→⑥。

直接费用增加 $2 \times (100 + 200) = 600$ 元,间接费用减少 2×330 元。

（3）若在关键路线中挑选赶工费用率最小者②→④,③→④,则由于它们的赶工费用率之和 $= 200 + 150 = 350 > 330$,所以工时缩短将导致费用上升,计算结果。最低成本日程为 62 d,如图 6.43 所示。

总成本 $= 18\ 000 + 47\ 800 + 10 \times 100 - 10 \times 330 + 600 - 2 \times 330 = 63\ 440(元)$

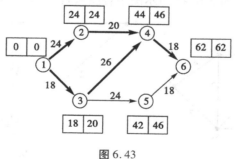

图 6.43

习题 6

1.一个班级的学生共计选修 A,B,C,D,E,F 6 门课程,其中一部分人同时选修 D,C,A;一部分人同时选修 B,C,F;一部分人同时选修 B,E;还有一部分人同时选修 A、B。期终考试要求每天考一门课,6 天内考完,为了减轻学生负担,要求每人都不会连续参加考试,试设计一个考试日程表。

2.用破圈法和避圈法求解如图 6.44 所示各图的最小支撑树。

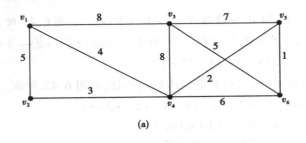

(a)

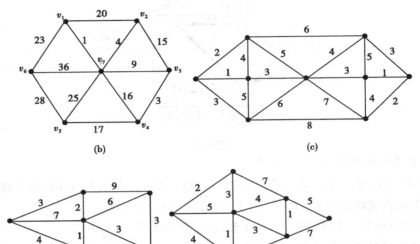

(b)   (c)

(d)   (e)

图 6.44

3. 使用 Dijkstra 方法求如图 6.45 所示图中各图从 v_1 到各点的最短路。

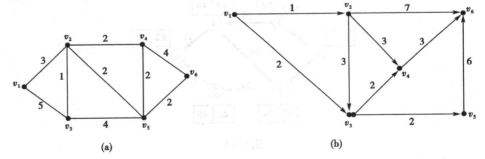

(a)   (b)

图 6.45

4. 使用 Dijkstra 方法求如图 6.46 所示图中从 v_1 到点 v_8 的最短路。

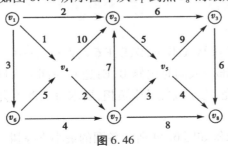

图 6.46

5. 在如图 6.47 所示的网络中,每弧旁的数字是 (c_{ij}, f_{ij})。
①确定所有的截集。
②求最小截集的容量。

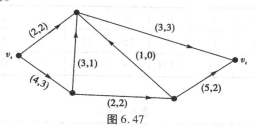

图 6.47

6. 求如图 6.48 所示网络的最大流[每弧旁的数字是 (c_{ij}, f_{ij})]。

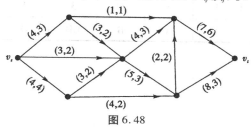

图 6.48

7. 求如图 6.49 所示网络的最大流。

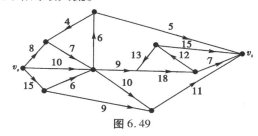

图 6.49

8. 根据表 6.8 所示逻辑关系表,绘制各双代号网络图。

表 6.8(a)

工 作	A	B	C	D	E	G	H
紧前工作	C,D	E,H	—	—	—	D,H	—

表 6.8(b)

工 作	A	B	C	D	E	G
紧前工作	—	—	—	—	BCD	ABC

表 6.8(c)

工 作	A	B	C	D	E	G	H	I	J
紧前工作	E	HA	JG	HIA	—	HA	—	—	E

9.根据表6.9所示逻辑关系表绘制各双代号网络图,计算各项时间参数,并确定关键路线。

表6.9(a)

工 作	A	B	C	D	E	F	G	H	I	J	K
持续时间	20	10	13	8	15	17	15	6	11	12	20
紧前工作	—	—	BE	ACH	—	BE	E	FG	FG	ACIH	FG

表6.9(b)

工 作	A	B	C	D	E	G	H	I	J	K
持续时间	2	3	4	5	6	3	4	7	2	3
紧前工作	—	A	A	A	B	CD	D	B	EHG	G

第7章
存储论

现代化的生产和经营活动都离不开存储,为了使生产和经营活动有条不紊地进行,一般的工商企业总需要一定数量的储备物资来支持。例如,一个工厂为了连续进行生产,就需要储备一定数量的原材料或半成品;一个商店为了满足顾客的需求,就必须有足够的商品库存;农业部门为了进行正常生产,需要储备一定数量的种子、化肥、农药;军事部门为了战备的需要,要存储各种武器弹药等军用物品;一个医院为了进行正常的业务,需要有一定的药物储备;在信息世界的今天,人们又建立了各种数据库和信息库,存储大量的信息。因此,存储问题是人类社会活动,特别是生产活动中一个普遍存在的问题。物资的存储,除了用来支持日常生产经营活动外,有库存的调节还可以满足高于平均水平的需求,同时也可以防止低于平均水平的供给。此外,有时大批量物资的订货或利用物资季节性价格的波动,可以得到价格上的优惠。

但是,存储物资需要占用大量的资金、人力和物力,有时甚至造成资源的严重浪费。此外,大量的库存物资还会引起某货物劣化变质,造成巨大损失。例如,药品、水果、蔬菜等,长期存放就会引起变质,特别是在市场经济条件下,过多地存储物资还将承受市场价格波动的风险。

那么,一个企业究竟应存放多少物资为最适宜呢?对于这个问题,很难笼统地给出准确的回答,必须根据企业自身的实际情况和外部的经营环境来决定,若能通过科学的存储管理,建立一套控制库存的有效方法,使物资存储量减少到一个很小的百分比,从而降低物资的库存水平,减少资金的占用量,提高资源的利用率,这对一个企业乃至一个国家来讲,所带来的经济效益无疑是十分可观的。这正是现代存储论所要研究的问题。

7.1 存储概述

与存储有关的现象一般表现为供应量与需求量、供应时期与需求时期的不一致,人们在供应与需求环节之间加入存储这一环节,能缓解供应与需求之间的不协调。在存储这一环节通常考虑需求量的多少与合适供应的问题。专门研究这类有关存储问题的科学,就构成了运筹学的一个分支——存储论(inventory theory)。早在 1917 年,哈里斯(F. Harris)就针对银行货币的储备问题进行了详细研究,建立了一个确定性的存储费用模型,并求得了最佳存储批量公式。

为了全面了解存储论,下面首先介绍一些存储论有关名词术语的含义和基本概念。

7.1.1 需求(存储的输出)

对于存储物来说,由于需求,从存储中提取一定的数量,存储量减少,所以需求就是存储的输出。如图 7.1 所示,需求方式有的是间断式的,如工业企业的备件、贵重设备的需求;有的是均匀连续式,如人们对食品和日用品的需求。

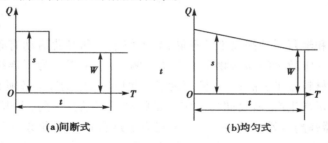

图 7.1 需求方式

需求量有的是有确定性的,有的是随机性的。例如,火电厂每月固定需要燃烧一定数量的煤,这是确定性的。而某百货商店卖出去的某种商品数量,如肥皂粉的袋数,也许今天是 20 袋,明天是 37 袋,对于未来的某一天来说并不知其确切数量,但经过大量历史资料统计以后,就可能发现其具有某种统计规律,这称为有一定随机分布的需求。

7.1.2 补充(存储的输入)

补充相当于存储的输入,存储物因需求不断输出而造成库存量减少,因此必须及时进行补充,否则将不能满足持续的需求。补充的方式可以是向供应商订货购买,也可以是自己组织生产。从订货到货物进入储存状态,或者从组织生产到产品入库往往需要一段时间,人们称这段时间为滞后时间。从另一个角度看,为了能够及时补充存储,必须提前订货或组织生产,这段时间被称为提前时间。滞后时间可能很长也可能很短,可能是确定性的,也可能是随机性的。

存储论在此要解决的问题是:什么时间对存储进行补充及补充数量是多少。

7.1.3　存储系统

　　由一个或若干个需求(存储的输出)与补充(存储的输入)形成存储单元组合而成的系统,称为存储系统。最简单的存储系统只有一个存储单元,称为单点式存储系统[(图7.2(a)]。复杂的存储系统形式如下:①多点并联式[图7.2(b)],如高炉供料系统,它由矿石、焦炭、石灰石等若干个存储单元并联而成;②多点式串联[图7.2(c)],如工厂中生产流水线便是这种形式;③多点串并联式[图7.2(d)]。

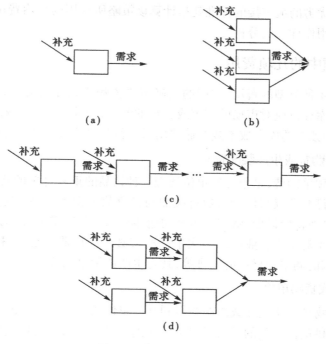

图 7.2　存储系统示意图

7.1.4　存储策略

　　每个组织都会持有一定的库存,以应对有效需求和供给的波动,如前所述决定什么时间对存储进行补充及确定补充数量多少的办法称为存储策略。下面介绍常用的存储策略。

　　①t 循环策略:不论现在库存数量为多少,每隔 t 时间补充固定的存储量 Q。

　　②(s,S)策略:随时检查库存,当存储量 $x>s$ 时,不补充;当存储量 $x\leqslant s$ 时,补充存储量为 $Q=S-x$。

　　③(t,s,S)混合策略:每经过 t 时间检查库存,当存储量 $x>s$ 时,不补充;当存储量 $x\leqslant s$ 时,补充存储量为 $Q=S-x$。

7.1.5　存储模型

　　确定存储策略时,通常是将实际问题抽象为数学模型。在形成数学模型的过程中,对一些复杂问题尽量加以简化,只要模型能够反映问题的本质特征就可以了,然后再对数学模型采用相应的数学方法加以研究处理及计算求解,得出数量结论。模型结论正确与否,还要拿到实践中加以检验,如果结论与实际不符,则要对模型重新进行研究与修改。根据长期的科学研究与经验积累,现已得出一些行之有效的库存控制存储模型,从总体上看可以分为两类:一类称为确定需求下的确定性存储模型;另一类称为随机需求下的随机性存储模型。不论是哪一类型的存储问题,在建模和求解的过程中,都要紧紧把握下述 3 个重要步骤。

①根据实际情况,准确地绘制存储变化状态图。

②通过全面分析存储系统产生的各种费用,建立可比的费用函数。

③求在总费用最低意义下的经济批量和订货周期。

衡量存储策略优劣的最直接的标准就是计算该策略所耗用的平均费用,因此人们有必要对存储问题中的费用作详细的分析。

7.1.6　存储问题中的几项费用

存储模型涉及 4 种类型的费用,它们的精确定义依赖于企业的类型,如工业企业通过不断生产产品来补充库存以应对市场的需求或客户的购买,商业企业通过采购来补充库存。在补充库存中,有 4 种独立的库存成本或存储费用:订货费、单位成本费、存储费和缺货损失费。

(1)订货费(订购费或生产装配费)

订购费有时也称采购费,是指订货单位处理一种物品的重复订单的费用,如手续费、差旅费、联络通信费等,订购费仅与订货次数有关而与订货数量无关。要确定这项费用须经过仔细的核算,不能简单地将搬运费、管理费等平均地摊到每一件物资上,因为这样做就与批量有关了。生产装配费是对生产企业组织一次生产所需必要的机器调整、安排而付出的费用,如工模具的安装、机床的调整和材料的安排等,其与生产数量也无关。

(2)单位成本或货物单价

单位成本或货物单价指企业或组织为得到某一单位的物品而支出的费用,这一数值通过查看物品报价单或供应商开具的销售发票可以找到。显然其与订货量或生产量有关,如物品本身的价格、运费等。如果单位成本费是与时间和数量无关的常数,那么在计算存储总费用时,可以不予考虑,但是单位成本费有时是变动的,如考虑资金的利息或作现有关的计算,又如有时采购有批量折扣(即订货数量大时,价格有一定的优惠折扣)等,这时在计算存储总费用时需要予以考虑。

(3)存储费

存储费是指在一定时期内持有单位物品而支出的费用。例如,在一段时间储存一台大型设备所花费的成本,存储费一般与物品存储数量和时间成正比。

①利息:物资占用的资金利息,有时也可不作为存储费的一部分而作为成本费的一部分来计算。

②物资的储存损耗、折旧和跌价损失:物资存放在仓库中,除有腐蚀、变质、破碎、失窃等损耗外,常常还因技术发展或新产品的出现而价格下降等。

③物资的税金与保险费等。

④仓库的折旧费:保险费、通风、照明、起重、自控设备、房租、地租等费用。

⑤仓库内搬运费:包括仓库内整理、堆码、盘点、保养等搬运使用的机械费、燃料费,以及司机和搬运工人的工资等。

⑥其他管理费：如保管工人的工资，办公室、福利设施的折旧、修理费，办公用品及低值易耗的购置费、差旅费、会议费等。

（4）缺货损失费

缺货损失费是指存储未能满足需求时造成的损失。例如：

①当生产原料缺货时，将造成停工待料损失。

②有时为了生产急需，必须采用紧急订货而多付出费用。

③在产品供不应求时，没有把握应有的销售机会，就会影响利润，造成信用的损失费用，以及不能履行合同而要缴纳的罚款等费用。一般缺货损失的情况与缺货数量和缺货时间有关，即缺货的数量越多、缺货时间越长，损失越大。由于存在多种不确定性，有时缺货损失很难确定。

综上所述，所谓合理的存储策略，就是研究什么时候订货或组织生产，订购多少货物或生产多少数量，既可以使存储系统总费用最小，又可以避免因缺货而影响生产或销售。在存储问题中根据需求是确定的还是随机的规律性，可将用于库存控制的存储模型分为确定性存储模型和随机性存储模型。

7.2 确定性存储模型

本节假定在单位时间 t 内（或计划期）的需求量是已知常数，其订货策略形成 t 循环策略，模型的目标函数是以总成本（总订货成本 + 总存储成本 + 总缺货成本）最小为准则建立的。在建立确定性存储模型时，定义的参数及其符号如下所述：

R——需求率

c_1——单位时间内单位货物的存储费

c_2——单位时间内单位货物的缺货损失费

c_3——一次订货费，即订购费或生产准备费

k——货物单价

Q——订货批量或生产批量

S——最大缺货量

n——单位时间内的订货次数，显然 $n = 1/t$。

7.2.1 基本经济订购批量模型

该模型是针对以一个固定需求率从库存中提出货物的情况而设计的。例如，某汽车生产企业每月以 1 000 个的速度购买某汽车备件，按年计算需求率为 1 000 × 12 = 12 000（个）。除了固定需求率之外，模型还有两个关键的假设：

①订购的货物在需要时立即到达，即瞬时补充。

②货物不允许缺货。

在一定时期内的周期订货，当订货批量小时，则存储费少，但订货次数频繁，增加了订货

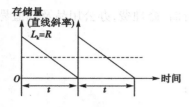

图7.3 存储量变化状态图

费;当订货批量大时,则存储费多,但订货次数减少,减少了订货费。经济订购批量模型的目的是找出一个最经济的订购批量 Q(模型的决策变量),使库存货物满足需求产生的总费用最省。

设周期性订货满足的时间间隔为 t,需求率为 R,此时订购量 $Q = Rt$,存储费为 c_1。观察 t 时间内存储量随着订货与需求而发生的变化状态图(图7.3),并总能够可比订货费和存储费。由于需求率为常数,所以在 t 时间内的平均储量为 $Q/2$,如图7.3中虚线所示,则单位时间内的平均存储费用函数为

$$C_1(t) = c_1\frac{Q}{2} = \frac{1}{2}c_1Rt$$

订货费(订购费或装备调整费)为 c_3,单位成本或货物单价为 k,订货支出费为 $c_3 + kq$,单位时间内的平均订货费用函数为 $\frac{c_3}{t} + k\frac{Q}{t} = \frac{c_3}{t} + kR$,不考虑货物本身的成本时,则单位时间内的平均订货费用函数为第一项,记为

$$C_3(t) = \frac{c_3}{t}$$

存储策略的总费用可由存储费和订货费表示,由此可得一个订货周期时间 t 内的平均总费用函数为

$$C(t) = C_1(t) + C_3(t) = \frac{1}{2}c_1Rt + \frac{c_3}{t}$$

最优存储策略即是平均总费用最小的订购批量,令 $\frac{\partial C(t)}{\partial t} = 0$,即

$$\frac{\partial C(t)}{\partial t} = \frac{1}{2}c_1R + (-1)\frac{c_3}{t^2} = 0$$

得最佳订货周期为

$$t^* = \sqrt{\frac{2c_3}{c_1R}} \tag{7.1}$$

由 $Q = Rt$,得经济订购批量为

$$Q^* = \sqrt{\frac{2c_3R}{c_1}} \tag{7.2}$$

最低平均总成本

$$C^*(t^*) = \sqrt{2c_1c_3R} \tag{7.3}$$

式(7.2)即为著名的经济批量公式,简称 EOQ(Economic Order Quantity),该公式于1917年由美国西屋公司的经济学家 Ford Harris 提出。

当不考虑货物本身的成本时,则经济订购批量的最小费用为

$$C(t) = \frac{c_3}{t} + \frac{1}{2}c_1Rt$$

式(7.3)也可以由平均总费用函数 $C(t)$ 的算数——几何平均值不等式得到, $C_1(t) =$

$C_3(t)$ 时,平均总费用函数的最小值为 C^* (图 7.4)。

【例 7.1】 某项目部每月需外购钢筋 100 t,不允许缺货。已知该项目部向钢筋供应商订购这种汽车零部件,每次的订购费为 250 元,若钢筋在仓库存放时,每吨每月的存储费为 20 元,求项目部的经济订购批量及最佳订货周期。

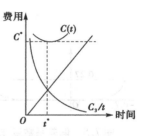

图 7.4 平均总费用函数 $C(t)$ 的变化图

解: 需求率 $R = 100$ t/月,订货费 $c_3 = 250$ 元/次,存储费 $c_1 = 20$ 元/(t·月)。代入式(7.1)和式(7.2),得经济订购批量及最佳订货周期分别为

$$Q^* = \sqrt{\frac{2c_3 R}{c_1}} = \sqrt{\frac{2 \times 250 \times 100}{20}} = 50(\text{t})$$

$$t^* = \sqrt{\frac{2c_3}{c_1 R}} = \sqrt{\frac{2 \times 250}{20 \times 100}} = 0.5(\text{月})$$

【例 7.2】 某超市平均每天销售某商品 2 t,不允许缺货。已知每次的订购费为 100 元,单位商品每月的存储费为 60 元,求该超市经济订购批量、最佳订货周期及一年订购物资的最佳次数。

解: 需求率 $R = 2$ t/d,订货费 $c_3 = 100$ 元/次,存储费 $c_1 = 60 \div 30 = 2$ 元/(t·d)。经济订购批量及最佳订货周期分别为

$$Q^* = \sqrt{\frac{2c_3 R}{c_1}} = \sqrt{\frac{2 \times 100 \times 2}{2}} = 14.1(\text{t})$$

$$t^* = \sqrt{\frac{2c_3}{c_1 R}} = \sqrt{\frac{2 \times 100}{2 \times 2}} = 7.07(\text{d})$$

一年订购物资的最佳次数为

$$n^* = \left| \frac{T}{t^*} \right| = \left| \frac{360}{7.07} \right| = |50.92| = 51(\text{次})$$

这里 $[x]$ 表示上取整,即不小于 x 的最小整数。

还需要说明一点,实际订购批量 Q 与最佳订购批量 Q^* 往往会有偏差,这时需考虑订货偏差对费用的影响。设实际订货偏差率为 δ,则实际订购批量 $Q = (1+\delta)Q^*$,因此实际订货周期和订货费分别为

$$t = \frac{Q}{R} \frac{(1+\delta)Q^*}{R} = (1+\delta)t^*$$

$$
\begin{aligned}
C(t) &= \frac{c_3}{t} + \frac{1}{2}Qc_1 \\
&= \frac{1}{2(1+\delta)}\sqrt{2c_1 c_3 R} + \frac{1+\delta}{2}\sqrt{2c_1 c_3 R} \\
&= \sqrt{2c_1 c_3 R} + \frac{\delta^2}{2(1+\delta)}\sqrt{2c_1 c_3 R} \\
&= C^*(t) + \frac{\delta^2}{2(1+\delta)}C^*(t)
\end{aligned}
$$

上式第二项即为由实际订购批量偏差而增加的费用,费用偏差系数表示为

$$\Delta(\delta) = \frac{\delta^2}{2(1+\delta)}$$

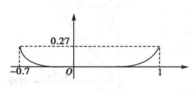

图 7.5　偏差系数变化趋势

当实际订货偏量率 δ 改变时,费用偏差系数计算结果见表 7.1。表 7.1 说明,实际订购批量较最佳批量偏差 10% 以内,费用增加不超过 4.7‰;而当实际订购批量较最佳订购批量多 100% 或少 70% 时,费用仅增 27%,即偏差引起的费用增加并不明显,这是 EOQ 公式的一大优点,直观效果如图 7.5 所示。

表 7.1　偏差率和偏差系数应对表

δ	-0.7	-0.2	-0.1	0.1	0.2	0.3	0.7	1
$\Delta(\delta)$	0.27	0.027	0.006	0.004 7	0.017	0.037	0.083	0.27

7.2.2　允许缺货的 EOQ 模型

允许缺货的 EOQ 模型是基本 EOQ 模型的变形,其不同之处在于允许计划内的缺货,当缺货发生时,受影响的客户将需要等待至再次得到该货物,且客户的缺货量将在补充库存的货物到达时瞬时得到满足。模型假设:

①订购的货物在补充库存时立即到达,即瞬时补充。

②货物允许缺货。

设周期性订货满足的时间间隔为 t,期货存储量为 S(最大存货量),需求率为 R。订购量 $Q = Rt$,订货费为 c_1,缺货损失费为 c_2,单位存储费为 c_3。观察 t 时间内存储量随着订货与需求而发生变化的状态图(图 7.6),可比的订货费、缺货费和存储费可以由下述函数获得。

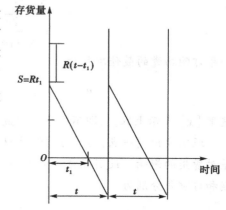

图 7.6　允许缺货的存储变化状态图

在 $[0, t_1]$ 时段内,平均存储量为 $S/2$,且 $t_1 = S/R$,则平均存储费用函数为

$$C_1(S) = c_1 \times \frac{1}{2}St_1 = c_1\frac{S^2}{2R}$$

在 $[t_1, t]$ 时间段存储量为 0,平均缺货量为 $R(t - t_1)/2$,则平均缺货损失费用函数为

$$C_2(t, S) = c_2 \times \frac{1}{2}R(t - t_1)^2 = c_2\frac{(Rt - S)^2}{2R}$$

不考虑货物本身的成本时,在单位时间可比的平均订货费用函数为

$$C_3(t) = \frac{c_3}{t}$$

由此得到一个订货周期时间 t 内的时间平均总费用函数为

$$C(t, S) = C_1(S) + C_2(t, S) + C_3(t) = \frac{1}{t}\left[c_1\frac{s^2}{2R} + c_2\frac{(Rt - s)^2}{2R} + c_3\right]$$

最优存储策略即是平均总费用最小的订购批量,利用多元函数求极值方法,令

$$\frac{\partial C}{\partial t} = -\frac{1}{t^2}\left[c_1\frac{S^2}{2R} - c_2\frac{(Rt-S)^2}{2R}\right] + \frac{1}{t}c_2(Rt-S) = 0$$

$$\frac{\partial C}{\partial S} = \frac{1}{t}\left[c_1\frac{S}{R} - c_2\frac{Rt-S}{R}\right] = 0$$

解得最佳订货周期为

$$t^* = \sqrt{\frac{2c_3(c_1+c_2)}{c_1c_2R}} \tag{7.4}$$

最大库存量为

$$S^* = \sqrt{\frac{2c_2c_3R}{c_1(c_1+c_2)}} \tag{7.5}$$

将它们代入总费用函数得最小费用

$$C^*(t^*,S^*) = \sqrt{\frac{2c_1c_2c_3R}{c_1+c_2}} \tag{7.6}$$

同时,由 $Q^* = Rt^*$ 得最佳的经济批量订货量,即

$$Q^* = \sqrt{\frac{2Rc_3(c_1+c_2)}{c_1c_2}} \tag{7.7}$$

由 $q^* = Q^* - S^*$ 得最大缺货量,即

$$q^* = \sqrt{\frac{2Rc_1c_3}{c_2(c_1+c_3)}} \tag{7.8}$$

注意:当缺货损失费 c_2 很大时,有 $\frac{c_2}{c_1+c_2} \to 1(c_2 \to \infty)$,式(7.4)、式(7.7)、式(7.6)可化为式(7.1)、式(7.2)和式(7.3),即 EOQ 模型公式。

【例7.3】 某超市一贯采用不允许缺货的 EOQ 公式确定某品牌日用品的订货批量,但激烈的市场竞争使得公司不得不考虑允许缺货的订货策略。设每月日用品的需求量为 1 000 件,每次日用品的订购费为 40 元,单位日用品每月的存储费为 1 元,单位日用品每月的缺货损失费为 1 元,求最佳订货周期、经济订货批量、最大缺货量及经济订购总费用。

解: 需求率 $R = 1\,000$ 件/月,订货费 $c_3 = 40$ 元/次,存储费 $c_1 = 1$ 元/(件·月),$c_2 = 1$ 元/(件·月)。代入式(7.4)、式(7.7)和式(7.6),有最佳订货周期、经济订货批量及经济订货总费用分别为

$$t^* = \sqrt{\frac{2c_3(c_1+c_2)}{c_1c_2R}} = \sqrt{\frac{2\times40\times(1+1)}{1\times1\times1\,000}} = 0.4(月)$$

$$Q^* = \sqrt{\frac{2Rc_3(c_1+c_2)}{c_1c_2}} = \sqrt{\frac{2\times1\,000\times40\times(1+1)}{1\times1}} = 400(件)$$

$$C^*(t^*,S^*) = \sqrt{\frac{2c_1c_2c_3R}{c_1+c_2}} = \sqrt{\frac{2\times1\times1\times40\times1\,000}{1+1}} = 200(元)$$

最大缺货量为

$$q^* = \sqrt{\frac{2Rc_1c_3}{c_2(c_1+c_3)}} = \sqrt{\frac{2\times1\times40\times1\,000}{1\times(1+1)}} = 200(件)$$

7.2.3　有数量折扣的 EOQ 模型

基本的经济订购批量模型即 EOQ 模型是用来确定企业在固定订货批量时一次订货(外购或自制)的数量,当企业按照经济订购批量订货时,可以实现订货成本和存储成本之和最小化。在一些实际的订货问题中,供货方为促进销售,往往设置价格折扣,即买方订货量越大,供货价格越低。此时由用户的订货量确定批发价格一般是订货量的阶梯减函数。有数量折扣的 EOQ 模型建模的基本思路是:先计算经济订货批量,然后代入不同折扣的单价,计算总的采购费用(含货物本身的成本),取最小者的订货数量。当需求率和单位存储费确定时,该模型可以指导用户如何通过采购适合的数量,使总的采购费用最低。模型假设。

①订购的货物在补充库存时立即到达,即瞬时补充。

②货物不允许缺货。

③不同采购数量有不同的采购单价。

④每次及不同采购数量的订货费不变。

设订货费为 c_3,存储费为 c_1,采购数量在区间 $[Q_i, Q_{i+1})$ 内的货物单价 $k_i(i=1,2,\cdots,n)$,价格折扣的采购数量分界点为 Q_i,显然有 $Q_1 < Q_2 < \cdots < Q_n, k_1 > k_2 > \cdots > k_n$。当存储周期为 t 时,考虑货物价格 k_i 的平均总费用函数是

$$\frac{1}{2}c_1 Rt + \frac{c_3}{t} + k_i Rt$$

为了解平均总费用函数的性质,以 $n=3$ 为例,画出其图像如图 7.7 所示,由于每种数量折扣的总采购费用函数只差第三项,3 条总采购费用曲线是平行的。

由于采购数量 $Q_i = Rt$,得 $t = Q_i / R$,代入平均总费用函数,有数量折扣的平均总费用函数为

$$TC^{(i)} = \frac{1}{2}c_1 Q_i + \frac{c_3 R}{Q_i} + k_i R (i = 1, 2, \cdots, n) \tag{7.9}$$

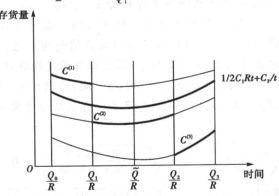

图 7.7　有 3 个折扣点的平均总费用函数

有数量折扣的 EOQ 模型求解步骤如下。

①求出忽略折扣的经济订购批量 $\tilde{Q} = \sqrt{\dfrac{2c_3 R}{c_1}}$, $Q_i \leqslant \tilde{Q} < Q_{i+1}$,若计算此时的平均总费用为 $TC(\tilde{Q}) = \dfrac{1}{2}c_1 \tilde{Q} + \dfrac{c_3 R}{\tilde{Q}} + k_0 R$。

②计算 $TC^{(j)} = \dfrac{1}{2}c_1Q_j + \dfrac{c_3R}{Q_j} + k_jR(j = i+1, i+2, \cdots, n)$。

③若 $\min\limits_{\widetilde{Q},Q_j}\{TC(\widetilde{Q}), TC^{(i+1)}, TC^{(i+2)}, \cdots, TC^{(n)}\} = TC^*$，则 TC^* 对应的批量为最小费用订

购批量 Q^*，最小费用对应的订购周期 $t^* = Q^*/R$。

【例7.4】 某小型航空公司每年需用航空快餐 20 000 套,每次订货费为 36 元,年储存费
为 4 元。当采购量小于 700 套时,单价为 11 元;当采购量大于等于 700 套且小于 800 套时,单
价为 10 元;当采购量大于等于 800 套且小于 1 200 套时,单价为 9 元;当采购量大于等于 1 200
套时,单价为 8 元。试计算最优采购快餐的批量及订购周期。

解:$R = 20\,000$ 套/年,$c_3 = 36$ 元/次,$c_1 = 4$ 元/(套·年),分段的单位快餐价格函数为

$$k(Q) = \begin{cases} 11 & (1 \leqslant Q < 700) \\ 10 & (700 \leqslant Q < 800) \\ 9 & (800 \leqslant Q < 1\,200) \\ 8 & (1\,200 \leqslant Q) \end{cases}$$

先忽略单位零件价格函数的影响,计算 $\widetilde{Q} = \sqrt{\dfrac{2c_3R}{c_1}} = 600$ 套,故单位快餐价格为 10
元,此批量订货的总成本为

$$\begin{aligned} TC(\widetilde{Q}) &= \frac{1}{2}c_1\widetilde{Q} + \frac{c_3R}{\widetilde{Q}} + k_0R \\ &= \frac{1}{2} \times 4 \times 600 + \frac{36 \times 20\,000}{600} + 10 \times 20\,000 \\ &= 202\,400(元) \end{aligned}$$

再分别计算 $Q_2 = 800$ 和 $Q_3 = 1\,200$ 时的总成本,即

$$\begin{aligned} TC^{(2)} &= \frac{1}{2}c_1Q_2 + \frac{c_3R}{Q_2} + k_2R \\ &= \frac{1}{2} \times 4 \times 800 + \frac{36 \times 20\,000}{800} + 9 \times 20\,000 \\ &= 182\,500(元) \\ TC^{(3)} &= \frac{1}{2}c_1Q_3 + \frac{c_3R}{Q_3} + k_3R \\ &= \frac{1}{2} \times 4 \times 1\,200 + \frac{36 \times 20\,000}{1\,200} + 8 \times 20\,000 \\ &= 163\,000(元) \end{aligned}$$

比较总成本可知,有

$$\min\{TC(\widetilde{Q}), TC^{(2)}, TC^{(3)}\} = TC^* = 16\,300(元)$$

所以,最小费用订购批量 $Q^* = 1\,200$,即采用每批订货 1 200 套的折扣批量,此时订购周
期 $t^* = Q^*/R = 0.06$ 年。

7.3 单周期的随机性存储模型

对于确定性存储模型,人们都假定各时期产品的需求量是确定的,但在实际问题中,需求量往往是不确定值,如时令性产品(报纸和书刊、季节性服饰和食品、计算机硬件和内存等)的需求量。这类存储问题的含义是:如果本期存储的产品还没有销售完,到下一期该产品就要贬值,降低的产品价格甚至比该产品的成本还要低,造成利润减少;如果本期产品不能满足需求,则因缺货或失去销售机会而带来损失。无论是供过于求还是供不应求的时令性产品存储问题都有损失,当需求有随机规律时,本节研究的存储策略是该时期订货多少使预期的总损失最少或总盈利最大。

本节讲述的单周期的存储模型,是指周期内只能提出一次订货,发生短缺时不允许再提出订货,周期结束时,剩余货物可以处理。对随机性存储模型进行评价时,常采用损失期望值最小或获利期望值最大的准则。

7.3.1 离散需求的随机存储模型

报童问题:有报童每天售出的报纸份数(即报纸需求量)X 是一个离散随机变量,已知概率 $P(X = x_i) = p_i, \sum_{i=0}^{\infty} p_i = 1$。报童每售出一份报纸能赚 k 元;如剩报纸,每剩一份赔 h 元。问报童每天应进货多少份报纸?

设报童每天应进货 Q 份报纸。现采用损失期望值最小准则来确定 Q。

当供过于求($X \leqslant Q$)时,损失的期望值为

$$\sum_{x_i=0}^{Q} h(Q - x_i) p_i$$

当供不应求($X > Q$)时,损失的期望值为

$$\sum_{x_i=Q+1}^{\infty} k(x_i - Q) p_i$$

报童每天总的损失期望值为

$$C(Q) = h \sum_{x_i=0}^{Q} (Q - x_i) p_i + k \sum_{x_i=Q+1}^{\infty} (x_i - Q) p_i$$

损失期望最小值的必要条件是最佳进货量 Q 满足

$$\begin{cases} C(Q) \leqslant C(Q-1) \\ C(Q) \leqslant C(Q+1) \end{cases}$$

即求解

$$\begin{cases} h \sum_{x_i=0}^{Q} (Q - 1 - x_i) p_i + k \sum_{x_i=Q+1}^{\infty} (x_i - Q + 1) p_i \geqslant C(Q) \\ h \sum_{x_i=0}^{Q} (Q + 1 - x_i) p_i + k \sum_{x_i=Q+1}^{\infty} (x_i - Q - 1) p_i \geqslant C(Q) \end{cases}$$

得

$$\frac{h}{h + k} \leqslant \sum_{x_i = 0}^{Q} p_i \tag{7.10}$$

满足式(7.10)成立的最佳进货量为 Q^*，称

$$N = \frac{h}{h + k} \tag{7.11}$$

为损益转折概率或最优服务水平，即选择最佳进货量 Q^* 使得避免缺货的概率不低于这一服务水平，此时总成本的期望值最小。由式(7.10)计算 Q^* 的要点：将 x_i 对应的概率 p_i 逐个累加，当累加到刚好达到或超过 N 对应的进货量就是最佳进货量 Q^*。

【例 7.5】　已知某商品销售量 X 服从泊松分布，平均销售量为 6 件。该商品每件进价为 40 元，售价为 77 元。商品过期后将削价为每件 20 元并一定可以售出。

解：已知 $P(X = x_i) = \dfrac{e^{-\lambda} \cdot \lambda^{x_i}}{x_i !}$，$\lambda = 6$。由式(7.11)计算损益转折概率

$$N = \frac{35}{35 + 20} = 0.636\ 3$$

查得泊松概率分布表得知，0.636 3 的累积概率对应的销售量在 6 和 7 之间，故最佳进货量为 7 件。

7.3.2　连续需求的随机存储模型

设单位货物进价为 k，单位价为 p，存储费为 c_1。当需求量 X 是连续随机变量时，其概率密度函数为 $p(x)$，$\int_0^{+\infty} p(x)\mathrm{d}x = 1$。问货物的订购量 Q 为何值时，盈利期望值最大？

当货物的订购量(或生产量)为 Q，需求量为 X 时，实际销售量为 $\min[X, Q]$，因而实际销售收入为 $p \cdot \min[X, Q]$，进货成本 $k \cdot Q$，货物存储费

$$C_1(Q) = \begin{cases} c_1 \cdot (Q - X), & X \leqslant Q \\ 0, & X > Q \end{cases}$$

记订购量 Q 的盈利为 $W(Q)$，即

$$W(Q) = p \cdot \min[X, Q] - k \cdot Q - C_1(Q)$$

盈利的期望值为

$$E[W(Q)] = \left[\int_0^Q px\varphi(x)\mathrm{d}x + \int_Q^\infty pQ\varphi(x)\mathrm{d}x \right] - kQ - \int_0^Q c_1(Q - x)\varphi(x)\mathrm{d}x$$

$$= \int_0^\infty px\varphi(x)\mathrm{d}x - \int_Q^\infty px\varphi(x)\mathrm{d}x + \int_Q^\infty pQ\varphi(x)\mathrm{d}x - kQ - \int_0^Q c_1(Q - x)\varphi(x)\mathrm{d}x$$

$$= pE(x) - \left[\int_Q^\infty p(x - Q)\varphi(x)\mathrm{d}x + \int_0^Q c_1(Q - x)\varphi(x)\mathrm{d}x + kQ \right]$$

其中 $pE(x)$ 为平均盈利，与订购量 Q 无关，记减项

$$E[TC(Q)] = \int_Q^\infty p(x - Q)\varphi(x)\mathrm{d}x + \int_0^Q c_1(Q - x)\varphi(x)\mathrm{d}x + kQ$$

为期望损失值(含货物进货成本)，则问题 $\max E[W(Q)]$ 可转化为问题 $\min E[TC(Q)]$。

$$\frac{\mathrm{d}E[TC(Q)]}{\mathrm{d}Q} = \frac{\mathrm{d}}{\mathrm{d}Q}\Big[\int_Q^\infty p(x-Q)\varphi(x)\mathrm{d}x + \int_0^Q c_1(Q-x)\varphi(x)\mathrm{d}x + k\cdot Q\Big]$$

$$= -p\int_Q^\infty \varphi(x)\mathrm{d}x + c_1\int_0^Q \varphi(x)\mathrm{d}x + k$$

$$= -(p-k) + (c_1+p)\int_0^Q \varphi(x)\mathrm{d}x$$

令 $\dfrac{\mathrm{d}E[TC(Q)]}{\mathrm{d}Q} = 0$，有

$$F(Q) = \int_0^Q \varphi(x)\mathrm{d}x = \frac{p-k}{c_1+p}$$

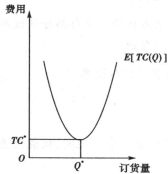

图 7.8　损失期望值函数变化趋势

由式(7.12)确定的订购量为最佳订货量，记为 Q^*，此时的损失期望最小(图7.8)。

当 $p-k>0$ 时，式(7.12)不成立，这种情况表示订购货物无利可图，故不应订购，即 $Q^*=0$。

缺货损失不但要考虑销售收入的减少，还要考虑赔偿对方的损失，缺货费为 c_2，有 $c_2>p$，只需在前面推导过程用 c_2 代替 p 即可。这种情况的最佳订货量 Q^* 由式(7.13)确定：

$$F(Q) = \int_0^Q \varphi(x)\mathrm{d}x = \frac{c_2-k}{c_1+c_2} \tag{7.13}$$

【例7.6】　某钢铁厂生产的某型优质钢材需求量 X 服从正态分布，期望 $\mu=60$，标准差 $\acute{O}=3$。每吨钢材成本为 220 百元，售价为 320 百元，每月单位存储费 10 百元。问工厂每月生产该钢材多少吨，使获利的期望值最大？

解：已知 $K=220,P=320,c_1=10$。需求量 $X\sim N(60,3^2)$ 由式(7.12)计算 $F(Q)=\int_0^Q \varphi(x)\mathrm{d}x = \dfrac{p-k}{c} = 0.303\,0$。

查正态分布函数表得 $Q=58.5$，故该钢铁工厂每月生产这种钢材 78.7 t。

【例7.7】　已知某商品的需求量 X 服从区间 $[0,10]$ 上均匀分布，$c_1=0.5,c_2=4.5,k=0.5$，该存储的最优策略是什么？

解：由式(7.13)计算临界数

$$\frac{c_2-k}{c_1+c_2} = \frac{4.5-0.5}{4.5+0.5} = 0.8$$

再由

$$\int_0^Q \varphi(x)\mathrm{d}x = \int_0^Q \frac{1}{10}\mathrm{d}x = 0.8$$

得

$$\frac{1}{10}Q = 0.8$$

即 $Q=8$ 该系统的最佳订货量是 8 个单位，若 q 为期存货，需订购 $8-q$ 个单位。

7.4　存储论的发展与应用

7.4.1　存储管理的新思想——供应链库存管理

供应链库存管理是指将库存管理置于供应链之中,以降低库存成本和提高企业市场反应能力为目的的,从点到链、从链到面的库存管理方法。

供应链库存管理的特点是供应链库存管理的目标服从于整条供应链的目标,通过对整条供应链上的库存进行计划、组织、控制和协调,将各阶段库存控制在最小限度,从而削减库存管理成本,减少资源闲置与浪费,使供应链上的整体库存成本降至最低。与传统库存管理相比,供应链库存管理不再是作为维持生产和销售的措施,而是作为一种供应链的平衡机制。通过供应链管理,消除企业管理中的薄弱环节,实现供应链的总体平衡。供应链管理理论是对现代管理思想的发展,其特点主要表现为:其一,管理集成化;其二,资源范围扩大;其三,企业间关系伙伴化。

供应链中库存管理模式如下所述:

(1)传统库存管理模式(Traditon Managed Inventory,TMI)

零售商有自己的库存,批发商有自己的库存,供应商也有自己的库存,供应链各个环节都有自己的库存控制策略。由于各自的库存控制策略不同且相互封闭,管理思想都是个体库存成本最小化,不考虑上游和下游企业的库存费用。

(2)联合库存管理模式(Jointly Managed Inventory,JMI)

比较传统的库存管理方式,近年来出现了一种新的供应链库存管理方法——联合库存管理。这种库存管理策略打破了各自为政的库存管理模式,有效地控制了供应链的库存风险,是一种新的有代表性的库存管理思想。

联合库存管理是一种在 VMI 的基础上发展起来的上游企业和下游企业权利责任平衡和风险共担的库存管理模式。联合库存管理强调供应链中各个节点同时参与,共同制订库存计划,使供应链过程中的每个库存管理者都从相互之间的协调性考虑,保持供应链各个节点之间的库存管理者对需求的预期保持一致,从而消除了需求变异放大现象。

(3)供应商管理库存模式(Vendor Managed Inventory,VMI)

传统库存各自为政,因此不可避免地产生需求的扭曲现象,从而导致需求变异放大,无法使供应商准确了解下游客户的需求。供应商管理库存管理策略打破了传统的各自为政的库存管理模式,体现了供应链的集成化管理思想,适应市场变化的要求,是一种新的有代表性的库存管理思想。

VMI 策略的关键措施主要体现在下述几个原则中:

①合作精神。在实施该策略中,相互信任与信息透明是很重要的,供应商和客户(零售商)都要有较好的合作精神,才能够相互保持较好的合作。

②双方成本最小。VMI 不是关于成本如何分配或谁来支付的问题,而是通过该策略的实施减少整个供应链上的库存成本,使双方都能获益。

③目标一致性原则。双方都明白各自的责任,观念上达成一致的目标。如库存放在哪里,什么时候支付,是否要管理费,要花费多少等问题都通过双方达成一致。

④连续改进原则。供需双方共同努力,逐渐消除浪费。

(4)协同式供应链管理库存管理(Collaborative Planning Forecasting & Replenishment,CPFR)

通过对 VMI 和 JMI 两种模式的分析可得出:VMI 就是以系统的、集成的管理思想进行库存管理,使供应链系统能够获得同步化的优化运行。通过几年的实施,VMI 和 JMI 被证明是比较先进的库存管理办法,但 VMI 和 JMI 也有下述缺点。

①VMI 是单行的过程,决策过程中缺乏协商,难免造成失误。

②决策数据不准确,决策失误较多。

③财务计划在销售和生产预测之前完成,风险较大。

④供应链没有实现真正的集成,使得库存水平较高,订单落实速度慢。

⑤促销和库存补给项目没有协调起来。

⑥当发现供应出现问题(如产品短缺)时,留给供应商进行解决的时间非常有限;VMI 过度地以客户为中心,使得供应链的建立和维护费用都很高。

随着现代科学技术和管理技术的不断提升,VMI 和 JMI 中出现的种种弊端也得到改进,提出了新的供应链库存管理技术,CPFR(共同预测、计划与补给)。CPFR 有效解决了 VMI 和 JMI 的不足,成为现代库存管理新技术。

协同规划、预测和补给是一种协同式的供应链库存管理技术,它能同时降低销售商的存货量,增加供应商的销售量。

CPFR 最大的优势是能及时准确地预测由各项促销措施或异常变化带来的销售高峰和波动,从而使销售商和供应商都能做好充分的准备,赢得主动。同时 CPFR 采取了一种"双赢"的原则,始终从全局的观点出发,制订统一的管理目标以及方案实施办法,以库存管理为核心,兼顾供应链上其他方面的管理。因此,CPFR 能实现伙伴间更广泛深入的合作,其主要体现了下述思想。

①合作伙伴构成的框架及其运行规则主要基于消费者的需求和整个价值链的增值。

②供应链上企业的生产计划基于同一销售预测报告。销售商和制造商对市场有不同的认识,在不泄露各自商业机密的前提下,销售商和制造商可交换他们的信息和数据,来改善他们的市场预测能力,使最终的预测报告更为准确、可信。供应链上的各公司则根据这个预测报告来制订各自的生产计划,从而使供应链的管理得到集成。

③消除供应过程的约束限制。这个限制主要就是企业的生产柔性不够。一般来说,销售商的订单所规定的交货日期比制造商生产这些产品的时间要短。在这种情况下,制造商不得不保持一定的产品库存,但是如果能延长订单周期,使之与制造商的生产周期相一致,那么生产商就可真正做到按订单生产及零库存管理。这样制造商就可减少甚至去掉库存,大大提高企业的经济效益。

随着经济的发展、社会的进步,供应链也得到更进一步的发展,原有的库存管理模式也逐渐显示出其缺点。在充分认识原有库存管理技术弊端的同时,有针对性地提出相关的改进措施,不断完善供应链中的库存管理技术。

CPFR 模式弥补了 VMI 和 JMI 的不足,成为新的库存管理技术。当然 CPFR 模式也不是任何场所都可使用的,其建立和运行离不开现代信息技术的支持。CPFR 信息应用系统的形式有多种,但应遵循以下设计原则:现行的信息标准尽量不变,信息系统尽量做到具有可缩放性、安全、开放性、易管理和维护、容错性、稳定性等特点。

7.4.2　单周期随机存储模型在供应链协调中的应用

供应链是围绕核心企业,通过对信息流、物流、资金流的控制,从采购原材料开始,制成中间产品以及最终产品,最后由销售网络把产品送到消费者手中的将供应商、制造商、分销商、零售商直到最终用户连成一个整体的功能网链结构模式。最简单的供应链包括供应商和一个分销商,供应商确定批发价格,分销商决定订货量。

(1)批发价格契约

①供应商的参数与决策变量。c_s 为供应商的制造成本;g_s 为供应商的缺货损失费;w 为供应商对分销商的批发价格。

②分销商的参数与决策变量。c_r 为分销商的分销成本;g_r 为分销商的缺货损失;v 为剩余产品的价值;p 为分销商的固定零售价格;q 为分销商的决策订货量。

③市场参数。x 为市场随机需求;$F(x)$ 为 x 的分布函数;$f(x)$ 为 x 的密度函数;μ 为 x 的数学期望。令 $c = c_s + c_r, g = g_s + g_r$。

如果订货量为 q,则期望销售量 $S(q)$ 为

$$S(q) = \min\{q,x\} = \int_0^q xf(x)\,dx + q[1 - F(q)] = q - \int_0^q F(x)\,dx$$

有 $S'(q) = 1 - F(q)$。

则期望剩余存货 $I(q)$ 为

$$I(q) = q - S(q) = \int_0^q F(x)\,dx$$

则期望缺货量 $L(q)$ 为

$$L(q) = E(x - q)^+ = \mu - S(q)$$

因此,分销商的收益函数为

$$\pi_s(w,q) = pS(q) + vI(q) - g_rL(q) - c_r - wq$$
$$= (p - v + g_r)S(q) - (w + c_r - v)q - g_r\mu$$

供应商的收益函数为 $\pi_s(w,q) = wq - g_sL(q) - c_sq = g_sS(q) + (w - c_s)q - g_s\mu$

则供应链的整体利润为 $\pi(w,q) = \pi_s(q) + \pi_r(q) = (p - c + g)S(q) - (c - v)q - g\mu$

整个供应链作为一个整体,进行最优化的集成决策,最优订货量 q^0 满足 π 的一阶条件。由此,从供应链整体最优化的角度,得到最优订货量 q^0 满足

$$S'(q^0) = \overline{F}(q^0) = \frac{c - v}{p - v + g}$$

订货量是分销商的决策变量,分销商的决策是使 $\pi_r(w,q)$ 最大化。利用 $\pi_r(w,q)$ 关于 q 的一阶条件,得到分销商的最优决策:

$$S'(q_r^*) = \frac{w + c_r - v}{p - v + g_r}$$

q^0 是从供应链整体角度的最优订货量,符合整体理性;q_r^* 是分销商从个体角度的最优订

货量,符合个体理性。如果 $q_r^* = q^0$,则整体利益与个体利益就是协调的。q_r^* 能等于 q^0 吗?

显然有 $q_r^* = q^0 \Leftrightarrow \dfrac{w + c_r - v}{p - v + g_r} = \dfrac{c - v}{p - v + g} \Leftrightarrow \dfrac{p - v + g_r}{p - v + g}(c - v) - (c_r - v) < c_s$

供应商的批发价格不可能低于其生产成本,因此,q_r^* 不可能等于 q^0,即批发价格不能协调整个供应链。

(2)回购价格契约

回购价格契约是指供应商为鼓励分销商订货,对分销商剩余的产品以回购价格 b 回收,降低分销商多订货的风险。

在回购价格契约条件下,分销商的收益函数为

$$\pi_r(w, b, q) = pS(q) + vI(q) - g_r L(q) - c_r q - wq + bI(q)$$
$$= (p - v + g_r - b)S(q) - (w - b + c_r - v) - g_r \mu$$

如果供应商决定批发价格和回购价格,使分销商的收益正比于整个供应链的收益,如使 $\pi_r(w, b, q) = \lambda \pi(w, b, q)$,则分销商的最优化策略也是供应链整体的最优策略。

由 $\pi_r(w, b, q) = \lambda \pi(w, b, q)$,得到供应商的契约设计如下,如此设计的契约就可以协调整个供应链:

$$p - v + g_r - b = \lambda(p - v + g)$$
$$w - b + c_r - v = \lambda(c - v)$$

因此,回购契约能够协调整个供应链,供应商可以任意分配供应链的整体利润。

习题 7

1. 某公司需要从市场购进一种电子元件,年购进量为 4 800 个。元件的单价为 40 元/个,单个元件的年保管费为单价的 25%。订购费为 10 元/次。设此种元件的生产供应能力无限,该公司不允许缺货。问:该公司每年订货的最优批次是多少?

2. 某超市对某商品的日需求量为 100 件,不允许缺货,而且生产厂家可随时足额供应。商品的单价为 5 元,每次的订购费为 10 元,每天的保管费为单价的 0.1%。问:该超市应怎样组织进货才最经济?

3. 某家店专营某品牌数码相机,市场需求均匀,且年需求量为 1 000 部。每次的订购费为 50 元,每部相机的年保管费为 1 元。

①若商场不允许缺货,试求最优订购批量。

②若商场允许缺货,单部相机的短缺费为 0.5 元。试求最优订购批量。

4. 书店销售一种期刊,进价 4 元/册,售价 9 元/册,当期销售不掉可以 2 元/册降价处理,每期需求量服从正态分布,均值为 200 册,标准差为 30 册。确定最佳订货量。

第 8 章 决策分析

8.1 决策分析概论

决策论(Decision Theory)是根据信息和评价准则,用数量方法寻找或选取最优决策方案的学科,是运筹学的一个分支和决策分析的理论基础。在实际生活与生产中对同一个问题所面临的几种自然情况或状态,又有几种可选方案,就构成一个决策,而决策者为对付这些情况所采取的对策方案就组成决策方案或策略。依据不同的标准,几种常见的决策分类如下所述。

(1)按决策目标的影响程度不同,可分为战略决策、策略决策和执行决策

战略决策具有全局性、方向性和原则性特征,涉及与企业生存和发展有关的全局性、长远性问题,如一个企业的厂址选择、产品开发方向等。策略决策具有局部性、阶段性特征,是以达到战略决策所规定的目的而进行的决策,如企业生产工艺和设备的选择、产品规格的选择等。执行决策是根据策略决策的要求对执行行为方案的选择,如日常生产调度的决策、产品合格标准的选择等。

(2)根据决策问题的重复性程度不同,决策可分为程序性决策和非程序性决策

程序性决策又称例行决策、常规决策。一般来讲,为了解决那些经常重复出现、性质非常相近的例行性问题,可按程序化步骤和常规性方法处理。非程序性决策通常处理的是那些偶然发生、无先例可循、非常规性的问题,决策者难以照章行事,需要有一定创造性思维作出应变。

（3）根据决策目标的多寡，决策分为单目标决策与多目标决策

单目标决策是就单一问题所进行的决策，常常只考虑某个主要的或关键的决策目标；多目标决策是解决多项问题所进行的相对复杂的决策，通常考虑多个主要目标或因素。一般来说，重大问题的决策涉及因素较多、内容结构复杂、目标相对分散，这样的决策称为多属性决策，最优方案的确定过程比较困难。

（4）根据自然状态的可控程度，可将决策问题分为确定型、不确定型和风险型

确定型决策是指自然状态完全确定，作出的选择结果也是确定的，比如，通过线性规划得到最优的生产计划等；不确定型决策是指不仅无法确定未来出现哪种自然状态，而且也无法估计各种自然状态的概率；风险型决策是指不能完全确定未来出现何种自然状态，但可以预测各种自然状态发生的概率。

（5）根据决策问题涉及人数的多少，又可将决策问题分为单决策者问题和群决策问题

随着网络技术的推广应用、决策科学化和民主化，群决策的应用日益广泛。

8.2　不确定型决策方法

不确定型决策是指决策者面临多种可能的自然状态，但未来自然状态出现的概率不可预知，不同状态下具有多种可选择的决策方案。由于所面临的是不确定的状况，无法确定何种状态出现，决策者只能依据一定的决策准则来进行分析决策。

常用的决策准则有乐观准则、悲观准则、折中准则、等可能性准则、后悔值准则等。对于同一个决策问题，运用不同的决策准则，得到的最优方案有所不同。

【例8.1】　某水电站建设项目，一期围堰工程基本完成，此时雨季来临，需停工并将施工设备安置好。施工企业考虑的可行方案有：A_1，将设备留在围堰内，围堰高2.5 m；A_2，将设备拉走，需要花费3万元；A_3，将设备留在围堰内，并加高围堰至3 m，需花费2万元。

如果设备被淹，会造成经济损失15万元。问施工企业应如何决策？

8.2.1　乐观准则

乐观准则又称最大最大准则（max-max准则），即"好中求好准则"，是一种趋势型决策准则。决策者对未来持乐观态度，即使面临情况不明的决策情景，也绝不放弃任何一个能取得好结果的机会。

决策者确定每一个方案在最佳自然状态下的收益值，选择其中最大收益值对应的方案作为最优方案。

具体做法是：先从各方案中选出最大收益值，再从各方案最大收益值中选择最大者，其对应方案则为依此准则确定的决策方案。

【例8.2】　采用例8.1，构建其对应的决策表，见表8.1。

表 8.1　乐观主义准则决策表

方案状态	水位线在 2.5 m 以下	水位线在 2.5~3 m	水位线在 3 m 以上	max
A_1	0	-15	-15	0←max
A_2	-3	-3	-3	-3
A_3	-2	-2	-17	-2

乐观主义准则寻求的是好中之好,其决策过程表示为: $A_k^* \rightarrow \max_i \max_j (a_{ij})$

式中 a_{ij} 为各方案对应各自然状态的损益值。

从上面 3 个结果中选择最好的结果 $\max(0,-3,-2)=0$(万元),即方案 A_1:将设备留在围堰内,围堰高 2.5 m 为最优决策方案。

8.2.2　悲观准则

悲观准则又称最大最小准则,是一种避险型决策方案。决策者对未来持悲观态度,认为未来将会出现最差的自然状态。在一些情况下,由于个人、企业或组织的财务能力有限,经验不足,承受不起巨额损失的风险,所以决策时非常谨慎。

首先,决策者决定每个方案在最差自然状态下的收益,然后选择在最差自然状态下带来最多收益的方案。

【例 8.3】　试用悲观准则对例 8.1 的问题进行决策,见表 8.2。

解:

表 8.2　悲观主义准则决策表

方案状态	水位线在 2.5 m 以下	水位线在 2.5~3 m	水位线在 3 m 以上	min
A_1	0	-15	-15	-15
A_2	-3	-3	-3	-3←max
A_3	-2	-2	-17	-17

悲观主义准则寻求的是坏中之好,其决策过程表示为 $A_k^* \rightarrow \max_i \min_j (a_{ij})$ 式中 a_{ij} 为各方案对应各自然状态的损益值。

从上面 3 个结果中选择最好的结果 $\max(-15,-3,-17)$(万元),即将设备拉走,需花 3 万元为最优方案。

8.2.3　折中准则

在决策过程中,最好和最差的自然状态都有可能出现,决策者对未来事物的判断不能盲目乐观,也不可盲目悲观。因此,可以根据决策者的估计和判断对最好的自然状态设一个乐观系数 α,相应地,最差的自然状态就有一个悲观系数$(1-\alpha)$。这样,α 与$(1-\alpha)$就分别表示最好与最差状态下的权重,反映决策者的风险态度,或者对未来事物发展可能性的判断。决策步骤是,一个各方案的最好与最差收益值为变量,计算各自的期望值,选择期望值最大者所对应的方案为最优方案。

【例8.4】 设定乐观系数 $\alpha = 0.7$，试用折中准则对例8.1的问题进行决策。

解：以0.7与0.3分别作为各个方案在最好与最差状态下的权重，计算收益期望值。

A_1 方案 $= 0 \times 0.7 - 15 \times 0.3 = -4.5$

A_2 方案 $= -3 \times 0.7 - 3 \times 0.3 = -3$

A_3 方案 $= -2 \times 0.7 - 17 \times 0.3 = -6.5$

从3个期望收益值中选取最大值 $\max(-4.5, -3, -6.5) = -3$（万元），对应方案是 A_2 方案最优。故依据折中准则，选择将设备拉走，需要花费3万元。

8.2.4 等可能性准则

因无法确知各种自然状态发生的概率，可以认为它们有同等的可能性，每一个自然状态发生概率都是状态数分之一。在此基础是上，计算各个方案的期望收益，然后进行比较。

【例8.5】 利用等可能性准则对例8.1的问题进行决策。

解：题中有3种可能的自然状态，依据等可能性原则，每种状态出现的概率为1/3。

计算每个方案的收益期望结果见表8.3。

表8.3 等可能准则决策表

方案状态	水位线在2.5 m以下	水位线在2.5~3 m	水位线在3 m以上	E_i
A_1	0	−15	−15	−10
A_2	−3	−3	−3	−3←max
A_3	−2	−2	−17	−7

选择3个期望收益中最大值，即 $\max(-10, -3, -7) = -3$（万元），对应的方案是选择将设备拉走，需要花费3万元。

8.2.5 后悔值准则

由于自然状态的不确定性，在决策实施后决策者很可能觉得：如果采取了其他方案将会得到更好的收益。由决策者所造成的损失价值，称为后悔值。根据后悔值准则，每个自然状态下的最高收益值为理想值，该状态下每个方案的收益值与理想值之差为后悔值。决策者追求最小后悔值，决策步骤是：在各个方案中选择最大后悔值，比较各个方案的最大后悔值，从中选择最小者对应的方案为最优决策方案。

【例8.6】 使用后悔值准则对例8.1的问题进行决策。

解：计算见表8.4。

表8.4 最小机会损失准则决策表

方案状态	水位线在2.5 m以下	水位线在2.5~3 m	水位线在3 m以上	max
A_1	$0-0=0$	$-2-(-15)=13$	$-3-(-15)=12$	13
A_2	$0-(-3)=3$	$-2-(-3)=1$	$-3-(-3)=0$	3←min
A_3	$0-(-2)=2$	$-2-(-2)=0$	$-3-(-17)=14$	14

其决策过程表示为 $\begin{cases} a'_{ij} = \max_{i}(a_{ij}) - a_{ij}(i = 1,2,\cdots,m;j = 1,2,\cdots,n) \\ A^*_k \to \min_{i} \max_{j}(a'_{ij}) \end{cases}$

最终选择方案 A_2，即将设备拉走，需要花费 3 万元。

在不确定性决策中，决策准则的使用是因人、因时、因地而异的。在现实生活中，决策者面临不确定性决策问题时，常常会试图获取有关信息，通过统计分析或主观估计来得到在各种自然状态发生的概率，使不确定性决策转化为风险型决策。

8.3　风险型决策分析方法

所谓风险型决策，是指决策者在进行决策时，虽然无法确知未来将会出现何种自然状态，却可以了解未来可能状态的种类及每种状态出现的概率。决策者无论采取哪一种方案，都要承担一定的风险，因此称这种决策为风险型决策。在风险型决策中，一般采用期望值作为决策依据，分析过程可采用决策树方法。

8.3.1　最大收益期望值决策准则

最大收益期望值决策准则是指选择收益期望值最大的方案作为决策方案，每个方案的收益期望值为所有状态下的收益值与对应概率的乘积之和，即

$$E(A_i) = \sum_{j=1}^{n} P_j S_{ij}(i = 1,2,\cdots,m;j = 1,2,\cdots,n)$$

式中，S_{ij} 为方案 A_i 在第 j 种状态下的收益值，P_j 为第 j 种状态出现的概率，选择 $\max E(A_i)$ 对应的方案为最优方案。

【例 8.7】　一企业为生产新产品需要建立新工厂，现有两种基建方案：一是建大厂，需投资 3 000 万元；二是建小厂，需投资 1 600 万元。据估计，两种方案在未来几年内的获利数见表 8.5。问采用哪种基建方案？

表 8.5　销售利润表

单位：万元

建厂方案 市场状态及概率	销售好 0.7	销售差 0.3
建大厂	10 000	－ 2 000
建小厂	4 000	1 000

解：计算各个方案的收益期望值。两个方案的收益期望值分别如下：

建大厂：$(10\,000 - 3\,000) \times 0.7 + (-2\,000 - 3\,000) \times 0.3 = 3\,400(万元)$

建小厂：$(4\,000 - 1\,600) \times 0.7 + (1\,000 - 1\,600) \times 0.3 = 1\,500(万元)$

选择两个期望值中较大者对应的方案为决策方案，即选择建大厂的决策方案。

8.3.2　最小机会损失期望值决策准则

最小机会损失期望值决策准则,是指决策目标的指数为损失值时,选择损失期望值最小的方案作为决策方案。损失值计算与前面提过的后悔值相似,为每个方案在各状态下的收益值与该状态下最好收益值的差。

【例8.8】 试用最小机会损失期望值决策准则对例8.6进行决策分析。

解: 各状态下每个方案的损失期望值见表8.6。

计算每个方案的损失期望值。

建大厂:$0 \times 0.7 + 4\,400 \times 0.3 = 1\,320$(万元)

建小厂:$4\,600 \times 0.7 + 0 \times 0.3 = 3\,220$(万元)

选择损失期望值最小者对应的方案为决策方案,即应采用建大厂的基建方案。

表8.6　各方案损失期望值表

单位:万元

建厂方案 市场状态及概率	销售好	销售差
	0.7	0.3
建大厂	0	4 400
建小厂	4 600	0

8.3.3　渴望水平决策方法

【例8.9】 一冰棒销售者以每支0.7元购进冰棒,并以每支1元卖出,如果卖不出去,就要融化损失,情况见表8.7,该冰棒销售者渴望每天盈利60元,那么最优行动是什么?

解: 从表8.7中可以看出,买进200支冰棒以上的方案才能获得盈利60元,各方案中,买进200支、300支、400支、500支冰棒的获利在60元及以上的可能性分别为0.94(0.1 + 0.3 + 0.3 + 0.24)、0.84(0.3 + 0.3 + 0.24)、0.54(0.3 + 0.24)、0.24,由此,各方案中,买进200支获利60元的可能性最大。

表8.7　销售情况数据表

卖出/支	买进/支	0	100	200	300	400	500
	可能性	a_0	a_1	a_2	a_3	a_4	a_5
0	0.01	0	−70	−140	−210	−280	−350
100	0.05	0	30	−40	−110	−90	−250
200	0.10	0	30	60	−10	−80	−150
300	0.30	0	30	60	90	20	−50
400	0.30	0	30	60	90	120	50
500	0.24	0	30	60	90	120	150

8.3.4　决策树分析方法

决策树分析方法是风险决策最常用的一种方法,它将决策问题按从前关系分为几个等级,用决策树形象地表示出来。通过决策树能统观整个决策的过程,从而能对决策方案进行全面的计算、分析和比较,决策树一般由 5 个部分组成。

①决策点。在图中以方框表示,决策者必须在决策点处进行最优方案的选择。从决策点引出方案分支,在各个方案分支上标明方案内容及其期望损益值,各个方案之间的差别一目了然。

②状态点。在图中以圆圈表示,位于方案分支的末端。由状态点引出状态分支,在状态分支上标明状态内容及其出现的概率。

③结果点。在图中以三角表示,是状态分支的末梢,表示某方案在该状态下的损益值。

④方案分支。由决策点引出的分支,即为方案分支,在方案分支上标明方案,有几个方案就引出几个方案分支。

⑤状态分支。由状态点引出的分支,即为状态分支,在状态分支上标明状态及其可能发生的概率,有几个状态就引出几个状态分支。

决策树一般从左至右逐步画出,标出原始数据后,再从右至左计算出各结点的期望损益值,并标在相应的结点上,进而对决策点上的各个方案进行比较,依据期望值决策准则作出最终决策。用决策树法进行决策分析,可以分为单阶段决策和多阶段决策两类。

(1)单阶段决策

所谓单阶段决策,指的是在决策过程中,决策者只需进行一次方案选择。

【例 8.10】　一富商携风险资金来某城市,欲投资于房地产业,目前有两种方案可供选择:一是直接将资金投入已有一定基础的中型企业;而是扶持刚起步的小企业。两种方案在不同经济形势下的获利情况见表 8.8。两个方案对应的投资额分别为 2 亿元、1.5 亿元,试决策:应采取哪种投资方案?

表 8.8　投资方案损益表

单位:亿元

投资方案	好	一般	差
收益市场状态	0.5	0.3	0.2
投资中型企业(A_1)	5	2.5	1.5
扶持小型企业(A_2)	8	0	-2.5

解:绘出决策树如图 8.1 所示。决策点在左边,树枝向右伸开,因为有两个备选方案,方案枝有两条;可能的自然状态有 3 种,所以每个状态点后有 3 个状态分支。

计算各状态点的收益值。

状态点 2:$5 \times 0.5 + 2.5 \times 0.3 + 1.5 \times 0.2 = 3.55$(亿元)

状态点 3:$8 \times 0.5 + 0 \times 0.3 + (-2.5) \times 0.2 = 3.5$(亿元)

计算各方案的收益期望值。

方案 A_1：$3.55-2=1.55$（亿元）

方案 A_2：$3.55-1.5=2$（亿元）

依据最大收益期望值准则，方案 A_2 收益期望值较大，为最优方案，也就是扶持小企业为最优决策方案。同时将方案分支 A_1 剪去，如图 8.1 所示。

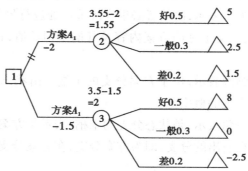

图8.1　风险投资问题的决策树（单位：亿元）

(2)多阶段决策

很多实际决策问题，需要决策者进行多次决策，这些决策按照先后次序分为几个阶段，后阶段的决策内容依赖于前阶段的决策结果及前一阶段决策后所出现的状态。在做前一次决策时，也必须考虑到后一段决策的决策情况，这类问题称为多阶段决策问题。

【**例**8.11】　某一原料化工厂，由于某项工艺技术原因，产品成本高。在价格中等水平时无利可图，在价格低落时要亏本，只有在价格高时才盈利，且赢利也不多。现企业考虑进行技术革新，取得新工艺的途径有两种：一是自行研究，成功的可能是 0.6；二是购买专利，估计成功的可能性是 0.8。不论是研究成功还是购买专利成功，生产规模有两种考虑方案：一是产量不变；二是产量增加。若研究失败或者购买专利失败，则仍采用原工艺进行生产，生产保持不变。根据市场预测，今后 5 年内这两种产品跌价的可能性是 0.1，保持中等水平的可能性是 0.5，涨价的可能性是 0.4。现在企业需要考虑：是否购买专利，是否自行研究，其决策表见表 8.9。

表8.9　决策表

	按原工艺生产	购买专利成功(0.8)		自行研究成功(0.6)	
		产量不变	增加产量	产量不变	增加产量
价格低落 $\theta_1(0.1)$	$-1\,000$	$-2\,000$	$-3\,000$	$-2\,000$	$-3\,000$
中等 $\theta_2(0.5)$	0	500	500	0	$-2\,500$
高涨 $\theta_3(0.4)$	$1\,000$	$1\,500$	$2\,500$	$2\,000$	$6\,000$

解：该问题的决策树如图 8.2 所示，各点益损期望值如下。

点 4：$0.1\times(-1\,000)+0.5\times0+0.4\times1\,000=300$

点 8：$0.1\times(-2\,000)+0.5\times500+0.4\times1\,500=650$

点 9:$0.1 \times (-3\,000) + 0.5 \times 500 + 0.4 \times 2\,500 = 950$

点 10:$0.1 \times (-2\,000) + 0.5 \times 0 + 0.4 \times 2\,000 = 600$

点 11:$0.1 \times (-3\,000) + 0.5 \times (-2\,500) + 0.4 \times 600 = 850$

点 7:$0.1 \times (-1\,000) + 0.5 \times 0 + 0.4 \times 1\,000 = 300$

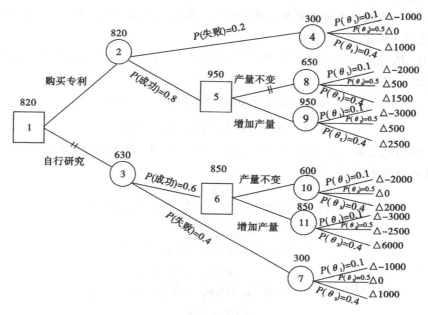

图 8.2

在决策点 5,增加产量方案的收益期望值为 950,产量不变方案的收益期望值为 650,由于点 9 的期望值大于点 8,所以在决策点 5,剪去产量不变方案分支,点 9 的期望值移到点 5。

在决策点 6,增加方案的收益期望值为 850,产量不变方案的收益期望值为 600,由于点 11 的期望值大于点 10,所以在决策点 6,剪去产量不变方案分支,点 11 的期望值移到点 6。

点 2:$0.2 \times 300 + 0.8 \times 950 = 820$

点 3:$0.6 \times 850 + 0.4 \times 300 = 630$

在决策点 1,购买专利方案的收益期望为 820,自行研究方案的收益期望为 630,由于点 2 的期望值大于点 3,所以在决策点 1,剪去自行研究方案分支,点 2 的期望值移到点 1。

因此人们的最终决策为:企业购买专利,在成功时增加产量,失败时按原来工艺生产。

(3)贝叶斯分析方法

前文所提到的状态概率,一般是指先验概率分布。一般情况下给定准确的先验概率分布是一件很困难的事情。在这种情况下决策,决策者的风险会很大。对此,常常可以通过一定的方式来减少环境的不确定性,提高状态发生概率估计的准确性。比如,产品销售若与天气情况有关,单凭决策者经验估计天晴与否具有很大的不可靠性,而如果获得了天气预报信息,则对天气情况的预测准确度会大大提高;再如,对产品市场销售量的估计,也可以通过小批量预销售来获得未来产品的销售量分布可能性。这种通过试验获得的概率一般称为后验概率,计算方法依据贝叶斯公式。

【例8.12】 某海域天气变化无常。该地区有一渔业公司,每天决定是否出海捕鱼。若晴天出海,则可获利15万元,若阴天则亏损5万元。根据气象资料,当前季节该海域晴天的概率为0.8,阴天的概率为0.2。为更好地掌握天气情况,公司成立了一个气象站,对相关海域进行天气预测。该气象预测站的预报精度如下:若某天是晴天,则预报的准确率为0.95;若某天是阴天,则预报的准确率为0.9。若某天该气象站预报为晴天,那是否应该出海;若预报是阴天,则是否应该出海?

解: 设 H_1、H_2 表示气象站预报为晴、阴天两种情况;θ_1、θ_2 表示某天是晴天或阴天。气象站的预报精度可以表示为

$$\begin{cases} P(H_1|\theta_1) = 0.95, P(H_2|\theta_1) = 0.05 \\ P(H_1|\theta_2) = 0.1, P(H_2|\theta_2) = 0.9 \end{cases}$$

现在实际问题是需要求解 $P(\theta_1|H_1),P(\theta_1|H_2),P(\theta_2|H_1),P(\theta_2|H_2)$。

根据贝叶斯公式,容易得到

$$P(\theta_1|H_1) = \frac{P(H_1|\theta_1)P(\theta_1)}{P(H_1|\theta_1)P(\theta_1) + P(H_1|\theta_2)P(\theta_2)}$$
$$= \frac{0.95 \times 0.8}{0.95 \times 0.8 + 0.1 \times 0.2} = 0.974\,4$$

$$P(\theta_1|H_2) = \frac{P(H_2|\theta_1)P(\theta_1)}{P(H_2|\theta_1)P(\theta_1) + P(H_2|\theta_2)P(\theta_2)}$$
$$= \frac{0.05 \times 0.8}{0.05 \times 0.8 + 0.9 \times 0.2} = 0.181\,8$$

$$P(\theta_2|H_1) = \frac{P(H_2|\theta_1)P(\theta_2)}{P(H_2|\theta_1)P(\theta_1) + P(H_1|\theta_2)P(\theta_2)}$$
$$= \frac{0.1 \times 0.2}{0.1 \times 0.2 + 0.95 \times 0.8} = 0.025\,6$$

$$P(\theta_2|H_2) = \frac{P(H_2|\theta_2)P(\theta_2)}{P(H_2|\theta_1)P(\theta_1) + P(H_2|\theta_2)P(\theta_2)}$$
$$= \frac{0.9 \times 0.2}{0.9 \times 0.2 + 0.05 \times 0.8} = 0.818\,2$$

绘制决策树,如图8.3所示(单位:万元)。

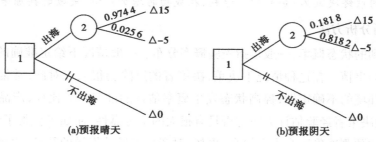

图8.3 渔业公司的决策树

当预报为晴天时,出海捕鱼的获利期望为 $15 \times 0.974\,4 - 5 \times 0.025\,6 = 14.487\,2$(万元);

不出海的获利为0。此时最优方案为出海。

当预报为阴天时,出海捕鱼的获利期望 $15 \times 0.181\,8 - 5 \times 0.818\,2 = -1.364$(万元);不出海的获利为0。此时最优方案为不出海。

【例8.13】　某工厂的产品每1 000件装成一箱出售。每箱中产品的次品率有0.01,0.40,0.90这3种可能,其概率分别为0.2,0.6,0.2。现在的问题是:出厂前是否要对产品进行严格检验,将次品挑出。可以选择的行动方案有两个:

①整箱检验,检验费为每箱100元;②整箱不检验,但如果顾客在使用中发现次品,每件次品除调换为合格品外还要赔偿0.25元的损失费。为了更好地作出决定,可以先从一箱中随机抽取一件作为样本检验。然后根据这件产品是否是次品再决定该箱是否要检验,抽样成本为4.20元。要决策的问题是:①是否检验? ②如不抽检,是否进行整箱检验? ③如果抽检,应如何根据抽检结果决定行动?

解: 假设 a_1 为整箱检验;a_2 为整箱不检验;$\theta_1,\theta_2,\theta_3$ 表示次品率分别为0.01,0.40,0.90的3种自然状态;S_1 表示抽取一件样品的行动;$x=1$,$x=0$ 为抽样是次品和合格品的两个结果。

由表8.10收益矩阵可得各行动方案后悔值矩阵,见表8.11。

表8.10　收益矩阵

A	θ_1	θ_2	θ_3
θ	0.2	0.6	0.2
a_1	-100	-100	-100
a_2	-2.5	-100	-225

表8.11　后悔值矩阵

A	θ_1	θ_2	θ_3
θ	0.2	0.6	0.2
a_1	97.5	0	0
a_2	0	0	125

抽取一件样品的抽样分布见表8.12。

图8.12　抽样分布表

抽　样	θ_1	θ_2	θ_3
$x=0$	0.99	0.6	0.1
$x=1$	0.01	0.4	0.9

绘制决策树,如图8.4所示,计算有关概率。

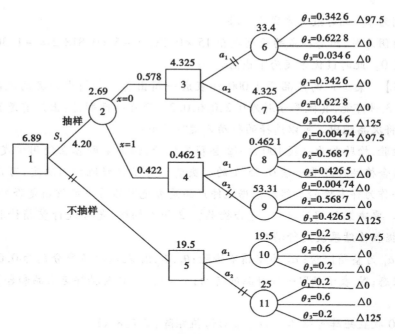

图8.4　产品抽检的决策树

（1）抽样各有关概率

$$P(x = 0) = \sum_{i=1}^{3} P(x = 0 \mid \theta_i) P(\theta_i)$$

$$= 0.99 \times 0.2 + 0.60 \times 0.6 + 0.10 \times 0.2 = 0.578$$

$$P(x = 1) = \sum_{i=1}^{3} P(x = 1 \mid \theta_i) P(\theta_i)$$

$$= 0.01 \times 0.2 + 0.40 \times 0.6 + 0.90 \times 0.2 = 0.422$$

（2）在 $x = 0$ 的情况下，出现各种不同自然情况的概率

利用贝叶斯公式：

$$P(\theta_1 | x = 0) = \frac{0.99 \times 0.2}{0.578} = 0.342\,6$$

同理可求：

$$P(\theta_2 | x = 0) = \frac{0.60 \times 0.6}{0.578} = 0.622\,8$$

$$P(\theta_3 | x = 0) = \frac{0.1 \times 0.2}{0.578} = 0.034\,6$$

（3）在 $x = 1$ 的情况下，出现各种不同自然情况的概率

$$P(\theta_1 | x = 1) = \frac{P(x = 1 | \theta_1) P(\theta_1)}{P(x = 1)} = \frac{0.01 \times 0.2}{0.422} = 0.004\,739$$

$$P(\theta_2 | x = 1) = \frac{P(x = 1 | \theta_2) P(\theta_2)}{P(x = 1)} = \frac{0.40 \times 0.6}{0.422} = 0.567\,8$$

$$P(\theta_3 | x = 1) = \frac{P(x = 1 | \theta_3) P(\theta_3)}{P(x = 1)} = \frac{0.90 \times 0.2}{0.422} = 0.426\,5$$

计算各方案点和决策点的后悔期望值如下：

点 6:97.5 × 0.342 6 = 33.4(元)

点 7:125 × 0.034 6 = 4.325(元)

点 8:97.5 × 0.004 739 = 0.462 1(元)

点 9:125 × 0.426 5 = 53.31(元)

点 10:97.5 × 0.2 = 19.5(元)

点 11:125 × 0.2 = 25(元)

决策结果是首先抽取 1 件产品作为样品检验，如该件合格则整箱不检验。如是次品，则整箱检验。

8.4 多属性决策方法

社会经济系统的决策问题，往往涉及多个不同属性。一般来说，多属性决策(综合评价)有两个显著特点：第一，指标间不可公度性，即属性之间没有统一量纲，难以用同一标准进行度量；第二，某些指标之间存在一定的矛盾性，某一方案提高了某个指标值，却可能降低另一指标值。因此，如何克服指标间不可公度的困难，协调指标间的矛盾性，是多属性综合评价要解决的主要问题。

设有 m 个备选方案 $a_i(1 \leq i \leq m)$，n 个决策指标 $f_i(1 \leq j \leq n)$，m 个方案 n 个指标构成的矩阵 $X = (x_{ij})_{m \times n}$ 称为决策矩阵。

基于 n 个指标值，如何选择最优方案？多属性决策问题主要涉及两个步骤：一是决策指标的标准化；二是基于标准化数据的方案择优方法。

8.4.1 决策指标的标准化

由于指标体系中指标的量纲不同，如产值的单位为万元，产量的单位为万吨，投资回收期的单位为年等，给综合评价带来许多困难。将不同量纲的指标通过适当的变换，转化为无量纲的标准化指标，称为决策指标的标准化。决策指标根据指标变化方向，大致可以分为两类，即效益型(正向)指标和成本型(逆向)指标。效益型指标具有越大越优的性质，成本型指标具有越小越优的性质。

(1)向量归一化法

在决策矩阵 $X = (x_{ij})_{m \times n}$ 中，令

$$y_{ij} = \frac{x_{ij}}{\sqrt{\sum_{i=1}^{m} x_{ij}^2}} (1 \leq i \leq m, 1 \leq j \leq m) \tag{8.1}$$

矩阵 $Y = (y_{ij})_{m \times n}$ 称为向量归一标准化矩阵。Y 的列向量的模等于 1，即 $\sum_{i=1}^{m} y_{ij}^2 = 1$。经过归一化处理以后，其指标值均满足 $0 \leq y_{ij} \leq 1$，并且正、逆向指标的方向没有发生变化，即正向指标归一化后，仍是正向指标；逆向指标归一化后，仍是逆向指标。

(2)线性比例变化法

在 $X = (x_{ij})_{m \times n}$ 中,对正向指标 f_j,取 $x_j^* = \max\limits_{1 \leq i \leq m} x_{ij} \neq 0$,则

$$y_{ij} = \frac{x_{ij}}{x_j^*}(1 \leq i \leq m, 1 \leq j \leq n) \tag{8.2}$$

对于逆向指标 f_j,取 $x_j^* = \min\limits_{1 \leq i \leq m} x_{ij}$,且 $x_{ij} \neq 0$,则

$$y_{ij} = \frac{x_j^*}{x_{ij}}(1 \leq i \leq m, 1 \leq j \leq n) \tag{8.3}$$

$Y = (y_{ij})_{m \times n}$ 称为线性比例标准化矩阵,经过线性比例变化后,标准化指标满足 $0 \leq y_{ij} \leq 1$,并且正、逆向指标均化为正向指标,最优值为1。

(3)极差变化法

在 $X = (x_{ij})_{m \times n}$ 中,对正向指标 f_j,取 $x_j^* = \max\limits_{1 \leq i \leq m} x_{ij}$,$x_j^0 = \min\limits_{1 \leq i \leq m} x_{ij}$,则

$$y_{ij} = \frac{x_{ij} - x_j^*}{x_j^* - x_j^0}(1 \leq i \leq m, 1 \leq j \leq n) \tag{8.4}$$

对于逆向指标 f_j,取 $x_j^* = \min\limits_{1 \leq i \leq m} x_{ij}$,$x_j^0 = \max\limits_{1 \leq i \leq m} x_{ij}$,则

$$y_{ij} = \frac{x_j^0 - x_{ij}}{x_j^0 - x_j^*}(1 \leq i \leq m, 1 \leq j \leq n) \tag{8.5}$$

矩阵 $Y = (y_{ij})_{m \times n}$ 称为极差变换标准矩阵。经过极差变换之后,均有 $0 \leq y_{ij} \leq 1$,并且正、逆向指标均化为正向指标。

(4)定性指标量化处理法

在多属性决策指标体系中,有些指标是定性指标,只能作定性描述,如"可靠性""灵敏度""员工素质"等。对定性指标作量化处理,常用的方法是将这些指标依问题性质化为若干个级别,分别赋以不同的量值。一般可划分为5个级别,正向指标最优值9分,最劣质1分,其余级别赋以适当分值。具体分值见表8.13。

表8.13 定性指标量化分值表

定性标度	很 低	低	一 般	高	很 高
正向指标	1	3	5	7	9
逆向指标	9	7	5	3	1

【例8.14】 某公司在国际市场上购买飞机,按6个决策指标对不同型号的飞机进行综合评价,这6个指标是:最大速度(f_1)、最大范围(f_2)、最大负载(f_3)、价格(f_4)、可靠性(f_5)、灵敏度(f_6)。现有4种型号的飞机可供选择,具体指标值见表8.14。写出决策矩阵,并进行标准化处理。

表8.14 4种型号的飞机的具体指标

机型指标	最大速度/Ma	最大范围/km	最大负载/kg	费用/百万元	可靠性	灵敏度
a_1	2.0	1 500	20 000	5.5	一般	很高

续表

机型指标	最大速度/Ma	最大范围/km	最大负载/kg	费用/百万元	可靠性	灵敏度
a_2	2.5	2 700	18 000	6.5	低	一般
a_3	1.8	2 000	21 000	4.5	高	高
a_4	2.2	1 800	20 000	5.0	一般	一般

注:1 Ma = 340 m/s。

解: 在决策指标中,f_1,f_2,f_3 是正向指标,f_4 是逆向指标,f_5、f_6 是定性指标。按照表 8.10 的分级量化值,将 f_5、f_6 作量化处理,得到决策矩阵

$$X = (x_{ij})_{4 \times 6} = \begin{bmatrix} 2.0 & 150\ 0 & 20\ 000 & 5.5 & 5 & 9 \\ 2.5 & 27\ 00 & 18\ 000 & 6.5 & 3 & 5 \\ 1.8 & 2\ 000 & 21\ 000 & 4.5 & 7 & 7 \\ 2.2 & 1\ 800 & 20\ 000 & 5.0 & 5 & 5 \end{bmatrix}$$

根据不同的方法作标准化处理,设保留两位小数。

(1)向量归一化法,标准化矩阵为

$$Y = (y_{ij})_{4 \times 6} = \begin{bmatrix} 0.47 & 0.37 & 0.51 & 0.51 & 0.48 & 0.67 \\ 0.59 & 0.66 & 0.46 & 0.60 & 0.29 & 0.31 \\ 0.42 & 0.49 & 0.53 & 0.41 & 0.67 & 0.52 \\ 0.51 & 0.44 & 0.51 & 0.46 & 0.48 & 0.37 \end{bmatrix}$$

(2)线性比例变换法,标准化矩阵为

$$Y = (y_{ij})_{4 \times 6} = \begin{bmatrix} 0.80 & 0.56 & 0.95 & 0.82 & 0.71 & 1.00 \\ 1.00 & 1.00 & 0.86 & 0.69 & 0.43 & 0.56 \\ 0.72 & 0.74 & 1.00 & 1.00 & 1.00 & 0.78 \\ 0.88 & 0.67 & 0.95 & 0.90 & 0.71 & 0.56 \end{bmatrix}$$

(3)极差变换法,标准化矩阵为

$$Y = (y_{ij})_{4 \times 6} = \begin{bmatrix} 0.28 & 0 & 0.67 & 0.50 & 0.51 & 1.00 \\ 1.00 & 1.00 & 0 & 0 & 0 & 0 \\ 0 & 0.42 & 1.00 & 1.00 & 1.00 & 0.50 \\ 0.57 & 0.52 & 0.67 & 0.25 & 0.50 & 0 \end{bmatrix}$$

8.4.2 线性加权法

线性加权法是根据实际情况,确定各决策指标的权重,再对决策矩阵进行标准化处理,求出各方案的指标综合值,以此作为各可行方案排序的依据。应该注意的是,线性加权法对决策矩阵的标准化处理,应当使所有的指标正向化。基本步骤是:用适当的方法确定各决策指标的权重,设权重向量为 $W = (\widetilde{\omega}_1, \widetilde{\omega}_2, \cdots, \widetilde{\omega}_n)^T$,其中,$\sum\limits_{j=1}^{n} \widetilde{\omega}_j = 1$。对 $X = (x_{ij})_{m \times n}$ 作标准化处理,标准化矩阵为 $Y = (y_{ij})_{m \times n}$,标准化后的指标为正向指标。

求出各决策方案的线性加权指标值

$$u_i = \sum_{j=1}^{n} \tilde{\omega}_j y_{ij} \qquad (1 \le i \le m) \tag{8.6}$$

以 u_i 为依据,选择最大者为最优方案,即

$$u(a^*) = \max_{1 \le i \le m} u_i = \max_{1 \le i \le m} \sum_{j=1}^{n} \tilde{\omega}_j y_{ij} \tag{8.7}$$

【例8.15】 用线性加权法对例8.13的购机问题进行决策。

解: 设购机问题中,6个决策指标的权重向量为 $W = (0.2, 0.1, 0.1, 0.1, 0.2, 0.3)^\mathrm{T}$。用线性比例变换法,将决策矩阵 $X = (x_{ij})_{4 \times 6}$ 标准化,标准化矩阵为

$$Y = (y_{ij})_{4 \times 6} = \begin{bmatrix} 0.80 & 0.56 & 0.95 & 0.82 & 0.71 & 1.00 \\ 1.00 & 1.00 & 0.86 & 0.69 & 0.43 & 0.56 \\ 0.72 & 0.74 & 1.00 & 1.00 & 1.00 & 0.78 \\ 0.88 & 0.67 & 0.95 & 0.90 & 0.71 & 0.56 \end{bmatrix}$$

计算各方案的综合指标值 $u_1 = 0.835$,$u_2 = 0.709$,$u_3 = 0.853$,$u_4 = 0.738$,因此,最优方案是 $u(a^*) = \max_{1 \le i \le 4} u_i = u_3 = u(a_3)$,即 $a^* = a_3$,购机问题各方案的排序结果是 $a_3 > a_1 > a_4 > a_2$。

8.4.3 理想解法

理想解法又称为 TOPSIS(Technique for Order Preference by Similarity to Ideal Solution),这种方法通过构造多属性问题的理想解和负理想解,并以靠近理想解和远离理想解两个基准作为评价各可行方案的依据。所谓理想解,是设想各指标属性都达到最满意的解;所谓负理想解,是设想指标属性都达到最不满意解。

例如,在二指标 f_1、f_2 的决策问题中,不妨设二指标均为效益型指标,指标值越大越优。该问题有 m 个方案可行 $a_i(i = 1, 2, \cdots, m)$,各方案的两个指标分别标记为 x_{i1}, x_{i2}。记 $x_1^* = \max_{1 \le i \le m} \{x_{i1}\}$,$x_2^* = \max_{1 \le i \le m} \{x_{i2}\}$,$x_1^- = \min_{1 \le i \le m} \{x_{i1}\}$,$x_2^- = \min_{1 \le i \le m} \{x_{i2}\}$,则此问题的理想解为 (x_1^*, x_2^*),负理想解为 (x_1^-, x_2^-)。

确定了理想解和负理想解,还需确定一种测度方法,表示各方案目标值靠近理想解和远离理想解的程度,一般用欧式距离计算方法。设方案 a_i 对应到理想解和负理想解的距离分别为 $S_i^* = \sqrt{\sum_{j=1}^{2} (x_{ij} - x_j^*)^2}$,$S_i^- = \sqrt{\sum_{j=1}^{2} (x_{ij} - x_j^-)^2}$,方案 a_i 与理想解、负理想解的相对贴近度定义为 $C_i^* = \dfrac{S_i^-}{S_i^- + S_i^*}$,容易看出,相对贴近度满足 $0 \le C_i^* \le 1$。当 $a_i = a^*$ 时,即方案为理想方案时,$C_i^* = 1$;当 $a_i = a^-$ 时,即方案为负理想方案时,则 $C_i^* = 0$。当 $a_i \to a^*$ 时,即方案逼近理想解而远离负理想解时,则 $C_i^* \to 1$。因此,相对贴近度 C_i^* 是理想解排序的判据。

设 $X = (x_{ij})_{m \times n}$,指标权重向量为 $W = (\tilde{\omega}_1, \tilde{\omega}_2, \cdots, \tilde{\omega}_n)^\mathrm{T}$,理想解法基本步骤是:用向量归一化对决策矩阵作标准化处理,得到标准化矩阵 $Y = (y_{ij})_{m \times n}$;计算加权标准化矩阵 $V = (v_{ij})_{m \times n} = (\tilde{\omega}_j y_{ij})_{m \times n}$;确定理想解和负理想解;计算各方案的相对贴近度,根据贴近度大小排定方案优劣。

【例 8.16】 用理想解法对例 8.14 的购机问题进行决策。

解：用向量归一化方法求得 $X = (x_{ij})_{4\times6}$ 的标准化矩阵；设指标权重向量为 $W = (0.2, 0.1, 0.1, 0.1, 0.2, 0.3)^T$，计算加权标准化矩阵，求得

$$V = (v_{ij})_{4\times6} = \begin{bmatrix} 0.093\ 4 & 0.036\ 6 & 0.050\ 6 & 0.050\ 6 & 0.096\ 2 & 0.201\ 2 \\ 0.116\ 8 & 0.065\ 9 & 0.045\ 5 & 0.059\ 8 & 0.057\ 7 & 0.111\ 8 \\ 0.084\ 1 & 0.048\ 8 & 0.053\ 1 & 0.041\ 4 & 0.134\ 7 & 0.156\ 5 \\ 0.102\ 8 & 0.043\ 9 & 0.050\ 6 & 0.046\ 0 & 0.096\ 2 & 0.111\ 8 \end{bmatrix}$$

分别确定理想解和负理想解为

$$V^* = \{0.116\ 8, 0.065\ 9, 0.053\ 1, 0.041\ 4, 0.134\ 7, 0.201\ 2\}$$
$$V^- = \{0.084\ 1, 0.036\ 6, 0.045\ 5, 0.059\ 8, 0.057\ 7, 0.111\ 8\}$$

各方案到理想解和负理想解的距离分别是

$$S_1^* = 0.054\ 5, S_2^* = 0.119\ 7, S_3^* = 0.058\ 0, S_4^* = 0.100\ 9$$
$$S_1^- = 0.098\ 3, S_2^- = 0.043\ 9, S_3^- = 0.092\ 0, S_4^- = 0.045\ 8$$

各方案的相对贴近度为 $C_1^* = 0.643, C_2^* = 0.268, C_3^* = 0.613, C_4^* = 0.312$，用理想解法各方案的排序结果是 $a_1 > a_3 > a_4 > a_2$。

8.4.4 层次分析法

层次分析法（AHP）是 20 世纪 70 年代由美国数学家 T. L. Saaty 提出的一种定量定性相结合的评价方法，该方法力求避开复杂的数学建模方法进行复杂问题的决策，其原理是将复杂的问题逐层分解为若干元素，组成一个相互关联和具有隶属关系层次的结构模型，对各元素进行判断，以获得各元素的重要性。运用 AHP，大体上可按下面 4 个步骤进行。

步骤 1：分析系统中各因素间的关系，建立系统的递阶层次结构。

步骤 2：对同一层次各元素关于上一层次中某一准则的重要性进行两两比较，构造两两比较的判断矩阵。

步骤 3：由判断矩阵计算被比较元素对该准则的相对权重，并进行判断矩阵一致性检验。

步骤 4：计算各层次对于系统的总排序权重，并进行排序。最后，得到各方案对总目标的总排序。

下面举例说明 4 个步骤的实现过程。

（1）递阶层次结构的建立

应用 AHP 分析决策问题时，首先要把问题条理化、层次化，构造出一个有层次的结构模型。在这个模型下，复杂问题被分解为元素的组成问题，这些元素又按其属性及关系形成若干层次，上一层次的元素作为准则对下一层次的有关元素起支配作用。这些层次可以分为 3 类。①最高层（目标层）：只有一个元素，一般是分析问题的预定目标或理想结果；②中间层（准则层），包括为实现目标所涉及的中间环节，它可以由若干个层次组成，包括所需要考虑的准则、子准则；③最底层（方案层）包括为实现目标可供选择的各种措施、决策方案等。

递阶层次结构的层次数与问题的复杂程度及需要分析的详尽程度有关，一般来说，层次数不受限制。每一层次中各元素所支配的元素一般不要超过 9 个，这是因为支配的元素过多会给两两比较带来困难。一个好的层次结构对解决问题是极为重要的，如果在层次划分和确

定层次元素间的支配关系上举棋不定,那么应该重新分析问题,弄清元素间的相互关系,以确保建立一个合理的层次结构。递阶层次结构是 AHP 中最简单也是最实用的层次结构形式。当一个复杂问题用递阶层次结构难以表示时,可以采用更复杂的扩展形式,如内部依存的递阶层次结构、反馈层次结构等。

【例 8.17】 知识员工评价问题。

知识员工具有创新能力,能帮助企业在千变万化的市场环境中赢得优势。知识员工评价可从员工的知识储备及基础、研发创新能力、团队合作能力和历史研发业绩等方面考核。某企业拟基于上述 4 个方面,对 3 位拟引进的员工进行选择评价。得到该问题的评价指标体系结构图如图 8.5 所示。

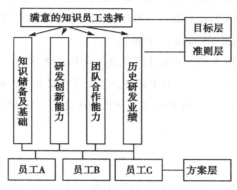

图 8.5 知识员工选择评价指标体系

(2)构造两两比较的判断矩形

在建立递阶层次结构以后,上下层元素间的隶属关系就确定了。下一步是要确定各层次元素的权重。对于大多数社会经济问题,特别是比较复杂的问题,元素的权重不容易直接获得,这时就需要通过适当的方法导出它们的权重,AHP 利用决策者对方案两两比较给出判断矩阵的方法导出权重。

记准则层元素 C 所支配的下一层次的元素为 $U_1, U_2, \cdots, U_n$。针对准则 C,决策者比较两个元素 U_i 和 U_j 哪一个更重要,重要程度如何,并按表 8.15 定义的比例标度对重要性程度赋值,形成判断矩阵 $A = (a_{ij})_{n \times n}$,其中 a_{ij} 就是元素 U_i 与 U_j 相对于准则 C 的重要性比例标度。

表 8.15 比例标度权数值

比例标度	含 义
1	两个元素相比,具有相同的重要性
3	两个元素相比,前者比后者稍(略)重要
5	两个元素相比,前者比后者明显(较)重要
7	两个元素相比,前者比后者强烈(非常)重要
9	两个元素相比,前者比后者极端(绝对)重要
2,4,6,8	表示上述相邻判断的中间值

判断矩阵 A 具有如下性质:① $a_{ij} > 0$;② $a_{ji} = 1/a_{ij}$;③ $a_{ii} = 1$,则称 A 为正互反判断矩阵。

根据判断矩阵的互反性,对于一个由 n 个元素构成的判断矩阵只需给出其上(或下)三角的 $n(n-1)/2$ 个判断数据即可。

在例 8.17 中,基于"知识储备及基础"指标,通过分析,在这方面,员工 A 比员工 B 稍好,员工 A 比员工 C 非常好有余,但是绝对好不足,认为员工 B 比员工 C 较好有余,非常好不足,则可以得到如下的判断矩阵(下三角判断矩阵的元素由互反性得到):

$$
A = \begin{bmatrix}
 & \text{员工 A} & \text{员工 B} & \text{员工 C} \\
\text{员工 A} & 1 & 2 & 8 \\
\text{员工 B} & 1/2 & 1 & 6 \\
\text{员工 C} & 1/8 & 1/6 & 1
\end{bmatrix}
$$

(3)权重向量和一致性指标

通过两两比较得到的判断矩阵 A 不一定满足判断矩阵的互反性条件,从复杂决策问题判断的本身来看,由于决策问题的复杂性,决策者判断的逻辑性可能不一致。例如,某评价者在评价时,认为员工 A 比员工 B 稍好,员工 B 比员工 C 稍好,则员工 A 应比员工 C 绝对好。若由于某种原因,评价者认为员工 A 比员工 C 稍好,则评价逻辑可能出现偏差。对此,AHP 采用一个数量标准来衡量判断矩阵 A 的不一致程度。设 $w = (w_1, w_2, \cdots, w_n)^{\mathrm{T}}$ 为 n 阶判断矩阵排序权重向量(可根据排序权重向量 w 来决定方案的优劣),当 A 为一致性判断矩阵时,有

$$
A = \begin{bmatrix}
1 & \dfrac{\tilde{\omega}_1}{\tilde{\omega}_2} & \cdots & \dfrac{\tilde{\omega}_1}{\tilde{\omega}_n} \\
\dfrac{\tilde{\omega}_2}{\tilde{\omega}_1} & 1 & \cdots & \dfrac{\tilde{\omega}_2}{\tilde{\omega}_n} \\
\vdots & \vdots & & \vdots \\
\dfrac{\tilde{\omega}_n}{\tilde{\omega}_1} & \dfrac{\tilde{\omega}_n}{\tilde{\omega}_2} & \cdots & 1
\end{bmatrix}
= \begin{bmatrix}
\tilde{\omega}_1 \\
\tilde{\omega}_2 \\
\vdots \\
\tilde{\omega}_n
\end{bmatrix}
= \begin{bmatrix}
\dfrac{1}{\tilde{\omega}_1} & \dfrac{2}{\tilde{\omega}_2} & \cdots & \dfrac{1}{\tilde{\omega}_n}
\end{bmatrix}
$$

用 $w = (\tilde{\omega}_1, \tilde{\omega}_2, \cdots, \tilde{\omega}_n)$ 右乘上式,得到 $Aw = nW$,表明 w 为 A 的特征向量,且特征根为 n,即对于一致的判断矩阵,排序向量 w 就是 A 的特征向量。如果 A 是一致的互反矩阵,则有以下性质:$a_{ij}a_{jk} = a_{ik}$。当 A 具有一致性时,$\lambda_{\max} = n$,将 $\lambda_{\max}$ 对应的特征向量归一化后 $\left(\sum_{i=1}^{n} w_i = 1 \right)$ 记为 $w = (\tilde{\omega}_1, \cdots, \tilde{\omega}_n)^{\mathrm{T}}$,$w$ 称为权重向量,它表示 $U_1, U_2, \cdots, U_n$ 在 C 中的权重。如果判断矩阵不具有一致性,则 $\lambda_{\max} > n$,$\lambda_{\max}$ 表示 A 的最大特征根。此时的特征向量 ω 就不能真实地反映 $U_1, U_2, \cdots, U_n$ 在目标中所占比重。定义衡量不一致程度的数量指标,$CI = \dfrac{\lambda_{\max} - n}{n - 1}$。

对于具有一致性的正互反判断矩阵来说,$CI = 0$。由于客观事物的复杂性和人们认识的多样性,以及认识可能产生的片面性与问题的因素多少、规模大小有关,仅依靠 CI 值作为 A 是否具有满意一致性的标准是不够的。为此,引进平均随机一致性指标 RI,对于 $n = 1 \sim 11$,平均随机一致性指标 RI 的取值见表 8.16。

表 8.16　一致性 RI 取值表

n	1	2	3	4	5	6	7	8	9	10	11
RI	0	0	0.58	0.90	1.12	1.24	1.32	1.41	1.45	1.49	1.51

定义 CR 为一致性比例，$CR = \dfrac{CI}{RI}$，当 $CR \leqslant 0.1$ 时，则称判断矩阵具有满意的一致性，否则就不具有满意的一致性。

例 8.17 中判断矩阵 A，可得到其最大特征值 $\lambda_{\max} = 3.019$（特征值计算方法可采用一定的软件进行，如 MATLAB 软件中的 $[p,q] = \mathrm{eig}(A)$ 即可得到判断矩阵 A 的特征值 p 和特征向量 q；在 Excel 中，可用 Mdeterm、Mmult 和 Minverse 等函数联合计算），$CI = (3.019 - 3)/(3 - 1) = 0.01$，一致性比例 $CR = 0.01/0.58 = 0.017 \leqslant 0.1$，表明该判断矩阵的一致性可以接受。此外，可以得到 $\widetilde{\omega} = (0.593, 0.341, 0.066)^{\mathrm{T}}$。

设研发创新能力指标下构成判断矩阵为：

$$
\begin{array}{cccc}
 & \text{员工 A} & \text{员工 B} & \text{员工 C} \\
\begin{array}{c} \text{员工 A} \\ \text{员工 B} \\ \text{员工 C} \end{array} &
\left[\begin{array}{ccc}
1 & \dfrac{1}{3} & \dfrac{1}{4} \\
3 & 1 & \dfrac{1}{2} \\
4 & 2 & 1
\end{array} \right]
\end{array}
$$

在团队合作能力下 3 个员工构成的判断矩阵为：

$$
\begin{array}{cccc}
 & \text{员工 A} & \text{员工 B} & \text{员工 C} \\
\begin{array}{c} \text{员工 A} \\ \text{员工 B} \\ \text{员工 C} \end{array} &
\left[\begin{array}{ccc}
1 & \dfrac{1}{4} & \dfrac{1}{6} \\
4 & 1 & \dfrac{1}{3} \\
6 & 3 & 1
\end{array} \right]
\end{array}
$$

在历史研发业绩下 3 名员工构成的判断矩阵为：

$$
\begin{array}{cccc}
 & \text{员工 A} & \text{员工 B} & \text{员工 C} \\
\begin{array}{c} \text{员工 A} \\ \text{员工 B} \\ \text{员工 C} \end{array} &
\left[\begin{array}{ccc}
1 & \dfrac{1}{3} & 4 \\
\dfrac{1}{3} & 1 & 7 \\
\dfrac{1}{4} & \dfrac{1}{7} & 1
\end{array} \right]
\end{array}
$$

在 4 个评价指标方面，哪个指标更为重要？可以采用同样的比较方法得到 4 个评价指标的权重向量，设有判断矩阵：

$$\begin{array}{c} \quad\quad\quad 知识储备及基础 \quad 研发创新能力 \quad 团队合作能力 \quad 历史研发业绩 \end{array}$$

$$\begin{array}{r} 知识储备及基础 \\ 研发创新能力 \\ 团队合作能力 \\ 历史研发业绩 \end{array} \begin{bmatrix} 1 & 2 & 3 & 2 \\ \dfrac{1}{2} & 1 & 4 & \dfrac{1}{2} \\ \dfrac{1}{3} & \dfrac{1}{4} & 1 & \dfrac{1}{4} \\ \dfrac{1}{2} & 2 & 4 & 1 \end{bmatrix}$$

基于上述指标下各方案的特征向量可总结为表 8.17（设各判断矩阵的一致性均可接受），4 个评价指标的特征向量可以求得为 $\tilde{\omega} = (0.398, 0.218, 0.085, 0.299)^{\mathrm{T}}$。

表 8.17　评价指标特征向量表

	知识储备及基础	研发创新能力	团队合作能力	历史研发业绩
员工 A	0.593	0.123	0.087	0.265
员工 B	0.341	0.320	0.274	0.655
员工 C	0.066	0.557	0.639	0.080

从表 8.17 来看，在知识储备及基础方面，员工 A 最优，员工 B 和 C 其次；在研发创新能力方面，员工 C 最优，员工 B 和 A 其次；在团队合作能力方面，员工 C 最优，员工 B 和 A 其次；在历史研发业绩方面，员工 B 最优，员工 A 和 C 其次。

从上述 4 个指标综合来看，哪个员工最优？

(4) AHP 的总排序

计算同一层次所有因素对最高层（总目标）相对重要性的排序权值，称为层次总排序，这一过程是由高层次到低层次逐层进行的。最底层（方案层）得到的层次总排序，就是 n 个被评价方案的总排序。若上一层次 A 包含 m 个因素 $A_1, A_2, \cdots, A_m$，其层次总排序权值分别为 $a_1, a_2, \cdots, a_m$，下一层次 B 包含 n 个因素 $B_1, B_2, \cdots, B_n$，它们对于因素 A_j 的层次单排序的权值分别为 $b_{1j}, b_{2j}, \ldots, b_{nj}$（当与 B_k 无关时，取 b_{kj} 为 0），此时 B 层次的总排序权值由表 8.18 给出。

如果 B 层次某些因素对于 A_j 的一致性指标为 CI_j，相应地，平均随机一致性指标为 RI_j，则 B 层次的总排序一致性比例为

$$CR = \frac{\sum\limits_{j=1}^{m} a_j CI_j}{\sum\limits_{j=1}^{m} a_j RI_j}$$

AHP 最终得到方案层各决策方案相对于总目标的权重，并给出这一组合权重所依据整个递阶层次结构所有判断的总一致性指标，据此，决策者可以作出决策。

表8.18　B层次的总排序权值表

层次A　层次B	A_1	A_2	$\cdots$	A_m	B层次总排序值
	a_1	a_2	$\cdots$	a_m	
B_1	b_{11}	b_{12}	$\cdots$	b_{1m}	$\sum\limits_{j=1}^{m} a_j b_{1j}$
$\vdots$	$\vdots$	$\vdots$	$\vdots$	$\vdots$	$\vdots$
B_n	b_{n1}	b_{n2}	$\cdots$	b_{nm}	$\sum\limits_{j=1}^{m} a_j b_{nj}$

在例8.17中,员工A总得分为:

$$0.398 \times 0.593 + 0.218 \times 0.123 + 0.085 \times 0.087 + 0.299 \times 0.265 = 0.349$$

员工B的总得分为:

$$0.398 \times 0.341 + 0.218 \times 0.32 + 0.085 \times 0.274 + 0.299 \times 0.655 = 0.425$$

员工C的总得分为:

$$0.398 \times 0.066 + 0.218 \times 0.557 + 0.085 \times 0.639 + 0.299 \times 0.08 = 0.226$$

由此可以看出,在选择满意的知识员工的目标下,员工B的得分最高,员工A其次,员工C最劣。因此,从4个指标的综合来看,应该选择引进员工B的方案。

8.5　案例分析

8.5.1　基于层次分析法的某钢铁企业轧辊供应商评价

【例8.18】　某钢铁股份有限公司是当前国内现代化水平最高的特大型钢铁联合企业之一,生产规模达到千万吨级水平。轧辊是钢铁企业的关键生产备件,消耗量大、技术含量高、材质多、要求严、管理环节多,管理水平的高低直接影响产品的生产成本、质量及生产组织的正常进行。单耗水平是衡量轧钢厂生产成本中轧辊所占份额的指标,它是轧辊管理、采购、使用、维护等多因素的体现,反映了轧辊综合管理水平的高低,国外轧钢厂,如韩国浦项制铁等,轧辊单耗水平比我国钢铁企业要低得多。我国轧辊单耗水平与国际先进轧钢厂有一定差距,除目前新轧机多、事故率高外,一个重要的原因就是管理水平存在差异。因此,建立一套融轧辊状态跟踪、轧辊预算生成、现场管理及轧辊供应商评价为一体的轧辊管理信息系统势在必行。

轧辊综合评价需要考虑轧辊性价比、轧辊质量、JIT交货水平和售后服务水平等多项指标,是一个较复杂的多属性评价问题。指标中既包含有定量指标(如轧制性能、价格等),又包含有定性指标(如质量、JIT交货能力和售后服务水平),各个指标没有统一的度量标准,因而难以进行比较,且指标间存在矛盾性,即如果采用一种方案去改进某一指标值,可能会使另一指标值受损,如质量和价格之间就往往存在矛盾性。

轧辊综合评价模型是轧辊管理系统决策支持功能的主要模型之一。支持范围包括

2 050 mm热轧、1 580 mm 热轧、2 030 mm 冷轧、1 420 mm 冷轧、1 550 mm 冷轧、初轧、钢管、高速线材在内的8个轧机机组的近百个机架上轧辊的供应商综合评价,涉及国内外30多家供应商,100 多种规格型号的轧辊,年采购成本2.4 亿元。作为钢铁企业的关键备件,轧辊采购成本高、消耗量大,其供货源质量直接影响钢铁企业的产品质量和生产的稳定性,进而影响产品在市场上的竞争力。因此,轧辊供应商的选择与评价具有重要意义。

随着供应链管理模式、质量管理和JIT思想的推广,供应商评价问题得到了广泛关注。钢铁生产过程的持续性、供应商的分散性、质量要求的严格性等特点,又使其供应商评价更为复杂。轧辊供应商评价需要综合考虑轧辊质量、价格、供货柔性、售后服务水平、异常处理能力等多种属性,其中既有定量指标,又有定性指标。AHP 具有处理定量和定性属性的能力,应用简单,容易被现场人员接受,适用于复杂的轧辊供应商评价问题,是轧辊供应商评价的合适方法。以国内某大型钢铁企业轧辊供应商评价为例,提出基于层次分析法来研究轧辊供应商的评价问题。

AHP 应用的第一步是建立评价指标体系。构建一个科学、有效的评价指标体系,需要经过指标初选、完善至最终使用等过程。轧辊作为钢铁企业的关键备件,其供应商评价指标有自身的特点。通过与现场专家的交流,并根据指标体系建立原则,本书建立轧辊综合评价指标体系,如图8.6所示。

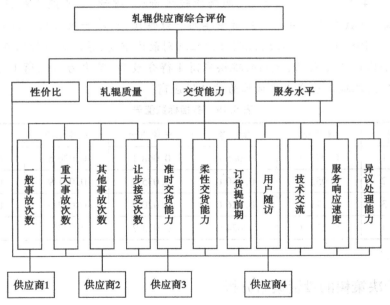

图 8.6 轧辊供应商评价指标体系

图 8.6 中各指标解释如下所述。

(1)性价比

性价比是反映轧辊轧制性能的一个综合指标,设某供应商轧辊价格为 p,报废时轧制总长度为 q,考虑轧辊轧制产品的难度不尽相同,实际计算的轧制总长度 $q' = q \times k$,k 为校正系数(由现场专家给出),则该供应商轧辊的性价比定义为 p/q'。其数值越小,则轧辊综合性能越好;反之,则越差。

（2）质量

通过发生的事故和让步接收的次数来度量。根据影响生产的程度，按事故的性质可分为一般事故、重大事故和其他事故。一般事故是指没有造成产线停机及重大经济损失的事故；重大事故是指造成产线停机及重大经济损失的事故；其他事故是指虽然没有造成产线停机，但严重影响产品质量，造成较大经济损失的事故。让步接收是指新辊在交货时没有完全达到合同要求的质量和技术标准但仍然接收的轧辊。

（3）交货能力

通过供应商准时交货能力、柔性交货能力和订货提前期来评价。若交货日期比合同规定日期提前，会产生附加库存管理成本，可能造成库存能力紧张，而拖期交货又可能影响正常生产。柔性交货体现供应商接收紧急订货的能力，是度量交货能力的一个重要指标。提前期是在供需环节中采购商需要某种项目时，供应商提前准备该项目的时间长短，对企业采购策略有较大影响。

（4）服务

通过供应商在轧辊使用期间用户随访、技术交流、服务响应速度、质量异议处理能力来评价。基于图8.6所示的指标体系，说明应用 AHP 对轧辊供应商的评价过程。设4家供应商参评，用供应商1~4表示。基于目标层，两两比较性价比、质量、交货能力和服务水平4个指标，得到判断矩阵（数据略），分析该判断矩阵的一致性比例，其一致性比例满足要求，求解得到权重0.532,0.198,0.143,0.128,说明性价比准则最为重要，原因是性价比直接影响轧辊的单耗水平，其余比较见表8.19，表明轧辊供应商4得分最高，其次为供应商1、供应商3，供应商2最差。因此，轧辊供应商4将被作为首选供应商。

表8.19　各指标数值表

供应商	性价比	质 量	交货能力	服务水平	权 重
供应商 1	0.073 0	0.088 0	0.068 1	0.036 5	0.265 6
供应商 2	0.052 0	0.060 0	0.035 2	0.021 9	0.169 1
供应商 3	0.178 0	0.026 0	0.020 7	0.022 3	0.247 0
供应商 4	0.229 0	0.024 0	0.013 7	0.047 5	0.314 2

8.5.2　基于决策树的投资策略分析

【例8.19】　某家庭拥有50 000元多余资金，如用于某项开发项目投资，估计成功率为96%,成功时一年可获利12%；但一旦失败，有丧失全部资金的危险。如把资金存放到银行中，则可稳得年利6%。为获取更多情报，该家庭可求助于咨询服务，咨询费用为500元，但咨询意见只是提供参考，帮助作决策。据咨询公司对过去类似200例的项目咨询意见实施结果，情况见表8.20。

试用决策树法分析：该家庭是否值得求助于咨询公司，该家庭多余资金应如何合理利用？

表 8.20　项目咨询意见实施结果

咨询意见　＼　实施结果	投资成功	投资失败	合　计
可以投资/次	154	2	156
不宜投资/次	38	6	44
合　计	192	8	200

分析：多余资金用于开发事业成功时可获利 6 000 元，如存入银行可获利 3 000 元。设 T_1：咨询公司意见可以投资；T_2：咨询公司意见不宜投资；E_1：投资成功；E_2：投资失败。

由题意知 $P(T_1)=0.78$，$P(T_2)=0.22$，$P(E_1)=0.96$，$P(E_2)=0.04$。

因为 $P(E|T)=\dfrac{P(T,E)}{P(T)}$，$P(T_1,E_1)=0.77$，$P(T_1,E_2)=0.01$，$P(T_2,E_1)=0.19$，$P(T_2,E_2)=0.03$。

投资问题的决策树如图 8.7 所示。

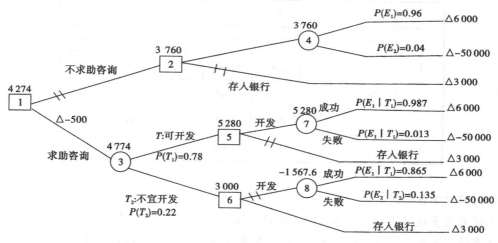

图 8.7　投资问题的决策树

故求得 $P(E_1|T_1)=0.987$，$P(E_2|T_1)=0.013$；$P(E_1|T_2)=0.865$，$P(E_2|T_2)=0.135$。

结论：①该家庭应求助于咨询服务；②如咨询意见可投资开发，可投资于开发事业，如咨询意见不宜投资开发，应将多余资金存入银行。

8.5.3　再开发方案优选

【例 8.20】　宗地是指因存在一定程度污染已经废弃的或因污染而没有得到充分利用的土地及地上建筑物。一方面，其使得周围人群的身体健康和生态环境的安全面临着巨大威胁；另一方面，再开发还蕴含着巨大的商机和经济利益，也能提供就业岗位、增加当地的财政收入和供给宅基地。宗地再开发是一个复杂的系统工程，涉及众多的利益相关者（主要社会利益相关者、次要社会利益相关者、主要非社会利益相关者和次要非社会利益相关者）和影响因素（包括社会和经济、财务、环境健康等方面），政府、土地所有者、开发商、周边居民等都和宗地开发相连，任何利益相关者的不平衡都会导致宗地开发的失败，应该综合考虑各方利益以调动多方利益者的积极性,争取共赢并推动开发治理的顺利发展。

某地区有一块宗地,为了更民主合理地选择开发方案,政府部门采取了广泛的社会意见征集,经过整理、归纳后,得到了 5 种可能的开发方案:①绿化用地,建立市民休闲广场;②绿化用地,建设一个生态植物公园;③住宅商业用地,开发建设商品房;④商业用地,建设一大型购物超市;⑤商业用地,作为某高新技术企业的总部。为评价出这块宗地适合开发的类型和具体开发方案,相关责任机构明确了该宗地的污染状况和利益相关者后,确定了方案选择的指标,简要说明如下:C_1 为改善环境质量水平,该指标基于百分制打分,效益型指标;C_2 为投资回报水平(回收率及回收期),定量指标,为该方案可能的投资回报率,效益型指标;C_3 为治理开发成本,定量成本型指标,根据各方案的预算成本获得;C_4 为社会附加效益(就业率及潜在效益),比例指标,表示该方案带动的社会效益占当地经济指标的比例效益型指标;C_5 为技术难度,基于百分制,数值越大表示用该技术治理失败的可能性越大,成本型指标;C_6 为治理开发风险(二次污染),成本型指标,基于百分制;C_7 为治理技术水平及新颖度,效益型指标,基于百分制。表 8.21 即是对各开发方案的总体评分数值。

表 8.21 宗地治理开发整体方案的决策矩阵

	C_1	C_2	C_3	C_4	C_5	C_6	C_7
A_1	85	2.1	169	0.87	76	67	90
A_2	90	1.6	200	0.66	68	44	74
A_3	75	2	178	0.60	78	80	65
A_4	60	2.2	210	0.80	33	54	80
A_5	56	3.3	160	0.68	45	70	89

请回答以下 3 个问题。

①试采用多属性决策的方法选择合理的方案,并说明选择的理由。

②在该宗地再开发方案选择中,利益相关者对指标权重的重认识是否一致,如果不一致将会产生冲突,请你考虑如何处理。

③表 8.21 的数据准确性将直接影响方案的选择,请结合该例子考虑如何有效设计指标。如果该表中的部分数据存在误差,请谈谈如何处理为好。

习题 8

1.某地方书店希望订购最新出版的图书。根据以往经验,新书的销售量可能为 50,100,150 或 200 本。假定每本新书订购价为 4 元,销售价为 6 元,剩书的处理价为每本 2 元。要求:

①建立损益矩阵。

②分别用悲观法、乐观法及等可能法就该书的订购新书数量作决策。

③建立后悔矩阵,并用后悔值法决定书店应订购的新书数量。

2. 某工厂正在考虑是现在还是明年扩大生产规模。由于可能出现的市场需求情况不一样,预期利润也不同。已知市场需求高 E_1、中 E_2、低 E_3 的概率及采用不同方案时的预期利润,见表 8.22。

表 8.22

事件 \ 利润 \ 方案 \ 概率	E_1 $P(E_1) = 0.2$	E_2 $P(E_2) = 0.5$	E_3 $P(E_3) = 0.3$
今年扩大	10	8	−1
明年扩大	8	6	1

对该厂来说损失 1 万元效用值为 0,获利 10 万元效用值为 1,对以下事件效用值无差别:①肯定得到 8 万元或 0.9 概率得到 10 万元和 0.1 概率损失 1 万元;②肯定得 6 万元或 0.8 概率得 10 万元和 0.2 概率损失 1 万元;③肯定得到 1 万元或 0.25 概率获得 10 万元和 0.75 概率失去 1 万元。

a. 建立效用表;b. 分别根据实际盈利额和效用值按期值法确定最优方案。

3. 某花店在情人节准备销售玫瑰花,估计需求量可能是:20,25,30,35,40 打,但无法估计各需求量出现的概率。玫瑰花进价为 40 元/打,售价为 120 元/打,如果情人节期间卖不掉,以后可做其他销售,核算可回收价值约 20 元/打。假设进货量与各需求量匹配,要求:

①构建该问题的决策表。

②分别用本章介绍的各种不确定型决策方法进行决策。

4. 某企业正在制订一种产品下个月的生产计划,估计需求量及相应概率见表 8.23。如正常销售,企业可以获利 1 200 元/单位,如当月卖不掉,企业要损失 200 元/单位。假设生产量与各需求量匹配,要求:

表 8.23

需求量	500	600	700	800	900
概率	0.1	0.15	0.4	0.2	0.15

①用最大期望收益准则确定该产品的生产量。

②如果企业可以进一步调查得到确切的需求量,那么企业愿意付出调查成本的上限是多少?

参考文献

[1]《运筹学》教材编写组.运筹学[M].4版.北京:清华大学出版社,2015.

[2] 党耀国,朱建军,关叶青,等.运筹学[M].3版.北京:科学出版社,2015.

[3] 宋雪峰.运筹学[M].2版.南京:东南大学出版社,2016.

[4] 朱道立,徐庆,叶耀华.运筹学[M].北京:高等教育出版社,2006.

[5] 精品课程教学团队.运筹学[M].北京:中国铁道出版社,2010.

[6] 胡运权.运筹学教程[M].3版.北京:清华大学出版社,2007.

[7] 胡运权.运筹学习题集[M].3版.北京:清华大学出版社,2002.

[8] 胡运权.运筹学基础及应用[M].5版.哈尔滨:哈尔滨工业出版社,2013.

[9] 孔造杰.运筹学[M].北京:机械工业出版社,2006.

[10] 刘舒燕.运筹学[M].北京:人民交通出版社,2009.

[11] 熊伟.运筹学[M].北京:机械工业出版社,2007.

[12] 运筹学教程编写组.运筹学教程[M].北京:国防工业出版社,2011.

[13] 詹明清.运筹学习题选解与题型归纳[M].广州:中山大学出版社,2004.

[14] 胡运权.运筹学基础及应用[M].北京:高等教育出版社,2008.

[15] 孙萍,张炳轩,肖继先.运筹学[M].北京:中国铁道出版社,2008.

[16] 徐玖平,胡知能,王緌.运筹学[M].3版.北京:科学出版社,2007.

[17] 傅鸿源.经营管理定量分析方法[M].成都:四川科学技术出版社,1989.

[18] 王开荣.最优化方法[M].北京:科学出版社,2012.